公安消防部队高等专科学校规划教材

消防应急救援
想定作业

主　编　周俊良　　陈　松

参　编　黄中杰　余青原　梁卫国

　　　　郭　斌　王永西　杨文俊

　　　　董　宁

中国矿业大学出版社

内 容 提 要

本书以培养学员消防应急救援组织指挥能力以及发现问题、分析问题、解决问题的能力为目标,从"教为战"的角度出发,全面、系统地阐述了想定作业对提高组织指挥能力的意义以及想定作业的基本类型、构成、编写方法、实施方法等内容,并在实战案例基础上,对危险化学品事故、交通事故、建筑物坍塌事故、自然灾害、社会救助等 5 类消防部队主要承担的救援任务分类编写了想定作业。本书注重理论上的前瞻性,但不拘泥于理论的完整性和过于严密的逻辑,而是偏重于简明性、通俗性和应用性,兼顾了学员认知需求和专业课程教学需求。

本书可作为普通高等院校抢险救援、消防指挥专业的教材,也可用作消防工程技术人员的工作参考书。

图书在版编目(C I P)数据

消防应急救援想定作业/周俊良,陈松主编. —徐
州:中国矿业大学出版社,2017.11
ISBN 978 - 7 - 5646 - 3752 - 1

Ⅰ.①消… Ⅱ.①周… ②陈… Ⅲ.①消防—高等学
校—教材 Ⅳ.①TU998.1

中国版本图书馆 CIP 数据核字(2017)第 264371 号

书　名	消防应急救援想定作业
主　编	周俊良　陈　松
责任编辑	黄本斌
出版发行	中国矿业大学出版社有限责任公司
	(江苏省徐州市解放南路　邮编 221008)
营销热线	(0516)83885307　83884995
出版服务	(0516)83885767　83884920
网　址	http://www.cumt.com　E-mail:cumtpvip@cumtp.com
印　刷	江苏淮阴新华印刷厂
开　本	787×1092　1/16　印张 13.75　字数 343 千字
版次印次	2017 年 11 月第 1 版　2017 年 11 月第 1 次印刷
定　价	28.00 元

(图书出现印装质量问题,本社负责调换)

前　言

遵照教育部关于抓好教材建设,提高教材质量的精神,根据我校抢险救援专业教学的需要,我校组织相关教师编写了具有我校专业特色的系列教材。《消防应急救援想定作业》是其中之一。

本套教材以马克思列宁主义、毛泽东思想、邓小平理论、"三个代表"重要思想、科学发展观、习近平总书记系列讲话为指导,以国家的法律、法规和国务院、公安部对新时期消防工作的指示为依据,针对消防高等专科教育的规律、特点,立足消防、贴近基层,理论联系实际,总结工作经验,吸取现代科学技术和学术理论研究的新成果编写而成。本套教材在内容上,力求正确地阐述各门学科的基础理论、基础知识和基本技能,并注意到内容的科学性、系统性和相对稳定性。

本书以培养学员消防应急救援组织指挥能力以及发现问题、分析问题、解决问题的能力为目标,从"教为战"的角度出发,全面、系统地阐述了想定作业对提高组织指挥能力的意义以及想定作业的基本类型、构成、编写方法、实施方法等内容,并在实战案例基础上,对危险化学品事故、交通事故、建筑物坍塌事故、自然灾害、社会救助等5类消防部队主要承担的救援任务分类编写了想定作业。本书注重理论上的前瞻性,但不拘泥于理论的完整性和过于严密的逻辑,而是偏重于简明性、通俗性和应用性,兼顾了学员认知需求和专业课程教学需求。

本书由公安消防部队高等专科学校训练部应急救援教研室周俊良、陈松担任主编,参加编写的人员有:周俊良(第一章、第二章第十二节);黄中杰(第二章第一至五节);余青原(第二章第六至十一节);梁卫国(第三章第一至七节);郭斌(第三章第八至十节、第六章第六节);王永西(第四章第一至五节);杨文俊(第四章第六至十节);董宁(第五章);陈松(第六章第一至五节)。

本书在编写过程中,得到了上级主管部门和诸多兄弟院校及有关部门的大力支持和帮助,在此深表谢意。

由于时间仓促,编者水平有限,缺点错误在所难免,恳请读者批评指正,以便再版时修改。

作　者

2016 年 9 月

目　　录

第一章　消防应急救援想定作业概述

【学习目标】
1. 熟悉消防应急救援想定作业的概念。
2. 熟悉消防应急救援想定作业的分类。
3. 掌握消防应急救援想定作业的基本构成。
4. 掌握消防应急救援想定作业的编写方法。
5. 掌握消防应急救援想定作业的实施方法。

想定作业作为训练部队各种专门人才的一种手段,在解放军各级部队和军事院校早已普遍采用。近年来,我们在消防应急救援课程深入开展想定作业教学法研究时,深刻感受到想定作业教学是开展消防应急救援战术训练的一种比较适用的方法,是培训消防应急救援指挥人员的一种有效途径。

第一节　消防应急救援想定作业的目的及类型

想定即设想、设定。消防应急救援想定作业是指通过创设一种灾害现场的景况,描述一场消防应急救援战斗的过程,让受训人员在具有实战气氛的条件下,接受训练的一种方式。因为在作业中为达到某种训练目的而假想出一次救援行动,而且有些问题是预先设定安排的,因此把这种作业称为想定作业。

一、想定作业教学目的

（一）消防应急救援想定作业教学是一种消防应急救援组织指挥能力训练

消防应急救援想定作业教学是一种消防应急救援组织指挥能力训练过程。组织指挥是消防应急救援行动的重要组成部分,组织指挥是否科学合理,对消防应急救援的成败起着至关重要的作用,提高各级消防指挥人员的组织指挥能力,增强消防部队协同作战的整体效能,是当前部队训练中迫切需要解决的问题。通过消防应急救援想定作业教学,可全面提升学员组织指挥能力,包括分析判断能力、运筹决策能力、组织协调能力和临机处置能力。

1. 分析判断能力

能够根据已有的灾情资料和现场情况,进行深入客观地分析和推理,对未来灾害事故发展的趋势和可能出现的情况做出判断,得出自己总的看法和结论性的意见。

2. 运筹决策能力

决策就是拿主意、定决心,决策是整个指挥活动的核心和灵魂。运筹决策能力就是能够在分析判断灾情的基础上,结合参战力量、器材装备及对现场环境、场地道路和消防水源等各种因素进行综合分析,确定出最佳的消防应急救援方案。

3. 组织协调能力

善于把自己的决心变为部队的实际行动,对参战力量合理编组,使部队协调一致地展开消防应急救援战斗。

4. 临机处置能力

对消防应急救援过程中出现的各种意外情况,能做到反应灵敏、处置果断及时。

(二) 消防应急救援想定作业教学是从理论走向实践的一个中间训练环节

消防应急救援想定作业教学是从理论走向实践的中间训练环节,其特点是在理论学习和案例研究的基础上,通过想定作业把受训人员引入设想的救援环境,使其运用所学的消防应急救援基础理论,对各种灾害现场情况进行分析、综合、比较、概括和抽象,从一种思维形式过渡到另一种思维形式,从而产生决心和确定消防应急救援行动方案。通过消防应急救援想定作业练习,既能加深对消防应急救援战斗原则和战术技术方法的理解,又能提高分析问题和解决问题的实际能力,初步掌握组织指挥消防应急救援的基本程序和方法,为以后的实兵指挥打下基础。

消防应急救援想定作业训练课目可大可小,不受气候、场地的限制,简便易行,节约人力、物力,可反复练习。但是也应当看到,人的思维活动在平时和消防应急救援时毕竟是有一定差别的。灾害现场环境复杂,气氛紧张,人的心理往往要承受着来自各方面的巨大压力,在这种情况下,或者导致指挥人员的活动能力增强,心理能力增大,使思维更加敏捷,精神更加振奋;或者导致指挥人员智力和意志过程的破坏,使思维活动能力降低,造成思维活动过程混乱。因此说,想定作业在实战感方面还存在着一定的差距,还不能代替消防应急救援实战演习。

二、消防应急救援想定作业类型

消防应急救援想定作业适用范围广,组织和实施方法简便,作业的种类灵活多样。

(一) 按想定作业的内容分类

按想定作业的内容可分为指挥员作业和机关作业。受训人员充当各级消防应急救援指挥人员,按想定作业中设置的训练课目,进行消防应急救援组织指挥方面的练习,称为指挥员作业。受训人员充当机关参谋,进行现场侦察、前方指挥、战勤保障等专项业务练习,称为机关作业。

(二) 按想定作业的方法分类

按想定作业的方法可分为集团作业和编组作业。

集团作业,是指受训人员均充当同一职务,按照统一的想定内容和训练课目来理解任务,分析判断现场情况,定下消防应急救援战斗决心,确定消防应急救援方案,组织协同动作和消防应急救援战斗保障,对消防应急救援行动实施组织指挥。

编组作业,是指将受训人员分成若干组,每组模拟一个火场指挥部,组内人员按分工不同分别担任现场总指挥、现场副总指挥、现场侦察组组长、救援组组长、通信组组长、后勤保障组组长等不同职务,围绕同一问题进行演练。这种想定作业的形式,是按照应急救援实战要求进行组织,根据实际指挥的工作内容演练的,既能提高受训人员的应急救援战术水平,又能提高各方面的专业能力。

（三）按想定作业的场地分类

按想定作业的场地可分为现地作业、沙盘作业和图上作业。

现地作业,是指受训人员到想定作业中设定的事故现场或模拟训练场地进行实地练习。这种方法接近实战,景象逼真,有利于具体地探讨问题,是基层部队消防应急救援指挥员通常采用的方法。

沙盘作业,是指在按一定比例缩制的灾害事故模型上,以各种灯光和标记显示现场消防应急救援战斗情况,进行练习。此法比较形象直观,有立体感,近似实地,且作业不受地形、天候、季节等条件限制,适用于各级指挥员和消防应急救援指挥机关的训练。

图上作业,是指在消防应急救援专用地形图上,以规定的消防标图标绘灾情态势和消防应急救援战斗情况,进行练习。它可通观整个现场全貌,不受作业地幅大小的限制,简便易行,经济节约,但不如现地作业和沙盘作业实战感强。它可供各级消防应急救援指挥员和消防应急救援指挥机关训练时采用。

第二节　消防应急救援想定作业的基本构成

消防应急救援想定作业的基本构成主要包括企图立案、基本想定和补充想定三部分。

一、企图立案

企图立案是在编写基本想定和补充想定之前,对想定作业中想要设置的训练课题所进行的总体构思和设想。企图立案是整个想定作业的统帅部分,也是编写基本想定和补充想定的主要依据,通常由想定作业编写人员拟制和掌握,与受训人员参与完成作业的关系不大。企图立案主要包括以下内容。

（一）指导思想

指导思想是课题立案和课题训练的基本指导原则。其内容通常包括:立案应遵循的方针和原则,体现的消防应急救援战术思想和主要战术技术手段,灾情背景和消防应急救援对象,训练的重点和解决的主要问题,以及要达到的训练目的等。

（二）训练问题及目的

训练问题及目的是根据战术课题的任务与目的,结合受训人员的实际情况确定的。确定训练问题及目的,应以训练大纲为依据,从现代消防应急救援的实际需要出发,紧紧抓住提高受训人员的救援战术水平和救援指挥能力的关键性问题,按照消防应急救援的程序,本着突出重点,解决难点的原则,通盘考虑,精心设计。

消防应急救援准备阶段的训练问题通常可分为:定下救援决心、确定救援方案、组织各参战消防中队协同、组织各种消防应急救援保障等。

（三）灾情态势

灾情态势是想定作业中的消防应急救援战斗对象。通常包括:灾害事故的基本情况,发生事故的原因,灾害事故区范围、被困人员、灾害特点等。灾害事故态势的设想和描述,应符合灾害事故本身客观发展变化规律,参考各种实际灾害事故处置案例进行创设。灾害事故态势的设想和描述应根据想定作业中的训练课题来确定,应能满足想定作业训练的需要。

通常应选取具有代表性的消防应急救援对象,如危险化学品泄漏、交通事故、建筑坍塌、自然灾害等,设置的灾害事故情况应尽可能复杂多变,以便加大训练难度,但不应超出现有消防技术装备水平,否则作业将无法实施。

（四）消防应急救援战斗编成

消防应急救援战斗编成是根据消防应急救援战斗的需要而进行的力量编组。通常包括:参加消防应急救援战斗的建制单位,各参战消防中队的车辆配备、器材配备、人员配备、支援消防应急救援战斗的社会相关部门和当地驻军等。确定消防应急救援战斗编成时,应充分考虑各中队的装备特点和协同方式以及消防应急救援的主要任务,并采取科学的消防应急救援计算方法进行论证,保证消防应急救援参战力量能够满足救援任务的需要。同时在不违背理论原则的前提下,应尽可能较多地增加一些车辆和器材等装备的种类,以便提高消防应急救援指挥人员在现代条件下指挥较大规模消防应急救援行动的能力。

消防应急救援战斗编成可用文字叙述,也可用消防应急救援战斗编成表的形式表达。

（五）消防应急救援战斗企图

消防应急救援战斗企图,是反映消防应急救援战斗任务、目的和手段的总体构思,是企图立案的主体部分。构成消防应急救援战斗企图的基本要素一般包括:消防应急救援战斗的任务与目的,消防应急救援战术的手段与方向,消防应急救援战斗的部署与态势,消防应急救援战斗的时间与地点等。

1. 消防应急救援战斗的任务与目的

消防应急救援战斗的任务与目的是针对参加消防应急救援战斗的消防部队,在消防应急救援战斗中所担负的责任和消防应急救援行动所要达到的预期结果的设想。设想消防应急救援战斗的任务与目的,要充分运用消防应急救援战术基础理论,客观考虑参战部队消防应急救援战斗能力,消防应急救援战斗类型、样式和战术级别等,防止脱离实际的主观臆想。

2. 消防应急救援战术的手段与方向

消防应急救援战术的手段与方向是指为完成消防应急救援战斗任务而采取的方法和集中力量于灾害事故现场的主要方向。确定消防应急救援战术的手段与方向,应充分考虑消防应急救援战斗的任务与目的,消防应急救援战斗原则、程序和行动特点,以及现场地形、气象条件等因素。既要发扬传统的消防应急救援技战术方法,又要充分考虑将来的灾害特点;既要立足于现有的消防装备,又要着眼于可能和发展;着重探讨以现有技术装备处置各类灾害事故的方法。

3. 消防应急救援战斗的部署与态势

消防应急救援战斗部署是指根据消防应急救援战斗决心所确定的各中队的任务区分、力量编组、行动顺序和配置位置。消防应急救援战斗部署要依据战斗样式、战斗任务、战术手段和现场情况而定。设想消防应急救援战斗部署通常按主要方面,次要方面,主管中队、先到增援中队、后续增援中队的顺序进行。态势是指消防应急救援战斗部署和行动所构成的架势。构思消防应急救援战斗态势时,应从全局到局部,从初始到当前,从主要方面到次要方面,逐次勾画出消防应急救援战斗态势演变的全过程。

4. 消防应急救援战斗的时间与地点

消防应急救援战斗的时间是指模拟实际消防应急救援战斗进程的时间。确定消防应急救援战斗时间,应根据消防应急救援战斗的样式,参战中队的装备,消防应急救援战斗的能力,地形和天候条件对消防应急救援战斗行动的影响,以及有关参考资料和数据等。确定消防应急救援战斗时间时,应首先确定消防应急救援战斗总的起止时间,然后再确定每个主要救援行动时间,一般不宜面面俱到。消防应急救援战斗地点是指参加消防应急救援战斗部队的战斗部署和在消防应急救援战斗过程中所处的地理位置。确定消防应急救援战斗地点时既要符合消防应急救援战斗行动的特点,又要能创设较为复杂的情况,构成相应的消防应急救援战斗态势。

企图立案的表述,可采取文字叙述式,也可采取地图注记式。企图立案中的具体内容应通盘考虑,各部分内容之间应有必然的内在联系,使之形成完整统一的整体。切忌矛盾、重复和只求表面形式的现象发生。

二、基本想定

基本想定也称基本课题,是构成想定的基础情况,是编写补充想定的依据,也是为受训人员进行消防应急救援战术作业或演习提供的基本条件。基本想定的内容主要包括:灾害事故基本情况、消防应急救援战斗过程、要求执行事项、参考资料和附件。

(一)灾害事故基本情况

灾害事故基本情况是基本想定的重要组成部分,内容主要包括:事故起因、地理位置、周围环境、要害部位及事故危险特性等。灾害事故基本情况即消防应急救援战斗对象的基本情况,是研究灾害事故发展的规律、特点和消防应急救援战斗技术方案的基础,一定要认真熟悉、详细了解,特别是对与灾害事故特点有关的危险物质、建筑结构,对消防应急救援战斗行动有关的道路、水源等情况,应做到重点掌握。

(二)消防应急救援战斗过程

消防应急救援战斗过程是基本想定的主体部分,是与进行作业直接有关的具体情况,是受训人员了解任务、判断情况,定下决心和指挥消防应急救援战斗的基本依据。

消防应急救援战斗过程的具体情况,因消防应急救援战斗级别、消防应急救援方式、采用的消防应急救援手段和想定作业受训对象不同而各异。就其主要内容来说,可以概括为以下几个方面:

1. 灾害事故情况

灾害事故情况包括事故原因、地理位置、周围环境、要害部位、事故危险特性、事故整个延续时间和造成经济损失及人员伤亡等情况。灾害事故情况一般用文字或文图相结合的形式表达,重点部分表达得详细,一般部分表达得简略。

2. 力量调集情况

力量调集情况主要指报警时间、接警时间、各参战消防中队调出时间和到场时间;各参战消防中队出动消防车数量和消防指战员数量;另外还有当地政府各级领导、各个部门及相关单位的到场时间和情况等。

3. 消防应急救援战斗措施

消防应急救援战斗措施是一次具体的灾害事故处置方法。消防应急救援对象不同,使用的消防装备不同,灾害事故处置方法也不一样。通常情况下所采取的消防应急救援战斗措施主要有:疏散和抢救被困人员,疏散和抢救贵重物资,侦察检测、设置警戒、各类安全防护、排除各种险情、堵漏输转、稀释洗消等。了解总体上的消防应急救援战斗措施,便于确定自己的主要任务,更好地组织本级消防应急救援战斗行动。

4. 消防应急救援战斗阶段

消防应急救援战斗阶段是从时间上对一场消防应急救援战斗所划分的段落。处置时间长的事故,战斗各阶段的划分比较明显。处置时间短的事故,战斗各阶段的体现不是太明显,也没有划分的必要。消防应急救援战斗阶段的划分,与消防应急救援对象和消防应急救援战术技术措施关系较大。

如处置氯气泄漏事故一般可划分为:现场询情,人员搜救,查明氯气泄漏状态、现场警戒、进攻路线选择、水枪阵地设置,氯气扩散的控制、堵漏输转、碱液洗消等阶段。处置高速公路交通事故一般可划分为:行车路线的确定、消防车到场的停车位置选择、划定警戒区、设置警戒和事故标志、排除险情、营救被困人员等阶段。了解灾害事故的各不同消防应急救援阶段,便于从整体上把握消防应急救援战斗全过程,集中精力考虑各消防应急救援阶段的战术方案和技术措施。

5. 现场战勤保障

现场战勤保障指除正常调集的消防车辆和人员以外的各种物资材料的消耗。通常情况下主要有:现场供水保障,消防应急救援器材、工具保障,人员食宿、服装、医疗保障等。现场战勤保障情况不但在一定程度上可表明消防应急救援战斗规模,同时也反映了当地可用于消防应急救援的各种物质条件,这在完成想定作业时都应充分予以考虑。

(三)要求执行事项

要求执行事项通常主要写明受训人员作业身份或充当的职务,学习的有关材料,实施作业的内容,完成作业的标准和时间等。

(四)参考资料

参考资料是为受训人员定下消防应急救援决心所提供的补充条件。

(1)特殊易燃易爆和有毒有害物品的危险特性及在灾害事故时的应急处置措施。

(2)特殊消防器材装备的消防应急救援战斗技术性能及消防应急救援计算方法。

(3)灾害事故处置当时的气温、风向等天气情况。

(五)附件

凡是灾害事故基本情况,消防应急救援战斗过程和参考资料不易直接表达的内容,均用附件的形式表达。常见的附件有消防应急救援战斗编成表、消防技术装备表、现场灾情态势图等。

三、补充想定

补充想定也称补充情况,是基本想定的补充和继续,是为受训人员进行某一训练问题的想定作业和进行图上演练提供的条件。它是根据企图立案、基本想定、基本训练问题的内容、目的和受训人员水平等条件编写的。主要内容包括消防应急救援对象、消防应急救援战斗的时间、地点,当时的灾情态势,上级领导的要求和本级消防应急救援任务,要求执行事项等。补充想定通常采取文字叙述式或地图注记式两种表达形式。按具体想定作业形式的要求,可集中下达或分散下达。

组织消防应急救援战斗阶段的补充想定通常用来诱导受训人员进行接受警情、判断警情、调集力量等各项作业。它一般以灾情报警、上级灾情通报、上级下达出动命令等形式出现。消防应急救援战斗实施阶段的补充想定通常按训练问题和目的,消防应急救援战斗对象,时间和地点,前一阶段消防应急救援简要经过,当前灾情态势,上级指示,本级任务,友邻行动,以及要求执行事项和附件的顺序表达。

补充想定通常是依据企图立案对本训练问题的设计编写的。如立案阶段没有系统考虑各训练问题的基本方案时,一般都按下列方法和步骤进行编写:

(1) 根据训练问题和目的,确定消防应急救援决心和处置要点。

(2) 根据消防应急救援决心和处置要点,设置灾情态势和必须给受训人员提供的条件。

(3) 根据设置的灾情态势和给受训人员提供的条件,具体设想消防应急救援总体方案和消防应急救援行动计划。

(4) 按规定的格式和内容形成补充想定。

第三节　消防应急救援想定作业的编写方法

消防应急救援想定作业是根据训练大纲、消防应急救援理论教材、训练课题类型、训练目的、消防应急救援战斗编成及消防应急救援行动特点、受训人员的消防应急救援战术基础和训练场地等条件编写的。

一、编写消防应急救援想定作业前的准备工作

编写消防应急救援想定作业,事前要做好准备工作,以便编写时做到目标明确、材料充分、层次清楚和结构合理。

(一) 拟订编写计划

编写消防应急救援想定作业之前,应认真领会训练大纲所提出的训练指导思想和训练目的,了解本课题与其他课题的关系及其在训练中的地位和作用,掌握训练的基本方法、手段和要求,以便在全局统帅下,完成消防应急救援想定作业的编写任务。在此基础上,应紧密结合训练实际需要拟定编写消防应急救援想定作业的计划。

(二) 掌握有关知识

消防应急救援想定作业涉及消防应急救援战术理论及各种相关知识的实际运用,是一种具有高度应用性的训练文书。因此,编写前应围绕编写课题广泛收集消防应急救援基础理论、消防应急救援装备、有关消防应急救援战例、最新学术观点,以及天候等各种有关材料,并从编写消防应急救援想定作业的实际需要出发,有重点地组织学习和研究,从而准确地掌握消防应急救援战斗的基本原则和行动特点,各种消防技术装备的消防应急救援战术技术性能和在灾害事故处置中的运用,以及各种学术观点和各类实例、数据等,以求做到编有根据,写有例证。

(三) 选取典型案例

选取典型的消防应急救援案例,必须从编写消防应急救援想定作业的总体需要出发,选取与训练目的相适应的应急救援案例。具体选取时,首先应明确所选取案例的用途、类型和级别,以便在有效的选取范围之内高效率地工作。其次应在广泛收集案例的基础上,适当多选取几个同类型的案例,以便通过充分的比较和鉴别,择优选用其中比较理想的案例。

消防应急救援案例选定之后,为进一步掌握真实可靠的第一手资料,在条件可能的情况

下,应组织有关人员进行案例调查,充实和丰富案例内容。调查前应拟订调查计划和提纲。调查计划主要包括:对象、目的、内容、时间、地点、方法等;调查提纲主要包括:各参战消防中队的技术装备、灾害事故现场环境、事故特点、灾情态势、消防应急救援经过、经验教训以及典型的人与事等。调查的方法:一是请参加过消防应急救援战斗的同志进行座谈,详细介绍消防应急救援战斗经过和体会;二是查阅接警记录、出车登记、灾害事故处置报告等资料;三是到事故现场,进行实地访问。

在消防应急救援案例调查的过程中,在查清灾害事故发生的时间、地点,参战消防中队的数量和消防应急救援战斗经过的基础上,充分挖掘消防应急救援案例中的经验教训,以充分发挥案例的教育效能。挖掘案例中的经验教训主要包括:组织准备消防应急救援战斗时,各参战中队接到出动任务后,是如何确定消防应急救援技战术方案和具体行动计划的;在消防应急救援战术运用方面,各级消防应急救援指挥人员根据当时情况采取了哪些手段和措施,对消防应急救援战术进程产生了什么影响;在协同消防应急救援方面,各级消防应急救援指挥人员采取了哪些协同措施,各参战中队之间如何主动配合,如何实现预先协同与临机协同;在消防应急救援战斗保障方面,是如何组织通信保障、供水保障和现场物资保障的。挖掘消防应急救援案例中的经验教训,应善于从个别消防应急救援实例中抽象和概括出具有普遍指导意义的理性认识,并从理论与实际相结合的高度进行阐述,而不应就事论事泛泛地叙述消防应急救援过程。在此基础上,根据案例中的有关内容改编成消防应急救援想定作业,用以诱导受训人员进行消防应急救援指挥训练。

根据消防应急救援案例改编想定作业与没有案例直接编写想定作业不同,没有案例直接编写作业的情况是假设的,根据消防应急救援案例改编想定作业的情况是依据消防应急救援事实编写的。

根据案例改编想定作业不需要编写企图立案,直接依据消防应急救援事实编写基本想定和补充想定即可。其方法:将灾害事故情况改编成基本想定的基本情况,将事故原因、处置经过、事故损失、救援情况改编成消防应急救援战斗过程,将消防应急救援战斗发展的主要阶段改编成补充想定。对于要求执行事项和参考资料,可视情况编写。

（四）勘察作业场地

作业场地是编写消防应急救援想定材料的客观物质基础,也是消防应急救援想定训练活动的舞台。作业场地的勘察,直接决定着消防应急救援想定作业的编写质量和训练效果。

勘察作业场地是与消防应急救援战斗企图紧密联系,同步进行的。所以,应将二者结合起来统筹考虑。通常应先在设定的事故现场或模拟训练区平面图上选择作业场地,概略构思想定情况,并将简要情况标在图上,然后再进行现场勘察,结合实际场地情况研究确定。

二、编写消防应急救援想定作业时的具体方法

编写消防应急救援想定作业前,各项准备工作就绪后即可按照企图立案、基本想定、补充想定的顺序着手编写。

（一）企图立案的编写

如果没有根据消防应急救援案例改编的想定作业,首先应编写企图立案。企图立案是根据训练课题、训练目的和训练问题设想的消防应急救援战斗企图的方案。

编写消防应急救援想定作业的企图立案应统观灾害事故处置全局,明确消防应急救援

战斗的地位和作用,并注意把握以下几点:一是首先应设置一个消防应急救援的背景,形成灾情态势,以此构思消防应急救援战斗在整个消防应急救援全局中要实现的目标,从而确立消防应急救援战斗的地位和作用。二是统筹消防应急救援过程的发展,合理设置消防应急救援战斗的重心和关节。消防应急救援战斗的重心和关节是消防应急救援组织指挥中所要解决的主要矛盾,是消防应急救援战斗训练的重点。三是设计有特色的消防应急救援战法。不同的灾情态势,不同的灾害事故,不同的消防装备,使不同的消防应急救援战斗各具特色。设计新的有特色的消防应急救援战法,要能引导消防应急救援指挥员把握现场环境和灾情态势的特点,针对不同的情况采取不同的消防应急救援战法。四是要体现消防应急救援战斗科学研究的新成果,反映消防部队消防车辆和器材装备的新变化,避免陈旧、呆板,使消防应急救援战斗企图立案更加现实生动。

（二）基本想定的编写

基本想定是为受训人员筹划消防应急救援战术、确定消防应急救援方案提供作业条件的训练文书,它是根据企图立案（或消防应急救援案例直接改编）、训练目的和受训人员水平编写的。其方法步骤是:

1. 介绍灾害事故基本情况

首先讲清事故发生的地理位置和周围环境,地理位置要说明大体方位,周围环境按照东、西、南、北的顺序介绍。其次介绍现场内有无明显目标,若有,应以明显目标为中心点,环绕中心点依次进行介绍。

2. 叙述事故发展情况

灾害事故发展情况包括发生灾害事故的时间、部位、原因,发现时的现场情景,事故波及面积及造成的人员伤亡和物资财产损失,以及对社会生产生活带来的重大影响等。

3. 介绍力量调集情况

根据消防应急救援战术需要及时将各种消防应急救援力量调往现场,是有效处置事故的客观物质基础,是确定事故处置措施,运用消防应急救援战术技术方法的前提条件。力量调集情况应着重写明调集的时间和单位,出动的车数和人员数,前去协助消防应急救援的社会团体和动用的各种装备等。

4. 编写消防应急救援战斗过程

消防应急救援战斗过程是消防应急救援指挥员不断地分析灾情、判断灾情,不断地确定、调整和修正消防应急救援方案,自始至终对每一消防应急救援战斗环节进行组织和协调的过程。编写消防应急救援战斗过程,应先从主管队接警出动开始,中间是各增援队陆续投入消防应急救援战斗,最后是消防应急救援彻底结束。编写中要本着"先主管队,后增援队;先前方消防应急救援,后外围保障;先防止扩散,后进行处置"的原则进行。同时,为了加大想定作业的难度,应尽量多设置一些复杂环境和不利条件,来迫使受训人员的思维活动向深层发展,使其得到更大锻炼。

5. 写明各种保障情况

包括交通、通信、警戒、救援物资等方面的保障。主要写明执行保障任务的单位,动用的保障力量,采取的保障措施及保障方面的组织指挥等。

6. 写明要求执行事项

即受训人员在完成想定作业过程中所充当的职务或作业的内容及要求。

7. 提供各种参考资料

包括各种危险物品的危险特性,特种消防技术装备的消防应急救援战斗技术性能,参战中队的消防应急救援实力和战斗特长等。

基本想定主要是显示现场概貌和灾情态势。其显示的程度要符合消防应急救援实战情况,能引导受训人员统筹现场全局,正确判断灾情,抓住消防应急救援战斗的重心,定下有根据的方案,还要有一定的难度,能促使受训人员从复杂多变的灾情中,谋求最佳的消防应急救援战斗决策。

(三) 补充想定的编写

补充想定,是基本想定的继续和发展,是为受训人员组织指挥消防应急救援战斗提供作业条件的训练文书。编写补充想定的根据是:企图立案、基本想定和训练目的。

各种不同类型的消防应急救援战斗,有各种不同的消防应急救援战斗训练问题。比如处置高速公路交通事故时停车位置的选择,危险化学品事故处置中警戒区域和洗消剂用量的计算等。综观各种不同的消防应急救援战斗,其战术训练问题可依消防应急救援的准备与组织、消防应急救援战斗实施、消防应急救援战斗结束三个阶段来确定。消防应急救援的准备与组织阶段的训练问题有:接受警情、预测警情、估算消防应急救援力量、下达出动命令等。消防应急救援战斗实施阶段的补充想定,是为受训人员在消防应急救援战斗推演过程中判断现场情况、定下消防应急救援方案、作出处置决定提供作业条件的,其内容主要包括:消防应急救援战斗过程的发展演变、要求受训人员的执行事项、现场灾情态势图等。消防应急救援战斗结束阶段主要是如何清理现场,防止二次伤害,如何移交现场和组织部队撤离等。

三、编写消防应急救援想定作业的基本要求

编写消防应急救援想定作业,要以消防工作方针为指导,以《公安消防部队执勤战斗条令》、《公安消防部队灭火救援业务训练与考核大纲》和《公安消防部队抢险救援勤务规程》为依据,立足于部队现有消防装备,着眼于未来灾害事故的发展,符合现代条件下消防应急救援战斗原则和行动规律;从难从严,从实战需要出发来构思和编写消防应急救援想定作业。具体包括以下几个方面:

(一) 符合消防应急救援战斗训练课题的目的和要求

消防应急救援战斗理论是各地消防队伍多年应急救援实战和训练实践经验的科学总结,它客观地反映和高度概括了消防应急救援战斗的指导规律,因而具有普遍性。而任何一个消防应急救援战斗课题的想定,都是有目的地研究某些消防应急救援战斗理论的具体运用,体现了某些消防应急救援战斗的指导规律,因而都具有鲜明的特殊性。消防应急救援战斗想定的特殊性,主要取决于某些消防应急救援战斗课题的训练目的。因此,消防应急救援想定作业的编写,要紧紧围绕想定课题的训练目的,选取与之相适应的消防应急救援案例,赴有典型意义的救援现场搜集资料,创设能够达成课题训练目的的作业条件,避免脱离课题实际需要或偏离训练目的的现象,以使受训人员通过运用消防应急救援想定进行作业和演习,提高消防应急救援战术思想水平和组织指挥应急救援战斗的能力。

(二) 着眼于开发受训人员的思维和智力

消防应急救援战术想定的训练,是受训人员通过对想定作业中所提供的各种消防应急

救援情况进行分析判断和处置等,创造性地运用消防应急救援战斗理论和各种技能,进而提高消防应急救援战术思想水平和组织指挥消防应急救援战斗的能力。因此,编写消防应急救援想定作业时,情况设置要若明若暗,曲折含蓄,有一定的难度。特别是在编写作业条件时,要做到不该给受训人员提供的作业条件不提供,必须给受训人员提供的作业条件不集中提供,分散给受训人员提供的作业条件不直接提供,使作业条件具有一定的难度,并应以受训人员在科学分析判断的基础上能正常作业为标准。同时,对消防应急救援想定情况的表述方法要灵活多样,可适当运用一些隐语法、分散法、间接法和真伪并存法等。隐语法,即不把要说的情况说全,埋下伏笔,使其含而不露,耐人寻味;分散法,即将重要的消防应急救援战斗情况以多种方式分别写入数项内容之中,锻炼受训人员综合概括情况的能力;间接法,即通过其他渠道间接地提供有关情况,提高受训人员敏锐地捕捉情况的能力;真伪并存法,即有意识地将真假情况交织在一起,但提供真实情况不应直截了当,提供假情况应留有破绽,让受训人员通过蛛丝马迹去辨别真假。在表达形式上,可采用文字叙述或地图注记等形式。

(三)体现消防应急救援战斗的原则和特点

消防应急救援想定作业的训练,是为使受训人员从理论与实际的结合上,进一步加深对消防应急救援战斗理论的理解,学会对消防应急救援基本理论和消防应急救援技能的运用而编写的。因此,构思消防应急救援想定的情况,必须充分体现消防应急救援战斗的基本原则和行动特点。

总之,要根据训练课题的类型,设置各种不同的情况,充分体现消防应急救援战斗的原则和行动特点,切忌千篇一律和模式化。

第四节　消防应急救援想定作业的实施方法

消防应急救援想定作业的实施,是受训人员在教官指导下,依据消防应急救援战术理论,按照消防应急救援想定作业提供的情况进行作业的指挥训练活动。其目的在于使受训人员进一步深化对消防应急救援战术理论的理解,获得对消防应急救援战斗规律性的认识,实现由知识向能力的转化,提高消防应急救援战术思想水平和消防应急救援组织指挥能力。消防应急救援想定作业的组织与实施,根据课题类型、训练目的和受训对象不同,通常可分为集团作业、编组作业、即题作业等形式和方法。

一、实施集团作业时的程序和方法

集团作业是受训人员在教官的指导下,以同一身份,独立思考,各抒己见,集体讨论消防应急救援想定提出问题的训练形式。通过集团作业可使受训人员深化对消防应急救援战术理论的理解,灵活掌握运用消防应急救援战术知识和技能解决实际问题的基本方法,初步形成进行消防应急救援战斗和消防应急救援组织指挥的能力,并为消防应急救援演习奠定基础。这种训练组织形式具有组织保障简便、方法灵活多样、研究问题集中、作业独立性强等特点。实施集团作业的程序和方法一般分为:布置作业、个人独立完成作业、集体讨论、总结讲评四个阶段。

（一）布置作业

布置作业是在作业之前，对受训人员所进行的辅导。目的是使受训人员能尽快进入想定情况，知道做什么，怎么做，明确作业内容，掌握作业方法，为独立作业创造条件。内容通常包括：训练课目、目的、问题、作业内容、重点、方法和要求以及完成时间和提示等。在提示中，利用作业图，除将灾害事故现场情况和参战力量等作简要介绍外，应着重指出要大家考虑和掌握的问题，并根据受训人员的水平和课目难易程度，善于启发引路，使其能入门作业。布置作业的方法，根据情况灵活掌握。

（二）个人独立完成作业

个人独立完成作业，即受训人员根据消防应急救援想定所提供的作业条件和教官布置的作业要求，独立完成消防应急救援战术方案的设计，这是集团作业中的中心环节。

个人独立完成作业的基本要求有以下几个方面：

1. 熟练掌握作业方法

受训人员要顺利地完成想定作业，不仅要运用有关的消防应急救援知识，而且还要运用相应的技能，并需懂得作业的程序和方法。这些基本问题不解决，想定作业就无法顺利进行。因此，受训人员首先应熟练掌握完成想定作业的基本技能、基本程序和基本方法，如文字叙述、数据计算、标记符号、语言表达等，以减少无价值的时间消耗，提高作业时间的利用率和训练质量。

2. 充分利用作业时间

由于受训人员在消防应急救援理论基础、叙述表达能力和实际消防应急救援经验等方面都存在着一定的差异，所以，在个人独立完成作业的过程中，往往出现有的作业时间用不了，有的作业时间不够用的不均衡现象。为在有效的时间内最大限度地提高训练效果，教官往往根据大多数受训人员的作业能力，尽量照顾个别人员的实际情况，尽可能科学安排个人独立完成作业的时间。受训人员应根据各自的实际情况，确定自己的作业深度和完成标准。基础好作业速度快的人员，应主动加大作业的难度和思考深度，使完成的方案标准及质量更高。基础差作业速度慢的人员应注意理清基本思路，集中精力抓住重点，力争在规定时间内按时完成作业。

3. 必须个人独立完成

消防应急救援想定作业是在消防应急救援基础理论学习的基础上，所进行的一种实践性的训练活动。受训人员在这一实践性活动中，通过主观意识作用于作业条件的思维过程，进一步消化、巩固消防应急救援战术理论知识，实现感性认识向理性认识的能动飞跃，能真正达到理论联系实际，活用战斗原则，练思维、练智力、练组织指挥的目的，从而为进入高层次训练阶段奠定基础。因此，在个人进行作业的过程中，除教官可进行必要的指导外，一般不允许学员商讨，必须严格要求受训人员独立完成对消防应急救援方案的设计，注重强化创造意识，培养受训人员的独立作业能力。

（三）集体讨论

集体讨论是受训人员在教官指导下，就各自作业方案交换意见，深化认识的交流活动。目的在于通过交流，相互启发，进一步加深对消防应急救援理论的理解，掌握分析判断的基本方法，提高解决各种复杂问题的实际能力。集体讨论通常分为报案、归案、讨论、结案四个步骤。

1. 报案

即受训人员报告自己的作业方案。通过报告方案,既可以检查受训人员的作业情况,又可以掌握不同类型方案的分歧。报案可分为综合报案和专题报案两种。通常采取主动报与指定报相结合的方法进行。报案应全面、具体,一般不阐述理由。

2. 归案

归案是在报案的基础上,由教官对各种方案进行归类。将参训人员相同或近似的方案相对集中,从总体上划分出几个有明显区别的不同类别的方案,使参训人员对各种不同类型的方案做到心中有数,为下一步讨论交换意见奠定基础。归案通常采取专题归纳或综合归纳的方法进行。通常情况下,在有代表性的方案基本报完后即可归案。抓住实质就是在归案时不要只看表面现象是否相同,而是要用分析的方法,从不同现象中看到相同的实质,从而依据实质的异同,区分出不同方案、近似方案和相同方案。对于突出重点,应以对方案起主要作用的内容为重点,归纳出几个有代表性,比较典型的不同方案,为后面讨论准备充分的条件。

3. 讨论

讨论是达成消防应急救援想定训练目的的关键。教官要精心组织、加强指导,参训人员积极参与、踊跃发言。整个讨论要紧紧围绕中心议题进行。因集团作业讨论涉及的内容比较广泛,讨论中往往会出现偏离中心的现象,所以,讨论中一定要抓住中心,采取"步步引申"、"层层剥皮"等方法,深入讲理,大胆争辩,把讨论引向深入,使受训人员得到收益。要防止表面上"轰轰烈烈",而实质上"一知半解"的现象发生。同时,要注意引导受训人员在讨论中进行质疑。

4. 结案

结案是在大家充分讨论的基础上,由教官对各种方案所进行的总结。通过结案,可以统一大家的认识,提高参训人员的战术思想水平和解决实际问题的能力。结案通常采取以一案为主,对比结案和逐个结案的方法进行。实践证明,这种结案方法占用时间少,训练效果好。结案,首先要有针对性,要抓住处置方案中的主要问题和讨论中争议较大的问题,结合教案有针对性地进行。要防止不从作业实际情况出发,不分对象,没有重点地机械宣读教案的现象。其次,要观点鲜明,论理有据。从理论与消防应急救援想定情况的结合上,深入分析比较。权衡各方案利弊,讲透最佳方案,分析可行方案,探讨"第三方案"。切不可主观臆断,草率行事。再就是既不能模棱两可,似是而非,使受训人员无所适从;又要防止片面性,不能简单地肯定一切或否定一切。"寸有所长,尺有所短",对于好的方案,应注意在讲清优点的同时,指出其不足;对于差的方案,也要实事求是地肯定优点,讲清问题。

(四)总结讲评

总结讲评,是在消防应急救援想定课题作业后进行的总结。通常是在集体讨论的基础上由教官实施,也可指定参训人员进行。基本内容主要包括:重述消防应急救援想定作业课题的题目,进一步明确训练目的,讲评作业情况并对作业作出评价,结合作业阐述有关理论问题等。

总结讲评时,要将对具体问题的认识上升到理性的高度,防止就事论事;要联系大家作业的实际,归纳总结出带规律性的知识启发大家,防止放电影式的简单再现;要有严谨的治学态度,实事求是地解答学员提出的疑难问题;要善于提出新的问题让大家思考,以便保持思维的连续性。

二、实施编组作业时的程序和方法

编组作业，是指受训人员在教官指导下，按照不同职务（如现场总指挥、各级指挥员、后勤保障组长、通信联络组长等）编组后所进行的作业。

编组作业通常在集团作业的基础上进行，有时也与集团作业结合或穿插进行。编组作业的内容可以是一个完整的训练课题，也可以是一个或几个训练问题。

编组的方式，按人员职务构成，可分为指挥员系统编组和指挥机关编组；按编组的员额，还可分为满员编组和缺额编组等。

（一）编组作业的主要作用

编组作业，可使受训人员在进一步接近实际的条件下和实战气氛更浓的环境中进行训练，以不断掌握组织指挥的方法，增强协调指挥的意识，培养良好的战斗作风，检查训练的实际效果。

1. 掌握组织指挥的方法

由于受训人员分别按一定的编制职务编组作业，"各级指挥员"和"各职能机关"的组织指挥工作，已不像集团作业那样仅限于书面或口头上，而是要按实战的要求，成为一种有形的指挥活动。受训人员可在实践中学习和掌握组织指挥消防应急救援的基本方法，从而提高实际的组织指挥能力。

2. 增强协调指挥的意识

受训人员在编组作业中，集团作业同一身份变为多种身份后，要从不同的角度为实现同一目的而展开工作。这就使受训人员在工作中构成了既相对独立，又相互联系、相互制约的关系，利于养成密切配合、主动协同、共同完成指挥任务的意识。

3. 培养良好的战斗作风

编组作业的节奏快，作业内容连续性强，作业条件多以分散下达的形式逐次提供，作业地点多在现地进行。因此，这种作业形式已初步具备了消防应急救援演习的某些特点，有利于培养良好的战斗作风。

4. 检查训练的实际效果

编组作业，受训人员携带通信工具和部分装备器材，按消防应急救援推演的程序，综合运用所学知识技能，练指挥、练协同、练动作，组织作业的教官可从中发现存在的问题，及时采取得力措施，有针对性地加以纠正，进一步提高训练效果。

（二）编组作业的基本程序

编组作业的基本程序可分为作业准备、作业实施、总结讲评三个阶段。

作业准备中，除应明确人员编组和职务分工外，其他工作内容基本与集团作业相同。作业实施阶段的各训练问题通常连贯进行。作业条件由教官以文字、口述或情况显示等方法，利用有线电话、无线电台、文字传真、人员传递等多种手段，逐次提供并诱导参训人员作业。作业中，应适时检查作业进展情况，发现问题应以随机情况来诱导其自行纠正。无特殊情况一般不中止作业。但必要时也可停止作业，退出情况后组织大家讨论研究。总结讲评的内容和方法，基本与集团作业中的相同。

（三）组织编组作业应注意的问题

编组作业能最大限度地接近实际，作业过程实战感强，参训人员得到的锻炼较大。但由于作业人员分别充当不同职务，各自作业内容互不相同，训练问题连续性强，因此，组织实施编组作业工作量大，指导和管理都有一定难度。这样，在组织实施编组作业时，特别需要注意以下问题：

1. 注意作业秩序

编组作业要求受训人员以不同身份完成同一课题作业，相互之间联系密切、交流频繁，易于影响作业秩序。为使作业有条不紊地进行，组织作业的教官一要周密计划，充分准备，做到编组有计划，指导有方案；二要加强现场管理，特别要加强作业班子以外人员的管理，使他们严守现场纪律，保持良好的秩序；三要注意引导大家对已有知识和技能在脑海中的再现，保证其作业有据可循，防止忙乱现象。

2. 科学进行编组

消防应急救援战术训练的编组作业，由于受多方面因素的制约，很难一次使参训人员都能充当一定的职务，特别是主要职务。为使每个参训人员都能得到锻炼的机会，应尽量缩小编组范围和增加作业组次，并在作业过程中适时轮换所任职务。同时还应加强对作业班子以外人员的组织指导，使他们随着作业进程和完成作业的主要内容，也能从中得到锻炼和提高。

3. 加强对作业的指导

编组作业、参训人员作业内容不一，但又相互联系，相互制约。为保证训练效果，组织作业的教官应全面了解和掌握作业的进展情况，采取多种方法实施全面指导。指导应贯彻启发式、诱导式，善于让参训人员在自我发现和自我解决问题的过程中得到锻炼。

三、实施即题作业时的程序和方法

即题作业，是在完成某一训练问题基本作业的基础上，就这一训练问题所进行的新的作业。在变换想定情况、作业场地和作业方式的前提下，就原来的训练问题进行即题作业，可使受训人员进行巩固基本作业中所学到的知识技能，加深对有关消防应急救援战术理论的理解，提高灵活运用消防应急救援战术理论的能力。同时，也能检查受训人员对所学内容理解的程度。它既可以集团作业的形式组织，也可以编组作业的形式组织。

（一）即题作业的主要特点

因即题作业是在完成某一训练课题基本作业的基础上，围绕原课题又继续延伸的作业，所以具有一些自身的特点。这些特点主要有：

1. 内容单一，针对性强

即题作业通常以强化重点内容为主要目的，有时也针对某一知识和技能进行训练，以及专门研究某一应急救援战斗行动。作业内容一般就某个训练问题，而不是某一课题的全部。

2. 难度较大，要求较高

由于即题作业是在受训人员已完成基本作业，具备了一定经验基础上进行的，因此，即题作业无论是在想定情况的创设上还是在作业方法上，一般都具有一定的难度。即题作业时间短、要求高，可使受训人员的消防应急救援战术思想水平和组织指挥能力在原有的基础上得到进一步提高。

3. 准备简单,便于组织

即题作业主要用来巩固和提高参训人员对某一训练问题的训练成果,因此,一般不需要编写系统的文字材料或进行较长时间的准备,只要创设出必要的想定情况,便可组织实施。

(二)即题作业的基本程序

即题作业的基本程序是:布置作业、独立作业、检查讨论和小结讲评。布置作业主要宣布作业内容,明确作业条件和要求。独立作业主要是受训人员根据提供的作业条件,运用所学知识和技能独立完成作业。检查讨论主要是接受参训人员作业方案的口头报告和书面报告。时间允许时,教官应对作业情况进行全面检查,就其中的某一两个有特点的专题组织讨论。如时间不允许,应抽查部分人员作业,可不组织讨论。小结讲评应针对即题作业与基本作业的不同特点,结合作业完成情况,有重点地讲清即题作业研究的主要问题和要达到的目的,其他的内容与基本作业相同。

(三)即题作业应注意的问题

组织即题作业训练,应注意创设复杂的消防应急救援战斗情况,最大限度地缩短作业时间,强调个人独立作业。着眼于"高难度"、"高速度",巩固检验参训人员的消防应急救援战术知识和各种技能,提高灵活运用消防应急救援战术理论解决实际问题的能力,防止出现低层次循环的现象。

第二章　危险化学品灾害事故
应急救援想定作业

【学习目标】

1. 熟悉不同类型危险化学品事故的特点。
2. 熟悉危险化学品事故处置的程序。
3. 熟悉车辆装备器材在危险化学品事故处置中的运用。
4. 掌握危险化学品事故的处置措施。
5. 培养指挥员危险化学品灾害事故应急救援处置的思考能力。

危险化学品灾害事故应急救援是公安消防部队灭火救援的主要任务之一。危险化学品事故类型多样、灾情复杂，容易造成群死群伤恶性事故，对救援处置的专业化要求较高，事故处置过程就是对指挥员组织指挥能力的综合考验过程。本章所编写的想定作业皆以近年我国发生的具有典型意义的危险化学品事故处置案例为背景，具有很强的针对性。通过本章学习，切实提高各级指挥人员处置危险化学品灾害事故的组织指挥能力，增强协同作战的整体效能，着力提升指挥员的分析判断能力、运筹决策能力、组织协调能力和临机处置能力。

第一节　氯气储罐事故应急救援想定作业

一、基本想定

认真阅读本材料，熟悉整个救援过程。

（一）

某化工总厂位于 M 市 C 路 34 号（主城区内），是国有大型氯碱化工企业，占地面积420 000 m²，距厂 500 m 范围内，东、西、北面有居民约 5 000 人，1 000 m 范围内有居民约10 000 人。主要生产烧碱（年产量 60 000 t）、液氯（年产量 18 000 t）、盐酸（年产量 32 000 t）、四氯化碳（年产量 5 000 t）、氢气、金红石等 20 多种产品。液氯正常储量为 80 t，最大储量 96 t，其法定临界生产场所为 10 t，储存区为 25 t，是重大危险源之一。该工段共有 8 个卧式液氯储罐，每个容积 12 m³，呈"一"字形排列，各罐之间间距仅为 0.8～1 m。事故发生时，1、2、3、8 号为空罐，有少许残液，4、7 号罐存有 0.2～0.3 t 液氯，5、6 号罐分别存有 6 t 和 2 t液氯，相邻的 1 号汽化器未装液氯，2、3 号汽化器内分别储有液氯 2 t 和 3 t。该厂消防供水由自备水厂供给,厂区内设有 38 个消火栓,1 个容量 150 m³ 的生产水池,供水管网为枝状,管径 100 mm,压力 0.3 MPa,500 m 区域内共有 7 个市政消火栓,其中距离事故车间最近的有 3 个,其管径为 500 mm,呈枝状管网,平均压力 0.3 MPa。化工厂平面图见图 2-1。

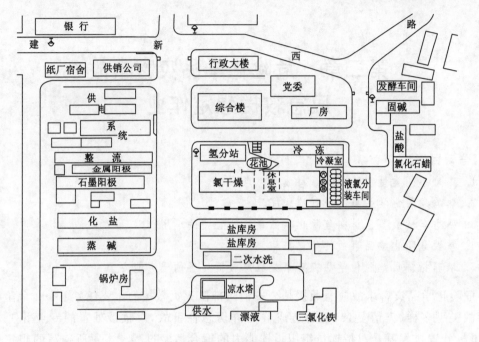

图 2-1 化工厂平面图

(二)

某日 17 时 45 分,工人开启 2 号氯冷凝器进行生产;19 时,操作工发现 2 号氯冷凝器液化过程出现异常,立即将液氯转装到 5 号储罐;21 时,发现氯气从氨蒸发器盐水箱溢出,技术人员判定 2 号氯冷凝器穿孔;21 时 20 分,冷冻系统停车之后迅速断开 2 号氯冷凝器,处理残余氯气,将氯冷凝器管内剩余氯气排到排污罐,壳层冷冻盐水排到汽化器盐水箱。剩余氯气在通过漂液、三氯化铁、次氯酸钠处理过程中,于次日凌晨 0 时 48 分排污罐发生爆炸,全厂于 1 时 33 分停产。发生大爆炸的原因是冷凝器内氯气管破裂,造成氯气泄漏,冷凝盐水进入氯输送管道,氯与含有氮的冷凝液混合反应生成大量三氯化氮,三氯化氮通过分配管流入 5、6、7 号液氯罐。

(三)

次日 7 时 06 分,总队 119 火警调度指挥中心接到报警称某化工总厂发生氯气泄漏及爆炸。火警调度指挥中心先后调集总队特勤大队一中队和一支队第一、二、三、四、五等 6 个中队共 14 辆消防车,150 余名官兵前往现场处置。总队长、政委、副总队长以及总队机关有关部门领导等先后赶到现场参加事故处置工作。

(四)

7 时 25 分,总队特勤大队一中队和一支队第一中队到达现场,按照危险化学品事故处置程序要求进行侦检。经检测在氨冷凝器 5 m 范围内,空气中氯的含量为 31.5 mg/m³,10 m 以外为 15.75～25.2 mg/m³,30 m 以外为 6.3～15.75 mg/m³,50 m 以外为 6.3 mg/m³

以下,检测证明当时氯的泄漏量不大。第一到场的消防部队布置4支喷雾水枪对泄漏点及车间外围进行稀释。7时40分左右,总队长、政委等总队领导相继赶到现场,迅速成立消防救援指挥部,根据现场的情况分析判断,事故可能进一步扩大,处置时间长,需要的力量多。同时,重新调整了消防力量的部署。调集足够的空气呼吸器以及气瓶和必备的器材装备到现场,配合专家组进入现场侦察、了解掌握情况。

（五）

14时,通过专家组论证,决定将事故储罐的液氯通过4根导管自然输转至碱水池中和。液氯输转工作正式开始,在输转的同时,一边组织职工剥开液氯罐的保温层,一边用水向液氯罐壁淋水,加快液氯的自然汽化速度,并用4支水幕水枪出水监护。

（六）

17时50分,现场处置人员在未经指挥部同意的情况下,擅自启动事故泵抽取气相氯,加速了罐内液氯汽化,造成气体流动和压力变化,使罐内液氯和三氯化氮的比例和压力失去平衡。

17时57分引起5号罐内大量三氯化氮爆炸,罐被炸得粉碎,同时引起其他罐爆炸,造成大量氯气泄漏,100 m范围内部分建筑物被损坏,造成工厂领导和工程技术人员9人死亡,3人受伤。爆炸造成瞬间大量氯气泄漏,在爆炸点上空形成了一个高30 m、直径70 m的黄色氯气雾团,此时,现场周围救援人员纷纷外撤,而消防队员却冒着弥漫的氯气和可能再次爆炸的危险立即冲入事故核心区用高压水幕水枪和喷雾水枪出碱溶液对爆发的氯气雾团进行稀释中和;侦察小组迅速进入爆炸现场抢救伤员,并侦察现场情况,及时向指挥部报告。

（七）

爆炸发生后,6支水幕水枪不间断地向现场喷水(碱溶液)稀释、中和氯气,并不定时地进行侦检。第3日8时,指挥部进一步研究处置方案,参战中队继续用碱溶液进行稀释、监护至第4日11时。

（八）

由于蒸发器仍有2～5 t液氯,可能造成新的爆炸和危害,第4日上午,指挥部决定采用枪击方式引爆排险。为了做好引爆处置工作,消防救援指挥部及时召开战前动员会,研究部署战斗任务,实施排险。引爆排险前,除消防突击队员和引爆人员外,现场所有人员撤至1.5 km以外待命。12时30分,引爆排险开始,先后采用枪击、平射炮炮击、坦克炮炮击和炸药爆破的方式实施引爆,经过5个小时的紧张战斗,于17时30分成功引爆余下的残液罐。19时,厂区外警戒解除。消防部队2个战斗班2辆水罐消防车对现场继续监护,用碱水继续稀释残余氯气。

（九）

警戒解除后,第4日的23时、第5日1时、3时、5时、7时40分分别发生了5次爆炸。第5日上午,该厂工厂技术人员和消防队员经侦察、分析,确定2号氯冷凝器、2号汽化器、7号液氯储罐和液氯中转槽为尚存的4个危险源。中午12时,消防突击队在指挥部的统一指挥下,采取向容器内灌入碱溶液的方法,中和及置换氯气、三氯化氮。然后,用载重汽车远距离强行拉断贮槽和冷凝器底座管,排空容器内的事故物料。同时,使用碱溶液用固定水幕水枪封堵、中和氯气,于17时16分将最后4个危险源清理完毕,彻底消除隐患。消防部队继续监护至第 6 日 11 时,指挥部下达抢险救援工作圆满结束。

（十）

要求执行事项:

1. 熟悉本想定内容,了解该救援过程。

2. 以各级指挥员的身份理解任务,分析判断情况,回答问题。

（十一）

力量编成:

一中队:抢险救援消防车 1 辆、水罐消防车 1 辆、通讯指挥车 1 辆,官兵 20 人;

二中队:器材消防车 1 辆、水罐消防车 1 辆、照明消防车 1 辆,官兵 20 人;

三中队:抢险救援消防车 1 辆、水罐消防车 1 辆,官兵 15 人;

四中队:抢险救援消防车 1 辆、水罐消防车 1 辆,官兵 20 人;

五中队:水罐消防车 1 辆、化学事故抢险救援消防车 1 辆,官兵 15 人;

特勤大队一中队:抢险救援消防车 1 辆、空气呼吸器气瓶车 1 辆、器材消防车 1 辆、化学事故洗消车 1 辆,官兵 25 人。

二、补充想定

请根据基本想定内容,结合补充想定材料,完成相应问题。

（一）

7 时 25 分,总队特勤大队一中队和一支队一中队到达现场,按照要求进行侦检,查明了现场情况;设置警戒区域,禁止无关人员进入危险区,疏散事故核心区域内的无关人员;进入危险区的人员进行防火、防静电和个人防护的检查登记工作,确保进入现场人员的安全;布置喷雾水枪对泄漏点及车间外围进行稀释。

1. 氯气泄漏事故处置的组织指挥程序是什么?

2. 辨识本案例中的危险源和事故类型。

3. 第一时间应如何调集应急救援力量?

4. 警戒区域划定的范围及依据是什么?

（二）

7 时 40 分左右,总队长、政委等总队领导相继赶到现场,迅速成立消防救援指挥部,根据现场的情况分析判断,事故可能进一步扩大,处置时间长,需要的参战力量多。

5. 现场侦检过程中应注意哪些事项?

6. 你对现场情况的判断是什么?

（三）

现场指挥部随即向救援总指挥部和专家组建议:立即将警戒区域扩大,做好疏散警戒区域内所有居民的准备工作;严格控制进入核心区域的人员,并对进入人员进行登记,专家组尽快提出科学、安全可靠的处置方案,消防予以积极配合。

7. 处置液氯生产事故时,如何做好安全防护?

8. 进入核心区域的救援人员应携带哪些器材装备?

（四）

次日 17 时 50 分,现场处置人员在未经指挥部同意的情况下,擅自启动事故泵抽取气相氯,三氯化氮蒸气随着氯气进入输转管道,并在管内高速流动,当进入水封池时发生爆炸,爆炸冲击波通过输转管道传入罐内,17时57分引起5号罐内大量三氯化氮爆炸,造成5号储罐被炸得粉碎,同时引起其他罐爆炸,造成大量氯气泄漏,100 m范围内部分建筑物被损坏,造成工厂领导和工程技术人员9人死亡,3人受伤。如图2-2所示。

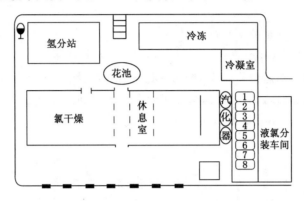

图2-2　氯气储罐事故区域平面图

9. 请分析此次爆炸的原因并提出处置对策。

10. 输转过程中应注意哪些事项?

（五）

爆炸发生后,造成瞬间大量氯气泄漏,侦察小组迅速进入爆炸现场抢救伤员,并侦察现场情况,及时向指挥部报告;突击队员进入爆炸区域全力抢救伤员和搜寻遇难者。

11. 爆炸后侦察的要点是什么?

12. 阻止氯气向四周扩散,应采取哪些措施?

13. 为防止侦察人员中毒,应采取哪些安全防护措施?

（六）

该工段共有8个卧式液氯储罐,每个容积12 m³,呈"一"字形排列,各罐之间间距仅为0.8～1 m。事故发生时,1、2、3、8号为空罐,有少许残液,4、7号罐有0.2～0.3 t液氯,5、6号罐分别存有6 t和2 t液氯,相邻的1号汽化器未装液氯,2、3号汽化器内分别储有液氯2 t和3 t。

14. 氯气泄漏后,可选用什么洗消剂?

15. 本案例中,若用生石灰处置需要多少千克才可将氯气完全中和洗消?

16. 疏散转移群众时,应如何选择路线?

（七）

由于蒸发器仍有2～5 t液氯,可能造成新的爆炸和危害。第4日上午,指挥部决定采用枪击方式引爆排险。12时30分,引爆排险开始,先后采用枪击、平射炮炮击、坦克炮炮击和炸药爆破的方式实施引爆,经过5个小时的紧张战斗,于17时30分引爆全部成功。19时,厂区外警戒解除。

17. 在进行爆破过程中如何进行保护和稀释降毒?

18. 制订一个初步的事故处置方案(含侦检、人员救治、疏散、警戒、安全防护等内容)。

第二节　液氯槽车事故应急救援想定作业

一、基本想定

认真阅读本材料,熟悉整个救援过程。

（一）

某日 18 时 50 分,高速公路某段 103 km 处发生一起重大交通事故,导致肇事车辆槽罐内大量液氯泄漏。该高速公路为我国南北交通大动脉,双向 4 车道,全长 1 262 km,日平均车流量 16 000 辆,29 日车流量为 18 665 辆。

（二）

18 时 50 分,1 辆满载液氯的槽车由北向南行驶,因左前轮爆胎,冲断高速公路中间隔离栏至逆向车道,与由南向北行驶载有液化气空钢瓶的卡车相撞,导致液氯槽车翻车,车头与罐体脱离,槽罐进、出料口阀门齐根断裂,液氯大量泄漏。卡车司机当场死亡,槽罐车驾驶员未及时报警,逃离事故现场。槽车槽罐长 12 m,罐体直径 2.4 m,额定吨位为 15 t,实际载有 40.44 t 液氯,超载 25.44 t。在此次事故发生后,经有关部门对车辆进行检测发现,车辆有半年没有经过安全部门检测,左前轮胎已报废,达不到危险化学品运输车辆的性能要求。载有液化气空钢瓶的卡车长 13 m,装载液化气空钢瓶(5 kg/瓶)约 800 只。

（三）

事故点下风及侧下风方向为一行政村,共有村庄 3 个组 200 户约 550 人,离事故点最近住户的直线距离只有 60 m。当天 18 时,晴到多云,东到东南风,风力 3 级左右,风速 3.8 m/s,气温 12 ℃;30 日晴,东南到南风,风力 1 到 2 级,风速 0.8～3.2 m/s,气温 6～20 ℃;31 日晴,南到东南风,风力 1 到 2 级,风速 0.8～3.2 m/s,气温 6～21 ℃。事故现场没有可以利用的水源,最近的取水点有 3 处,都是口径为 150 mm、流量 18 L/s 的室外消火栓。分别位于:事故点北面的北出口处(8 km)、事故点南面的高速公路服务区(12 km)、事故点南面的高速公路收费站(16 km)。

（四）

18 时 55 分,消防支队接到报警称,高速路上行线 103 km＋300 m 处发生交通事故,大量液化气钢瓶散落地面,并发生泄漏。支队长、副支队长立即率领 3 个中队(一中队、二中队及特勤一中队)、11 辆消防车、70 名官兵迅速出动。接警出动后,又调集 8 个中队、29 辆消防车、150 名官兵增援,消防总队接报后,先后调集 5 个支队、10 辆消防车、90 名官兵到场增援。

（五）

考虑到高速公路交通可能已造成堵塞,消防部队抓住有利战机,分别由高速路北入口、南入口进入,于 20 时 10 分、12 分相继到达现场,到场后立即成立以支队长为总指挥的抢险救援指挥部,并组织到场力量组成侦检小组对现场进行侦察和检测。

（六）

20 时 25 分左右,特勤中队侦检小组查明泄漏源来自侧翻的槽罐车,车上无人,确定泄漏物质为氯气,泄漏口为两个比较规则的圆形孔洞,泄漏量很大(约一半)。另一辆卡车运载的液化气钢瓶为空瓶,司机已死亡。20 时 35 分左右,一中队搜救小组首先报告,发现一户人家两人已经中毒死亡。20 时 38 分左右,二中队搜救小组也发现有一人中毒死亡。随后指挥部又陆续接到发现多人中毒昏迷的报告。为此,指挥部要求各搜救小组继续全力营救中毒遇险人员,同时注意自身安全。20 时 55 分左右,增援力量到场。指挥部命令增加 6 个搜救小组,由副支队长统一负责,从事故点北侧高速公路下的涵洞进入村庄救人。在整个救援过程中,共营救出 84 名中毒群众,引导疏散遇险群众 3 000 余人。

（七）

22 时 55 分,总队政委、副总队长、司令部战训处处长等到达现场,由总队政委接任总指挥,副总队长、副市长、支队长任副总指挥,由战训处处长任前沿指挥,组织突击队对泄漏口进行监护,随时做好加固等应急准备。现场指挥部决定继续加大搜救力度,按照乡村干部提供的有关情况,对氯气重危区内村庄再一次进行全面搜寻。经过参战官兵共同努力,现场情况稳定。指挥部考虑到堵漏木塞长时间有可能被腐蚀,液氯随时都有泄漏的危险,如果液氯槽罐不及时转移,毒源不彻底消除,危险就随时会存在,高速公路也无法恢复通车。指挥部积极研究制订排险方案,最终确定在事故点侧上风方向约 300 m 的高速公路桥下,构筑中和池,将泄漏槽罐置入池中,加入氢氧化钠溶液进行中和。

（八）

次日凌晨 2 时 30 分,现场指挥部考虑到处置时间长、任务重,现场防护装备消耗量大,官兵体能消耗大,需要替换,决定跨区域调集力量。又调集了其他 5 个支队、10 辆消防车、90 名官兵、120 具空气呼吸器、20 套防化服、1 台移动充气设备到场增援。3 时 30 分,使用 50 t 吊车对液氯槽车起吊,但因对重量估计不足而未起吊成功。指挥部研究决定,再调集 1 辆 50 t 吊车到达现场,两辆吊车同时起吊。11 时许,液氯槽罐被成功吊起,移至大型平板车上。

（九）

截至 19 时,指挥部共调集 300 t 氢氧化钠溶液（30%）到达现场,对泄漏的液氯进行中和（为加速中和,同时又保证安全,用消防钩对木塞进行了松动）。19 时 15 分,由于东侧堤坝泥土松动,出现渗漏,致使堤坝坍塌,液面下降,液氯槽罐两个泄漏口暴露在空气中,指挥部决定调用两台大功率挖掘机加固堤坝。22 时 10 分左右,堤坝加固完毕。此时,又调集 200 t 氢氧化钠溶液到场,使中和继续进行（中和池旁,监测浓度为 2.1 mg/m³）。第 3 日 9 时许,为加快中和速度,指挥部决定用水带直接将氢氧化钠溶液引至泄漏口进行中和。19 时 15 分左右,槽罐内液氯中和完毕（中和池旁,监测浓度为 0.1 mg/m³）。

（十）

20 时许,指挥部研究决定,在天亮以后将液氯槽罐移运至化工机械有限公司,并连夜做好相关准备工作。第 4 日 9 时 20 分,开始起吊（中和池旁,监测浓度为 0.08 mg/m³）。11 时许,液氯槽罐被成功吊放并固定在大型平车上,并在警车开道和消防车的监护下,驶离事故现场。12 时 08 分,液氯槽罐被安全运送至化工机械有限公司。

（十一）

根据液氯的理化性质和受污染的情况,对污染区进行监测洗消。环保部门对污染现场进行不间断环境监测,直至毒气全部消除。调集 100 台喷雾机械和 10 台大型喷雾车对污染区喷洒氢氧化钠水溶液。调集 10 部消防水罐消防车,利用雾状水对污染区进行稀释。对中和池周围进行封闭,专人看护,确保中和后的液体自然降解。消防官兵经过 65 个小时的连续奋战,此次液氯泄漏事故成功处置结束。

此次事故波及 2 个县区的 3 个乡镇、11 个行政村。造成 28 名村民中毒死亡,350 人住院治疗,270 人留院观察,疏散 15 000 余人,其中消防官兵及时疏散群众 3 000 余人,抢救中毒遇险群众 84 人。

(十二)

要求执行事项:

1. 熟悉本想定内容,了解该救援过程。

2. 以各级指挥员的身份理解任务,分析判断情况,回答问题。

(十三)

力量编成:

一中队:抢险救援消防车 1 辆、水罐消防车 2 辆、泡沫消防车 1 辆,官兵 20 人;

二中队:水罐消防车 2 辆、泡沫消防车 1 辆,官兵 20 人;

特勤一中队:抢险救援消防车 1 辆、水罐消防车 2 辆、泡沫消防车 1 辆,官兵 30 人。

二、补充想定

请根据基本想定内容,结合补充想定材料,完成相应问题。

(一)

某日 18 时 50 分,某高速公路 103 km 处发生一起重大交通事故,导致肇事车辆槽罐内大量液氯泄漏,大量的液化气钢瓶散落地面。

1. 辨识本案例中的危险源和事故类型。

2. 第一时间应调集哪些应急救援力量?

3. 简述液氯的理化性质及危害。

4. 液氯槽罐泄漏事故的处置程序是什么?

(二)

18 时 55 分,消防支队接到 110 指挥中心转警,支队长、副支队长立即率领 3 个中队、11 辆消防车、70 名官兵迅速出动。分别从高速北入口、南入口进入事发高速公路路段,于 20 时 10 分、12 分相继到达现场。到场后立即成立以支队长为总指挥的应急救援指挥部。

5. 指挥部的设立应注意哪些事项?请在图 2-3 中标出指挥部位置。

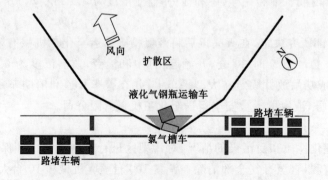

图 2-3　液氯槽车事故平面图

6. 此次事故救援需设哪些战斗小组？

7. 如何进行力量的部署？

8. 达到现场的救援车辆应如何停放？（在图 2-3 中进行标绘）

（三）

20 时 25 分左右，特勤中队侦检小组查明泄漏源来自侧翻的槽罐车，车上无人，确定泄漏物质为氯气，泄漏口为两个比较规则的圆形孔洞，泄漏量很大（约一半）。另一辆卡车运载的液化气钢瓶为空瓶，司机已死亡。查明后侦检小组立即向指挥部报告侦察情况。

9. 你对现场情况的判断是什么？

10. 侦检过程中应携带哪些器材装备？

11. 安全防护应注意哪些问题？

（四）

20 时 35 分左右，一中队搜救小组首先报告，发现一户人家两人已经中毒死亡。38 分左右，二中队搜救小组也发现有一人中毒死亡。随后指挥部又陆续接到发现多人中毒昏迷的报告。为此，指挥部要求各搜救小组继续全力营救中毒遇险人员，同时注意自身安全。20 时 55 分左右，增援力量到场。指挥部命令增加 6 个搜救小组，由副支队长统一负责，从事故点北侧高速公路下的涵洞进入村庄救人。在整个救援过程中，共营救出 84 名中毒群众，引导疏散遇险群众 3 000 余人。死亡人员分布如图 2-4 所示。

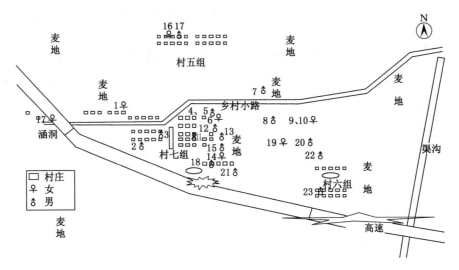

图 2-4 人员死亡地点示意图

12. 现场搜救的难点是什么？

13. 救治中毒人员可采用哪些急救的方法？

（五）

根据侦察情况，指挥部运用化学灾害事故辅助决策系统，计算出事故区域的范围。1 t 氯气泄漏死亡半径为 30.6 m，现场氯气槽罐装载量相当大（40.44 t），泄漏近一半左右，根据氯气的危险特性和现场实际情况，前沿指挥员意识到事态十分严重，当即决定加大警戒、搜救范围。

14. 现场警戒的范围是多大？

15. 针对现场泄漏量大的实际情况，请设计初步的实施方案。

（六）

次日 20 时 25 分，根据侦检组查明泄漏点的情况，指挥员命令堵漏人员穿着封闭式防化服，携带木塞，在水枪掩护下迅速实施堵漏。21 时许，堵漏小组用堵漏木塞，经过密切配合，成功地封堵两个泄漏孔，同时，稀释小组对泄漏区保持不间断的稀释驱散。

16. 常用堵漏方法有哪些？需要哪些器材？

17. 结合本想定作业，采用哪种堵漏方法最佳？为什么？

（七）

经过参战官兵共同努力，现场情况稳定。指挥部考虑到堵漏木塞长时间有可能被腐蚀，液氯随时都有泄漏的危险，如果液氯槽罐不及时转移，毒源不彻底消除，危险就随时会存在，高速也无法恢复通车，指挥部积极研究制订排险方案。

同时考虑中和反应为放热反应，强烈的反应放出大量的热使槽罐内压力升高，气体泄漏量增大，如不能及时中和，可能难以控制。截至 19 时，指挥部调集 300 t 氢氧化钠溶液（30%）到达现场，进行中和（为加速中和，同时又保证安全，用消防钩对木塞进行了松动）。22 时 10 分左右，堤坝加固完毕。此时，又调集 200 t 氢氧化钠溶液到场使中和继续进行。

18. 氯气可用哪些物质（氢氧化钠溶液除外）进行中和，并分析中和原理。

19. 根据现场情况，计算完全中和 1 t 氯气需要多少吨浓度为 30% 的氢氧化钠溶液？

第三节　氯磺酸槽罐车事故应急救援想定作业

一、基本想定

认真阅读本材料，熟悉整个救援过程。

（一）

某日 23 时 40 分左右，一辆装载 85 t 氯磺酸的槽罐车行驶到高速公路某收费站由北向南 1 km 处时罐体发生泄漏。事故地点东侧 230 m 是居民小区，常住人口约 4 100 人；西侧 400 m 是村庄，常住人口约 400 人。南北两侧为环城主路，距最近的收费站分别为 8 km 和 1 km。24 时，天气晴，风向为东南风，气温为 28 ℃，空气湿度为 31%，风速 5.0 m/s。如图 2-5 所示。

（二）

23 时 43 分，总队 119 指挥中心接到报警后，根据事故现场情况，立即启动《总队危险化学品运输车辆事故处置预案》，先后调集 5 个中队、15 辆消防车、95 名官兵赶赴现场参加抢险救援。

（三）

次日 0 时 15 分，支队消防一中队到达现场，经初步侦察了解现场情况为：一辆装载 85 t 氯磺酸的运输槽罐车发生泄漏停靠在路边，泄漏形成约高 10 m、宽 3 m、长 20 m 的白色氯磺酸气雾团，向西北方向扩散。0 时 30 分，支队全勤指挥部及二、三、四中队相继到达现场后，支队立即成立现场指挥部，并结合现场情况和到场力量采取措施。消防支队组成 4 个疏散小组会同公安分局民警分别对事故现场东西两侧下风方向居民区实施动态警戒，同时，在

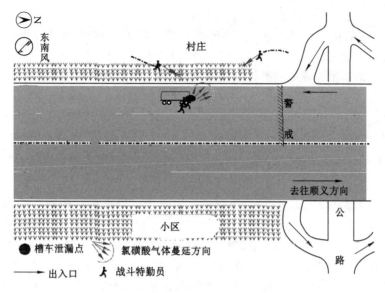

图 2-5　现场平面图

下风方向 200 m 处和上风方向 100 m 处分别设置警戒区域,防止无关人员进入和车辆通行。消防一中队派 3 名侦检人员携带有毒气体检测仪,做好对现场实施动态侦检的准备,并在可能的情况下对槽罐车的泄漏部位进行确认。

（四）

0 时 40 分,总队全勤指挥部在出动途中,结合先期到场官兵反馈的信息,利用危险化学品处置辅助决策系统对氯磺酸的理化性质、健康危害、应急处理方法、防护措施等内容进行了查询,在确保掌握氯磺酸的理化性质和毒理学资料准确无误的基础上,将此信息通过电台通知先期到场的消防支队,并要求其按照现有装备进行最高等级的防护,同时对现场进行先期处置。1 时许,总队全勤指挥部和特勤大队指挥员及特勤中队先后到场,支队遂将现场指挥权移交给总队全勤指挥部。总队全勤指挥部根据现场情况,立即协调到达现场的社会联动力量共同确定了初步行动方案。

（五）

1 时 10 分,侦检小组做好防护后进入现场,经侦察发现,氯磺酸泄漏后产生大量白烟将车尾部团团包围,并且伴有液态氯磺酸从罐车左后轮挡泥板上方流出,由于酸雾较大,根本无法查出泄漏点的准确位置和罐体破损程度。据此,指挥部命令二中队利用移动式排烟机对现场酸雾进行驱散,借助排烟机的作用,侦检小组再次进入现场实施侦察,并查明泄漏点位于槽车左后轮胎挡泥板上方的横梁与罐体的衔接处,是一个 4 cm 左右的裂缝,泄漏的氯磺酸液体沿着路面向北流淌约 30 m 后通过路边排水槽流向排水沟,并在路边排水沟内形成约 10 m² 的污染区。

（六）

1 时 30 分,指挥部根据侦检小组反馈的信息,结合现有的堵漏器材立即研究堵漏方案,命令特勤中队 3 名特勤队员穿着一级化学防护服、佩戴空气呼吸器、携带磁压堵漏工具进入现场进行堵漏。因处置时间过长,为防止氯磺酸对防护服造成腐蚀,指挥部要求参与堵漏的人员撤离并进行彻底洗消,确保不造成二次污染和对官兵的更大伤害。

（七）

2 时 10 分,为防止槽罐车泄漏点受到腐蚀后进一步扩大,指挥部决定由堵漏小组携带磁压堵漏工具进入现场再次进行封堵,经过堵漏组的不懈努力,终于将磁压堵漏工具成功吸附在挡泥板上方的横梁与罐体的衔接处,利用磁压堵漏工具的侧切面与罐体缝隙的接触,有效减缓了氯磺酸泄漏的速度,同时防止了泄漏出的氯磺酸对金属罐壁的腐蚀,为下一步事故车辆的转移倒罐奠定了基础。在堵漏组对罐体封堵的过程中,指挥部命令 6 名特勤队员做好防护,利用指挥部调来的生石灰对事故现场流淌在路面上及排水沟内的氯磺酸进行覆盖、中和处置,大大降低了氯磺酸对事故车辆轮胎、路面的腐蚀及事故现场酸雾的浓度。

（八）

2 时 30 分,堵漏取得一定成效后,指挥部决定将事故槽罐车转移到空旷地带实施倒罐处置。根据侦察员反馈的信息,距事故现场 8.5 km 处的空旷地带为最佳倒罐处置点。凌晨 4 时许,事故槽罐车成功转移到倒罐处置点,环城路随后恢复交通。指挥部命令挖掘机和铲土机在事故车辆南侧 2 m 处挖掘一个深 2.5 m、宽约 3 m、长 13 m、25° 的斜坡土坑,为倒罐工作做好准备。中午 11 时许,市应急办协调调集的 2 辆槽罐车陆续到场,11 时 25 分,根据指挥部的命令,由特勤中队在做好防护的前提下,利用干粉灭火器对倒罐现场进行保护,由工作人员连接导流管开始实施倒罐,13 时 05 分,第一个槽罐车倒罐工作顺利结束,13 时 18 分至 14 时 30 分,第二个槽罐车成功倒罐完毕,至此,事故槽罐车内的氯磺酸全部转移。

（九）

15 时,推土机将刹车装置损坏的泄漏槽车推离停放位置,用铲车和挖掘机将遗撒的氯磺酸与生石灰粉反复搅拌彻底中和后进行深度掩埋,待事故现场清理完毕后,除责任区中队一辆消防车继续看守现场外,总队全勤指挥部和其他所有参战人员、车辆全部返回。

经过全体参战官兵 16 个多小时的有效处置,圆满完成此次事故的抢险救援任务。

（十）

要求执行事项:

1. 熟悉本想定内容,了解该救援过程。

2. 以各级指挥员的身份理解任务,分析判断情况,回答问题。

（十一）

力量编成:

一中队:抢险救援消防车 1 辆、水罐消防车 1 辆、泡沫消防车 1 辆,官兵 20 人;

二中队:照明消防车 1 辆、抢险救援消防车 1 辆、水罐消防车 1 辆,官兵 15 人;

三中队:抢险救援消防车 1 辆、水罐消防车 1 辆、泡沫消防车 1 辆,官兵 15 人;

四中队:抢险救援消防车 1 辆、水罐消防车 1 辆、泡沫消防车 1 辆,官兵 20 人;

特勤中队:抢险救援消防车 1 辆、防化洗消消防车 1 辆、器材保障车 1 辆、卫星通信车 1 辆,官兵 25 人。

二、补充想定

请根据基本想定内容,结合补充想定材料,完成相应问题。

（一）

0 时 15 分,支队消防一中队到达现场,经初步侦查了解现场情况为:一辆装载 85 t 氯磺酸的运输槽罐车发生泄漏停靠在路边,泄漏形成约高 10 m、宽 3 m、长 20 m 的白色氯磺酸气雾团,向西北方向扩散。

1. 以消防一中队队长的身份对现场情况进行分析判断,并写下结论。
2. 第一到场力量应如何部署?
3. 进入现场的侦察检测人员如何做好安全防护?
4. 消防一中队应当携带哪些救援器材装备?
5. 第一时间应调集哪些应急救援力量到场进行处置?

（二）

0 时 30 分,支队全勤指挥部及二、三、四中队到达现场后,立即成立现场指挥部,并结合现场情况和到场力量采取措施。消防支队组成 4 个疏散小组会同公安分局民警分别对事故现场东西两侧下风方向居民区实施动态警戒。

6. 辨识此事故的危险源及事故类型。
7. 现场警戒的范围及依据是什么?
8. 4 个疏散小组的力量应如何进行分工及安排部署?

（三）

经查,氯磺酸为无色半油状液体,有极强的刺激性气味,主要通过吸入、食入、经皮肤吸收等方式侵入人体,其蒸气对黏膜和呼吸道有明显刺激作用,会使人出现气短、咳嗽、胸痛、咽干痛、流泪、恶心、无力等症状。吸入高浓度可引起化学性肺炎、肺水肿。皮肤接触液体可致重度灼伤。氯磺酸与易燃物(如苯)和有机物(如糖、纤维等)接触会发生剧烈反应,甚至引起燃烧。遇水强烈分解,产生大量的热和浓烟,甚至引起爆炸。具有强腐蚀性。燃烧(分解)产物为氯化氢、氧化硫。总队全勤指挥部在出动途中,结合先期到场官兵反馈的信息,通过电台通知先期到场的消防支队,并要求其按照现有装备进行最高等级的防护对现场进行先期处置。

9. 此事故中消防部队的重点任务是什么?

（四）

次日 1 时许,总队全勤指挥部和特勤大队指挥员及特勤中队先后到场,支队遂将现场指挥权移交给总队全勤指挥部。总队全勤指挥部根据现场情况,立即协调到达现场的各社会联动力量共同确定了初步行动方案。

10. 根据现场情况拟订相应的处置方案。

（五）

1 时 10 分,侦检小组做好防护后进入现场,在靠近泄漏罐体后发现,由于氯磺酸泄漏后与空气中水分子发生反应冒出滚滚白烟形成酸雾团将车尾部团团包围,并且伴有液态氯磺酸从罐车左后轮挡泥板上方流出,由于酸雾较大,根本无法查出泄漏点的准确位置和罐体破损程度。

11. 堵漏人员的安全防护等级及要求有哪些?
12. 常见的堵漏方法有哪些?此次事故可以采取什么堵漏方法?
13. 请设计此次事故的堵漏方案。

（六）

2 时 10 分,为防止槽罐车泄漏点受到腐蚀后进一步扩大,指挥部决定由堵漏组携带磁压堵漏板进入现场再次进行堵漏,指挥部命令6名特勤队员在做好防护的基础上,利用指挥部调来的生石灰对事故现场流淌在路面上及排水沟内的氯磺酸进行覆盖、中和处置,大大降低氯磺酸对事故车辆轮胎、路面的腐蚀及事故现场酸雾的浓度。泄漏被有效控制后,指挥部决定将事故槽罐车转移到空旷地带实施倒罐处置。

14. 现场可用生石灰对氯磺酸进行覆盖的原理是什么?

(七)

凌晨4时许,事故槽罐车被成功转移到倒罐点,环城路随后恢复交通。救援人员利用生石灰与干土混合对槽罐车泄漏点进行堆砌封堵并命令挖掘机和铲土机待命,为倒罐工作做好准备。

15. 倒罐前需要做好哪些准备工作?

(八)

11时25分,根据指挥部的命令,特勤中队利用干粉灭火器对倒罐现场进行保护,由工作人员连接导流管开始实施倒罐,13时05分,第一个槽罐车倒罐工作顺利结束,13时18分至14时30分,第二个槽罐车成功倒罐完毕,至此,事故槽罐车内的氯磺酸全部转移。

16. 本想定作业中倒罐处置的注意事项有哪些?

17. 此次倒罐处置需要做好哪些安全措施及物资保障?

(九)

14时40分,倒罐后,出水对泄漏罐车底部和轮胎全面进行洗消,将地面上泄漏的氯磺酸与白石灰及沙土混合并深埋,未造成二次污染。搭建公众洗消帐篷,建立洗消站,对所有进入危险区人员和车辆装备进行了彻底洗消。环保部门全天候对空气、水土污染情况进行监测,安监部门不间断地对现场进行检测,及时提供了检测数据和相关信息。

18. 对受污染的人员和器材进行洗消的要求有哪些?

19. 对现场实施监测的方法和要求有哪些?

第四节　液氨事故应急救援想定作业

一、基本想定

认真阅读本材料,熟悉整个救援过程。

(一)

某日2时15分,M县化工集团化肥厂发生液氨泄漏特大灾害事故。该厂占地约110亩,距辖区消防中队约3 km。厂内共有职工381人,固定资产750万元。该厂主要生产液氨和碳酸氢氨,液氨年产量约40 000 t,碳酸氢氨年产量约10 000 t。整个厂区分为北部生产区和南部办公生活区,有西、北两个大门,两个通道。该厂液氨储罐区在厂区的正东部,有4个50 m^3液氨储罐,共储存液氨200 m^3。厂内设有室外消火栓3个,为环状管网,正常工作压力为0.3 MPa。该厂东临东街居民区,共24排164户715人,泄漏点距最近的民房约30 m;南临厂内办公区、职工家属区、农业局和林业局办公及家属区、石油公司家属区,共258户977人,泄漏点距最近的民房为10.6 m;西临通运路,泄漏点距西大门约196.3 m;北临东街居民区、食品公司和小学住宅区,共113户387人,泄漏点距居民区最近处约240 m。

厂区周围居民人数总计 2 079 人。如图 2-6 所示。

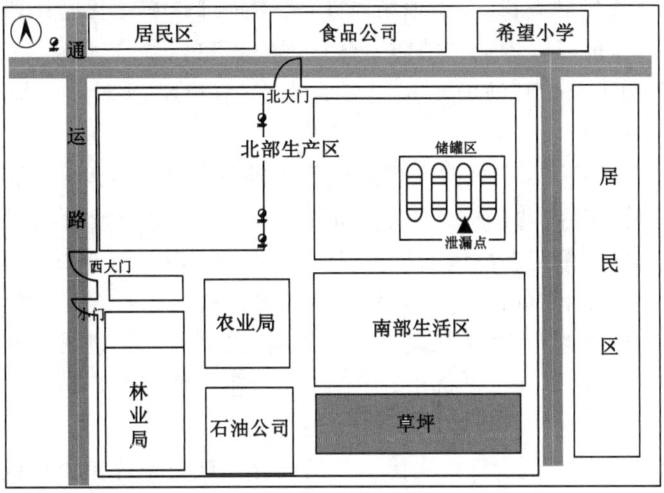

图 2-6　液氨泄漏事故现场平面图

(二)

凌晨 2 时左右,化肥厂 2 号液氨储罐向一辆液氨槽车灌装液氨时,因液氨储罐与液氨槽车连接的金属软管破裂发生泄漏。泄漏点距液氨储罐灌装截止阀 10 cm 处,裂口 7 cm×4 cm。泄漏后,押运员慌忙去关液氨储罐灌装截止阀,但由于储罐和槽车内压力大,喷出的高浓度液氨迅速向周围扩散,加之押运员无任何防护措施,被迫逃离了现场。当时液氨槽车液相和气相阀均处于开启状态。县中队到达时,方圆 300 m² 就能闻到氨气的气味,厂西大门以东至泄漏点 50 m 以内覆盖着 2 m 高的液氨雾气。到关闭阀门时,液氨已扩散到直径 500 m 的范围。氯气泄漏发生在深夜,周围 2 000 余名群众正在熟睡之中,毫无察觉。事后经调查共泄漏液氨 20.1 t。厂内唯一的一条疏散通道充满了高浓度的氨气,救援人员只能从农业局大门进入,必须拐八个弯才能进入重危区救人,途中还要经过一个住户的两道门(农业局和化肥厂分界墙,墙高约 3 m),最狭窄处仅能容两个人并排行走。现场指挥部距泄漏点最近的民房约 350 m。由于城区消火栓在每天晚上 24 时以后停水,且厂内的 3 个消火栓已经被氨雾覆盖,无法利用,罐区设置的喷淋系统未开启。全厂仅有的两具正压式空气呼吸器和两套二级化学防护服被放在仓库里无人想到使用,单位无任何自救能力。

(三)

支队 119 指挥中心接到报警后,第一时间命令辖区一中队 3 车 15 人出动,立即向当日值班首长报告了情况,支队长迅速安排副支队长带领支队值班干部先期到场指挥,并向市委、市政府和市公安局领导作了报告。同时,调动支队特勤中队、二中队、三中队和四中队共 4 个中队、10 辆消防车、50 名官兵赶赴事故现场增援。

(四)

2 时 15 分 10 秒,一中队接到化肥厂保卫科科长的报警。2 时 16 分,中队长带领全队 14 名官兵乘 3 辆消防车(配备 15 具空气呼吸器和 4 套二级化学防护服)火速赶赴事故现场。2 时 20 分左右,到达现场,发现液氨泄漏量很大,整个厂区弥漫着高浓度的液氨气体。这时,一名厂方人员跑上前来报告"厂区南侧全部是家属区,居民正在睡觉,还不知道液氨泄漏"。这时,县消防大队教导员赶到了现场,立即成立了临时抢险救援指挥小组,由教导员担任指挥小组长,中队长任副组长,根据现场风向,将指挥部设在距化肥厂西门南约 50 m 处。对现场进行侦检后,中队长立即向市消防支队指挥中心和县委、县政府、县公安局报告情况,请求调集其他中队和 110、120 到场增援,通知自来水公司给消火栓供水加压。

(五)

2 时 27 分,中队长带领 4 名救援人员进入厂内居民区进行救人和疏散群众。由于地形复杂,能见度低,他们只有顺着胡同向重危区前进,挨家挨户进行搜救,采取敲窗砸门及高音喇叭巡回喊叫等方式,叫醒正在酣睡的居民,让他们赶快逃离房屋。搜救组在深入重危区搜救时,发现距离泄漏点 10.6 m 的一排民房里,有 2 名儿童和 2 名老人被困,救援人员用湿毛巾捂住被困人员口鼻,抱起儿童,扶架老人向外撤离。2 时 36 分,救援人员再次进入事故区进行搜救,此时有 40 多名群众慌乱逃出,经了解里面还有许多住户被困,没有撤离,情况十分危急。

2 时 45 分,救援人员第三次深入居民区。居住在厂区最南侧家属楼的居民由于经常闻到厂内的氨气气味,已经习以为常,还不知道液氨泄漏,见到消防队员时,莫名其妙地问:"里面发生什么事了?"救人小组说明情况并让他们打电话通知邻居赶快撤离。在人们的嘈杂声和呼喊声中,从居民区的不同方向跑出约三四百人。救援人员立即引导群众沿着逃生路线撤离。救援人员在第五次进入救人时,发现一家院子里有一辆三轮车,他们就将中毒群众抬上三轮车,用湿毛巾捂上口鼻,推出了重危区,来回四五趟分别从不同胡同里先后又救出 16 人。每一次将被困人员抢救出来,教导员就在轻危区唯一的一条生命疏散通道口,用湿毛巾防护,顶着刺鼻的氨气气味,组织水枪手对周围进行稀释驱散,掩护接应抢救出的群众,及时送上救护车抢救。随着泄漏区危险性不断加大,救人行动进行得异常艰难。

(六)

处置过程中,县委书记、副书记、副县长、县公安局局长等主要领导同志相继赶到了事故现场,组织指挥抢救人员和疏散群众。3 时 15 分,四中队队长带领 14 名官兵、3 辆消防车赶到现场。3 时 20 分左右,支队副支队长、后勤处长和值班干部 5 人乘指挥车赶到现场。随后,二中队中队长带领 15 名官兵、3 辆消防车,特勤中队中队长和指导员带领 14 名官兵、3 辆消防车,三中队指导员带领 14 名官兵、3 辆消防车先后到达现场。之后,消防支队支队长、市公安局政委和支队政委、副支队长、参谋长相继到达现场。随即与在场指挥的县委、县政府、县公安局的领导成立了抢险救援总指挥部,研究商讨处置对策。同时再次调集了五、六、七、八中队 10 车 50 人前往现场进行增援。

先期到达的支队指挥员听取了一中队干部的汇报,向技术人员询问了有关情况,并安排人员进行了险情侦察。通过询问和侦察,液氨泄漏区域已扩散至直径大约 400 m 的范围,直径约 200 m 的范围内被高浓度的氨雾覆盖,能见度很低,厂区东侧、东北侧、南侧还有许多群众的生命受到威胁。3 时 30 分左右,指挥部根据泄漏物质危险特性、事故现场情况和到场力量重新进行了力量部署。

(七)

3 时 33 分,各救人小组佩戴空气呼吸器深入重危区实施救人。第一救人小组从农业局大门先后 3 次进入厂区家属院进行救人。第一次在厂区家属院最东面胡同西侧第二排第 3 户、第三排第 2 户救出 6 人;第二次在东面胡同东侧第四排第 3 户救出 3 人;第三次在厂区家属院东面胡同东侧第三排厂院墙墙根又救出 3 人。第二救人小组从林业局南面一条小道上绕到厂区东侧东街居民区实施救人,在到达河边时,经询问知情人,得知里面有一处裁缝学校宿舍,有 40 多个十七八岁的女孩,大都没有跑出来。救援人员沿着路向北纵深搜救,在强光灯的照射下,距离泄漏点东面的路边草丛中发现 4 名女孩,全部趴在地上奋力地挣扎着,救援人员迅速地将她们抬上三轮车,火速送到安全区内的救护车上;当救援人员搜救到一处民房门口时,发现 10 名女孩倒在地上,气息奄奄,救援人员立即将她们抬上地板车、人力三轮车救出重危区;接着,救援人员在厂区东墙附近救出 16 名中毒群众。第三救人小组沿着厂区北面的街道迅速深入到厂区东北侧居民区实施救人,他们第一次在公路上、水沟旁救出 7 人,第二次在路东居民区胡同里救出 4 人,第三次在路东胡同边的玉米地救出 1 人。每一次救人,救人小组采取抬、抱、车拉等方法,将受害者送到安全区内的救护车上,同时救援人员交替轮换,以保存体力。

(八)

3 时 33 分,堵漏小组在 2 支水枪驱散稀释掩护下,由工厂西大门深入重毒区准备实施关阀作业。由于泄漏点距停车位置较远,加之整个厂区全被白茫茫的氨雾笼罩,凭视线已分不清建筑物和通道,一时难以找到漏点,只能在水枪稀释下缓慢向前推进。在水流的冲击下,液氨呈现回旋状包围住救援人员,特别是每当水枪压力小于 0.3 MPa 或更换延长水带时,液氨毒雾就回旋反转。在这种情况下,水枪手加大保护范围,缓慢地向泄漏点逼近,最后,每条干线水带由 2 盘增设至 14 盘。

4 时 20 分左右,堵漏组终于接近泄漏点,在水枪的掩护稀释下,关闭了液氨槽车 2 个制动阀门和液氨储罐的一个灌装截止阀,阻止了液氨继续泄漏,排除了险情。从准备关阀到阀门关闭共用了 47 分钟。然后,处置人员对泄漏区进行了全面稀释。

(九)

4 时 40 分,在泄漏区的液氨全部被驱散稀释后,抢险救援指挥部命令各县消防中队队长带领 30 名战士分 6 组先后 3 次对事故现场周围的居民区进行全面细致地搜救。搜救过程中,在厂区东侧草丛中又救出 2 名遇险群众(因草深叶茂很难发现)。搜救工作一直持续到 6 时 30 分。战斗结束后,洗消组对深入现场的救援人员、器材进行清洗,并不断对现场进行稀释,及时清理了现场。此次事故处置,参战官兵无一伤亡,以最小的代价换取了最大的成果。此次事故共计造成 13 人死亡,89 人受伤。

(十)

要求执行事项:

1. 熟悉本想定内容,了解该救援过程。

2. 以各级指挥员的身份理解任务,分析判断情况,回答问题。

(十一)

力量编成:

一中队:抢险救援消防车 1 辆、水罐消防车 1 辆、泡沫消防车 1 辆,官兵 15 人;

二中队:抢险救援消防车 1 辆、水罐消防车 1 辆、泡沫消防车 1 辆,官兵 15 人;

三中队:抢险救援消防车 1 辆、水罐消防车 1 辆、泡沫消防车 1 辆,官兵 15 人;

四中队:抢险救援消防车 1 辆、水罐消防车 1 辆、泡沫消防车 1 辆,官兵 15 人;

特勤中队:抢险救援消防车 1 辆、水罐消防车 1 辆、泡沫消防车 1 辆,官兵 15 人;

五、六、七、八中队：抢险救援消防车 5 辆、水罐消防车 3 辆、泡沫消防车 2 辆，官兵 50 人；

支队机关：指挥车 1 辆，官兵 5 人。

二、补充想定

请根据基本想定内容，结合补充想定材料，完成相应问题。

（一）

某日 2 时左右，化肥厂由 2 号液氨储罐向一辆液氨槽车灌装液氨时，因液氨储罐与液氨槽车连接的金属软管破裂发生泄漏。县中队到达时，方圆 300 m^2 就能闻到氨气的气味，厂西大门以东至泄漏点 50 m 以内覆盖着 2 m 高的液氨雾气。时值深夜，周围 2 000 多名群众正在熟睡之中，毫无察觉。

1. 简述液氨（NH_3）的理化性质及危害。

（二）

2 时 16 分，中队长带领全队 14 名官兵乘 3 部消防车（配备 15 具空气呼吸器和 4 套二级化学防化服）火速赶赴事故现场。

2. 你作为中队长对现场情况有何判断结论？

3. 针对现场情况你将做出怎样的决策？

（三）

2 时 20 分左右，县消防大队教导员到达现场，发现液氨泄漏量很大，整个厂区弥漫着高浓度的液氨气体。立即成立了临时抢险救援指挥小组，由教导员担任指挥小组长。

4. 中队长向教导员汇报现场的情况要点有哪些？

5. 教导员向中队长下达命令的内容有哪些？

（四）

2 时 20 分左右，根据现场风向，将指挥部设在距化肥厂西门南约 50 m 处。在险情侦察和了解现场情况后，中队长立即向市消防支队指挥中心和县委、县政府、县公安局报告情况，请求调集其他力量到场增援。

6. 需要调集哪些应急救援力量到场协助处置？

7. 现场侦察应如何进行？

8. 进行侦察需要携带哪些器材装备？

9. 指挥部的设置应注意哪些问题？

10. 针对到场力量如何进行分工？

（五）

2 时 27 分，中队长带领 4 名救援人员进入厂内居民区进行救人和疏散群众。由于地形复杂，能见度低，他们只有顺着胡同向重危区前进，挨家挨户进行搜救。经了解里面还有大量群众被困，情况十分危险。

11. 搜救人员的方法有哪些？本案中适合采用哪几种？

12. 夜间救援应注意哪些问题？

13. 事故现场被困人数较多时，应如何进行战斗部署？

（六）

3 时 15 分,四中队 15 名官兵、3 辆消防车赶到现场。3 时 20 分左右,支队副支队长带领后勤处长和值班干部 5 人乘指挥车赶到现场。随后,二中队 15 名官兵、3 辆消防车,特勤中队 15 名官兵、3 辆消防车,三中队 15 名官兵、3 辆消防车先后到达现场。随即与在场指挥的县委、县政府、县公安局的领导成立了抢险救援总指挥部,研究商讨处置对策。

14. 若需再次对现场情况进行侦察,侦察的要点是什么?

15. 针对现场实际情况判断的结论。

16. 针对现场实际情况,如何进行力量部署?

（七）

3 时 33 分,堵漏小组在 2 支水枪驱散稀释掩护下,由工厂西大门进入重危区准备实施关阀作业。4 时 20 分左右,堵漏组在水枪掩护下,成功将阀门关闭,阻止了液氨继续泄漏,消除了险情。从准备关阀到阀门关闭共用了 47 分钟。然后,对泄漏区进行了全面稀释。

17. 由于泄漏点距消防车停车位置较远,如何有效稀释?

18. 常用堵漏的方法有哪些? 本案中哪种方法更有效合理? 分析原因。

19. 进入现场堵漏操作人员需要进行哪些安全防护?

（八）

4 时 40 分,在泄漏区的液氨全部被驱散稀释后,抢险救援指挥部命令各县消防中队队长带领 30 名战士分 6 组先后 3 次对事故现场周围的居民区进行全面细致地搜救。

20. 清理现场需要注意哪些事项?

第五节　液化气储罐事故应急救援想定作业

一、基本想定

认真阅读本材料,熟悉整个救援过程。

（一）

某液化石油气有限公司位于 F 市 D 区建设路 2 号。该公司东侧 1 500 m 处是石化二厂,东南侧 2 200 m 是正在扩建中的超大型乙烯化工厂,南侧 2 500 m 为石化二厂液化气站,北侧 400 m 为石油机械厂,西北侧 100 m 有 30 余座平房和 5 幢居民楼,约 400 户居民。该厂区占地面积 55 000 m²,分为储罐区、生产区和办公区。储罐区占地面积 4 000 m²,建有液化石油气储罐 24 个,设计总储量为 4 700 m³。其中球形储罐 4 个(2 个 1 000 m³、2 个 400 m³),卧式储罐 18 个(每个 100 m³),残液罐 2 个(每个 50 m³)。事故发生当日,储罐区实际储量为 3 600 m³,发生泄漏的 2 号罐容积为 1 000 m³,实际储量为 500 m³,厂区内还停有 12 台 50 m³、6 台 25 m³ 的液化石油气槽车。生产区占地面积 28 000 m²,充装车间建筑面积 300 m²,内有 10 kg 液化气罐 454 个。办公区占地面积 26 000 m²,内有三层办公楼一幢,建筑面积 1 000 m²,办公楼西侧是二层仓库,建筑面积 300 m²。西北角是 350 m² 仓库和 260 m² 重瓶库,北侧为 315 m² 的充气车间。厂区内有地上消火栓 4 处,地下消火栓 1 处,800 m³ 水池 1 个,消防车道 2 条,如图 2-7 所示。当时气象:多云转晴,西南风 1～2 级,气温 -15 ℃。

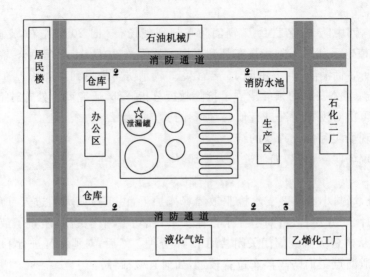

图 2-7 液化气储罐泄漏事故现场平面图

（二）

某日 6 时 36 分，119 指挥中心接到该液化石油气有限公司液化石油气储罐泄漏的报警，接警人员询问事故现场基本情况后，立即调派辖区一中队 3 车 15 名官兵、特勤一中队和特勤二中队、邻近二中队、三中队赶赴现场，同时向支队全勤指挥部报告了出警情况。支队值班领导和全勤指挥部接警后立即出动。向省消防总队、市公安局、市政府报告事故情况，并请求市政府启动《F 市重特大灾害事故应急预案》，调动公安等增援力量到场。

（三）

6 时 45 分，一中队到达现场，中队指挥员决定在距该公司办公区外上风方向 500 m 处停车。经侦察发现，储罐区和充装车间已经被白雾状的泄漏气体所笼罩，厂区北侧围墙外的近 160 亩稻田地被白雾淹没。

（四）

经过侦察，发现这次液化石油气泄漏事故泄漏量大、扩散范围广，现场与周边环境复杂。指挥中心按照支队长的命令，要求一中队选择上风方向安全距离外停放车辆，并立即划定警戒区，在侧下风方向通往居民区和厂区的路口设置警戒，严禁车辆和行人通行。警戒组在侧下风方向通往居民区和厂区的路口设置警戒，严禁车辆和行人通行，并迅速组织疏散下风方向平房区和西北侧 6 幢居民楼内的居民。侦察组进入现场内部进行侦察，寻找泄漏点。当侦察小组行进到充装车间门口时，发现厂区聚积的白雾状泄漏气体有 2 m 多高，能见度很低。侦察人员进入雾区约 50 m，低温状态的液化石油气使防护服面罩很快积霜，根本无法看清道路，侦察人员只好撤出，等待增援。

（五）

7 时，特勤一中队到达现场。根据指挥部命令，立即组成侦检和掩护 2 个小组。在单位技术人员配合下，侦检组对泄漏区域进行侦检，重新划定了警戒区范围；掩护组出 2 支喷雾水枪喷射泄漏罐体并掩护责任区中队侦察组深入侦察，寻找泄漏点。侦察发现 2 号罐下方气雾像波浪般向上翻滚，并伴有"噗噗"的声音，初步确定事故系由于排水口阀门打开后未能关闭,造成大量气体泄漏。

(六)

7 时 10 分,支队长到达现场,立即成立现场指挥部,在听取一中队、特勤一中队指挥员汇报后,立即下达命令扩大警戒区,实行交通管制。在警戒区内,一是严禁无关车辆和人员通行,进入现场人员严禁携带火种,且要求一律关闭手机;二是组织陆续到场的公安、消防等警力,对警戒区内的 450 余户居民进行紧急疏散,并指导和帮助居民关闭电源,熄灭明火;三是协调警戒区内的石油机械厂、石化金属结构公司、创业机械制造有限公司等企业紧急停产,运输部电车停止运行;四是组成堵漏小组,做好关阀堵漏准备。

(七)

7 时 40 分,市领导、特勤二中队、二中队、三中队相继到达现场,成立了由副市长担任总指挥的事故处置现场总指挥部,在听取支队长现场情况汇报后,命令此次救援行动由支队长负责具体救援指挥,公安部门组织疏散群众,并实施交通管制。为救援需要,指挥部命令全力驱散现场内的泄漏气体,命令特勤一中队出泡沫枪对罐区防护堤内残留的残液进行覆盖,减少气体的蒸发量。命令二中队、三中队和特勤二中队出 2 支喷雾水枪,驱散西北侧稻田地内泄漏气体,并进一步降低危险区域液化石油气浓度,防止爆炸发生。

(八)

7 时 50 分,堵漏小组和技术人员在水枪掩护下进入储罐区实施关阀堵漏作业。此时 2 号罐周围能见度极低,温度骤降。堵漏组摸索着到达泄漏处时,法兰阀已结霜并冻结,无法徒手关闭。为防止产生火花,作业人员用铜扳手撬压阀门。7 时 55 分,终将阀门关闭。

(九)

8 时 30 分,总队领导相继赶到现场。9 时 30 分,省政府领导赶到现场。省政府和消防总队领导对支队采取的处置措施给予了充分肯定,并反复研究现场清理方案。

15 时 40 分,指挥部命令侦检组对泄漏区再次进行检测,此时泄漏区液化石油气浓度已降低到 0.3%,低于爆炸下限 30% 的安全值,现场已无爆炸危险。为了彻底消除危险源,指挥部决定启动锅炉,利用蒸气系统对泄漏管路和防护堤实施吹扫,并修复阀门。

经过 9 个多小时的救援,成功疏散群众 1 000 余人,消除火种 300 余处,有效阻止了灾害扩大。

(十)

要求执行事项:

1. 熟悉本想定内容,了解该救援过程。

2. 以各级指挥员的身份理解任务,分析判断情况,回答问题。

(十一)

力量编成:

特勤一中队:抢险救援消防车 2 辆、水罐消防车 1 辆,官兵 15 人;

特勤二中队:抢险救援消防车 1 辆、防化洗消消防车 1 辆、器材保障车 1 辆,官兵 20 人;

一中队:抢险救援消防车 1 辆、水罐消防车 1 辆、泡沫消防车 1 辆,官兵 15 人;

二中队:水罐消防车 1 辆、抢险救援消防车 1 辆,官兵 5 人;

三中队:抢险救援消防车 1 辆、水罐消防车 1 辆,官兵 10 人;

支队机关:指挥车 1 辆,官兵 5 人。

二、补充想定

请根据基本想定内容,结合补充想定材料,完成相应问题。

（一）

某日 6 时 36 分,F 市 119 指挥中心接到报警称液化石油气公司 1 个 1 000 m³ 的球罐发生液化气泄漏事故。接警人员询问事故现场基本情况后,立即调集力量赶赴现场,同时向支队全勤指挥部报告了出警情况。支队值班领导和全勤指挥部接警后立即出动。

1. 当接到出动命令后,结合液化石油气泄漏事故特点,第一出动力量应重点携带哪些器材装备?

2. 在赶赴现场途中,责任区中队指挥员可通过哪些途径进一步了解事故现场情况?

（二）

6 时 45 分,辖区一中队到达现场,中队指挥员决定在距该公司办公区外上风方向 500 m 处停车。经侦察发现,储罐区和充装车间已经被白雾状的泄漏气体所笼罩,厂区北侧围墙外的近 160 亩稻田地被白雾淹没。

3. 针对该起事故,检测的方法和内容主要有哪些?

4. 责任区中队到场后,根据现场情况,应做出怎样的战斗部署?

5. 经过询问,发现此时正值当地居民早晨做饭时间,下风方向 50 户居民全部采用烧煤取暖。责任区中队应如何杜绝火源?

（三）

指挥中心按照支队长的命令,要求辖区一中队选择上风方向安全距离外停放车辆,并立即划定警戒区,在侧下风方向通往居民区和厂区的路口设置警戒,严禁车辆和行人通行。

6. 危险化学品应急救援事故现场,警戒区应如何划分?

7. 当发生大量液化石油气泄漏时,应采取什么措施?

8. 液化石油气泄漏现场警戒区内,应严格禁止做哪些方面的事情?

9. 对于进入核心区域人员应有专门人员进行登记检查,其主要检查内容有哪些?

（四）

7 时,特勤一中队到达现场。根据指挥部命令,在单位技术人员配合下,侦检组对泄漏区域进行侦检,重新划定了警戒区范围;掩护组出喷雾水枪喷射泄漏罐体掩护责任区中队侦察组深入侦察,寻找泄漏点。

10. 液化石油气对人体的危害主要表现为哪些形式?

11. 针对液化石油气对人体的不同危害,应采取哪些措施进行个人防护?

12. 个人防护等级可划分为哪几类?

13. 进入核心区域处置的人员应如何穿戴个人防护装备?

（五）

7 时 10 分,支队长到达现场,立即成立现场指挥部,在听取辖区一中队、特勤一中队指挥员汇报后,立即下达命令:设置警戒区,紧急疏散居民,做好关阀堵漏准备。

14. 救援人员应携带何种器材装备进入事故区域进行疏散?

15. 疏散过程中,如果发现群众中毒,应如何处置?

16. 若当时为西南风 3～4 级,请确定疏散路线。

（六）

　　为救援需要,指挥部命令全力驱散现场内的泄漏气体,命令特勤一中队出 2 支泡沫枪对罐区防护堤内残留的残液进行覆盖,减少气体的蒸发量。命令二中队、三中队和特勤二中队出 2 支喷雾水枪,驱散西北侧稻田地内泄漏气体,并进一步降低危险区域液化石油气浓度,防止爆炸发生。厂区内有地上消火栓 4 处,地下消火栓 1 处,800 m³ 水池 1 个,消防车道 2 条。

　　17. 若事故单位固定喷淋系统已损坏,请结合到场消防救援力量,确定供水方案。

　　18. 水枪阵地应如何布置?

（七）

　　7 时 50 分,堵漏小组和技术人员在水枪掩护下进入储罐区实施关阀堵漏作业。此时 2 号罐周围能见度极低,温度骤降。堵漏组摸索着到达泄漏处时,法兰阀已结霜并冻结,徒手无法关闭。为防止产生火花,作业人员用铜扳手撬压阀门。7 时 55 分,终将阀门关闭。

　　19. 针对管道阀门泄漏,可采取哪些堵漏方法?

　　20. 本案例中,作业人员用铜扳手撬压阀门时,应注意哪些事项?

　　21. 本案例中,可否采用放空燃烧的方法进行处置?为什么?

（八）

　　15 时 40 分,指挥部命令侦检组对泄漏区再次进行检测,此时泄漏区液化石油气浓度已降低到 0.3%,低于爆炸下限的安全值,现场已无爆炸危险。为了彻底消除危险源,指挥部决定启动锅炉,利用蒸气系统对泄漏管路和防护堤实施吹扫,并修复阀门。

　　22. 在清场撤离过程中,消防部队应做好哪几个方面的工作?

　　23. 在灾害事故处置完毕后,主管消防中队应如何发布信息?

第六节　丙烯槽车事故应急救援想定作业

一、基本想定

　　认真阅读本材料,熟悉整个救援过程。

（一）

　　某日 16 时许,一辆危险品槽车,在 A 市石化公司装载 20 t 丙烯运往 B 市途中,为逃避超载处罚,司机驾车从普通公路通行,结果迷失方向,进入 C 区赵家村,由东南至西北穿行高速公路下涵洞时,撞断槽车罐顶前端安全阀,导致罐内丙烯大量喷泻,造成高速公路 AB 段一度中断。事故发生地位于 A 市正北偏西方向,高速公路与赵家村交叉涵洞下（图2-8）。涵洞长 38 m、宽 10.5 m、高 3.9 m。涵洞下部有 2 个排水沟,由南向北。事故现场方圆 2 km 以内有 7 个行政村和 19 个企事业单位,约有 7 000 余人。事故槽车车长 17 m、宽 2.5 m。槽车储罐长 13 m,直径 2.5 m,形状为圆柱体,罐顶前、后共有 2 个安全阀,整车高 4 m,安全阀距罐顶高 0.11 m,安全阀保护罩距罐体高 0.13 m。储罐设计容量 25 t,事故发生时,罐内装有丙烯 23 t。事故发生后,事故车辆方圆 100 m 范围内已形成高浓度泄漏区,一旦发生爆炸,将会造成巨大的人员伤亡和财产损失,并使高速公路瘫痪,后果不堪设想。

　　当日,气温 3～15 ℃,风力 2 级,风速 2 m/s,常年主导风向西北风。

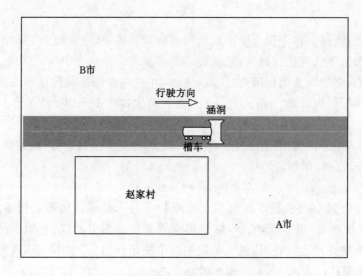

图 2-8 丙烯槽车泄漏事故现场平面图

（二）

A 市公安消防支队先后调集 9 个公安消防中队,共计 21 辆消防车(其中 21 t 供水消防车 10 辆)、80 余名指战员前往现场进行处置。其中辖区消防中队为一中队,配备 3 部消防车,城区共有消火栓 8 个。参战消防官兵历经 30 余小时苦战,于次日 22 时成功处置了这起丙烯泄漏事故,无人员伤亡,保护了现场半径 2 km 范围内的 7 个行政村和 19 个企事业单位、7 000 余名群众的生命财产安全,确保了该高速公路运输安全,避免了一场恶性事故的发生。

（三）

消防一中队(责任区中队)接到报警(独立接警),称高速公路 AB 段一辆槽车发生事故,并伴有气体泄漏。接警人员询问事故现场基本情况后,立即调集本中队 3 车 18 人于当日 17 时到达事故现场,同时向支队全勤指挥部报告了出警情况。支队值班领导和全勤指挥部接警后立即出动。

（四）

责任区中队于 17 时到达现场后,经初步侦察发现:涵洞下雾气弥漫,泄漏气体堆积严重,空气中弥漫着一股浓烈的臭味,400 m 以外就能听到刺耳的气体泄漏尖啸声。

（五）

中队指挥员将现场情况向支队 119 指挥中心报告后,迅速组织疏散现场人员,在涵洞南侧设置水枪阵地,出 1 支喷雾水枪对泄漏物质进行稀释驱散。17 时 10 分,A 市公安消防支队 119 指挥中心接到一中队报告后,立即启动《化学危险品泄漏事故应急预案》,调派特勤一中队(应急救援消防车 2 辆、21 t 水罐消防车 2 辆、高喷消防车 1 辆、无人遥控灭火车 1 辆)、特勤二中队(防化洗消车 1 辆、21 t 水罐消防车 1 辆、高喷消防车 1 辆)共计 48 名指战员赶赴事故现场进行救援,并将情况迅速报告当日值班领导及市公安局指挥中心。同时向电力和高速公路交通管理部门通报情况,对现场附近 400 m 范围内进行断电,对高速公路 AB 段实施封闭。

（六）

21 时,指挥员根据侦察情况决定:① 扩大警戒范围(将半径 2 km 内周边 7 个行政村及

19个企事业单位7 000余人紧急疏散);② 切断危险区域内的所有火源、电源;③ 立即向总队值班室报告;④ 成立指挥部,设立侦检组、供水组、通信组、后勤保障组;⑤ 将所有应急救援车辆调至高速公路以东600 m以外铺设水带,设立水枪阵地,出2支开花水枪,形成水雾,对事故点泄漏丙烯进行稀释驱散,降低现场丙烯气体浓度。

(七)

20时左右,指挥部决定再次对泄漏槽车及罐体进行现场侦察。侦察发现:槽车车体部分超过涵洞限制高度,车辆在通过涵洞时,撞断槽车罐体顶部前端安全阀,丙烯正从被撞断的前端安全阀处向外大量喷泻,泄漏口直径约2 cm,出口压力平均约为1.2 MPa,泄漏量平均约为0.5 t/h,现场风向不稳。21时10分,总队领导赶到事故现场,在听取A支队汇报后,提出堵漏、拖车、倒罐或引流点燃等处置方案。

(八)

次日19时,实施点火成功,放空燃烧现场由特勤一中队2部21 t水罐消防车、1辆照明消防车进行监护。事故槽车至点火前共泄漏丙烯约14 t。20时许,槽车拖出后,指挥部命令,在涵洞南侧出2支开花水枪对涵洞内事故现场实施洗消。经可燃气体浓度检测,涵洞下泄漏的丙烯气体达到安全范围。总指挥宣布事故现场危险解除。中断约30小时的高速公路恢复通车。

(九)

要求执行事项:

1. 熟悉本想定内容,了解该救援过程。
2. 以各级指挥员的身份理解任务,分析判断情况,回答问题。

(十)

力量编成:

特勤一中队:抢险救援消防车2辆、水罐消防车2辆、高喷消防车1辆、无人遥控灭火车1辆,官兵30人;

特勤二中队:防化洗消车1辆、水罐消防车1辆、高喷消防车1辆,官兵18人;

一中队:抢险救援消防车1辆、水罐消防车1辆、泡沫消防车1辆,官兵18人;

二中队:抢险救援消防车1辆、水罐消防车1辆,官兵12人;

三中队:抢险救援消防车1辆、水罐消防车1辆,官兵10人;

四中队:水罐消防车1辆,官兵5人;

五中队:水罐消防车1辆,官兵6人;

六中队:水罐消防车1辆,官兵5人;

七中队:水罐消防车1辆,官兵5人;

支队机关:指挥车1辆,官兵8人。

二、补充想定

请根据基本想定内容,结合补充想定材料,完成相应问题。

(一)

某日16时50分,A市C区消防一中队(责任区中队)接到报警(独立接警),称高速公路AB段一辆槽车发生事故,并伴有气体泄漏。接警人员询问事故现场基本情况后,立即调集本中队 3 车 18 人于当日 17 时到达事故现场,同时向支队全勤指挥部报告了出警情况。

1. 当接到出动命令后,第一出动力量应重点携带哪些器材装备?

2. 在赶赴现场途中,责任区中队指挥员可通过哪些途径进一步了解事故现场情况?

(二)

责任区中队于 17 时到达现场后,经初步侦察发现:涵洞下雾气弥漫,泄漏气体堆积严重,空气中弥漫着一股浓烈的臭味,400 m 以外就能听到刺耳的气体泄漏尖啸声。

3. 根据事故情况,侦察检测的内容有哪些?

4. 中队指挥员如何进行战斗部署?

(三)

中队指挥员将现场情况向支队 119 指挥中心报告后,迅速组织疏散现场人员,在涵洞南侧设置水枪阵地,出 1 支喷雾水枪对泄漏物质进行稀释驱散。并将情况迅速报告当日值班领导及市公安局指挥中心。同时向电力和高速公路交通管理部门通报情况,对现场附近400 m 范围内进行断电,对高速公路 AB 段实施封闭。

5. 危险化学品应急救援事故现场,警戒区域如何划分?

6. 事故现场有大量气体发生泄漏,请问指挥员如何做好现场警戒工作?

(四)

17 时 50 分,支队领导赶到事故现场。经过对现场进一步侦察和检测,确定泄漏气体为丙烯,现场丙烯浓度为 4%～13%,处在爆炸浓度极限之内。丙烯(C_3H_6),比空气重,无色,有烃类气味,遇热源和明火有燃烧爆炸危险,能在地势较低处扩散到相当远的地方,遇明火会引着回燃。

7. 针对丙烯的理化性质,现场警戒的重点是什么?

8. 针对丙烯的理化性质,进入核心区域处置的人员应如何穿戴个人防护装备?

(五)

21 时,指挥员根据侦察情况决定:扩大警戒范围;立即向总队值班室报告;成立指挥部;对事故点泄漏丙烯进行稀释驱散,降低现场丙烯气体浓度。

9. 现场警戒区内,应严格禁止做哪些方面的事情?

10. 救援人员应携带何种器材装备进入事故区域进行疏散?

11. 疏散过程中,如果发现群众中毒,应如何处置?

(六)

20 时左右,指挥部决定再次对泄漏槽车及罐体进行现场侦察。侦察发现:槽车车体部分超过涵洞限制高度,车辆在通过涵洞时,撞断槽车罐体顶部前端安全阀,丙烯正从被撞断的前端安全阀处向外大量喷泻,泄漏口直径约 2 cm,出口压力平均约为 1.2 MPa,泄漏量平均约为 0.5 t/h,现场风向不稳。

12. 根据泄漏情况,应携带哪些堵漏工具?

13. 针对槽车安全阀被撞断发生的泄漏,可采取哪些堵漏方法?

(七)

由于现场泄漏罐与涵洞底面距离太小,罐体压力太大,堵漏未能成功。前沿指挥部决定:在水枪掩护前提下,对轮胎放气以降低槽车高度,并将槽车拖离涵洞后再实施堵漏。

14. 为防止槽车后部轮胎在放气过程中下滑,可采取哪些措施?

15. 将槽车拖离涵洞时,有哪些注意事项?

(八)

次日 15 时 10 分,前沿指挥部派特勤二中队 3 名官兵携带堵漏工具,实施堵漏。但是,由于安全阀被撞断后,泄漏处呈不规则形状,经反复塞堵,并未完全堵死,仍有少量气体外泄。应急救援前沿指挥部果断决定:在实施堵漏的基础上,用湿棉被覆盖泄漏处,然后从槽车液相阀连接化学危险品槽车专用连接管,进行点火放空,19 时,实施点火成功。

16. 对于进入核心区域人员应有专门人员进行登记检查,其主要检查内容有哪些?

17. 针对可燃气体泄漏的处置,在什么情况下可以采用放空燃烧的方式?

18. 放空燃烧应注意的问题有哪些?

(九)

20 时许,槽车拖出后,指挥部命令,在涵洞南侧出 2 支开花水枪对涵洞内事故现场实施洗消。经可燃气体浓度检测,涵洞下泄漏的丙烯气体达到安全范围。总指挥宣布事故现场危险解除。中断约 30 小时的高速公路恢复通车。

19. 在清场撤离过程中,消防部队应做好哪几个方面的工作?

20. 应急救援任务结束后,信息发布有哪些要求?

第七节　丙烯管道泄漏事故应急救援想定作业

一、基本想定

认真阅读本材料,熟悉整个救援过程。

(一)

某日 9 时 56 分,M 市消防支队作战指挥中心接到报警称,M 市塑料厂有不明气体发生泄漏。塑料厂已于 2005 年停产,厂区内尚有部分未迁走的居民和两家汽车修配厂。厂区东侧居民小区约有 1 000 户居民;南侧为小区,约有 1 万户居民;西侧为设备安装公司和家具港;北侧大道的两边为居民房及加油站,周边机动车日流量约 10 万辆。泄漏现场 200 m 范围内有市政消火栓 6 个,属环状管网,管径为 300 mm,出水口压力约为 0.28 MPa,家具港有 600 m³ 水池 1 处,小区内有 350 m³ 水池 1 处。火场距离辖区中队约 3.5 km。当天晴,气温 28～35 ℃,偏南风 3～4 级。

(二)

施工单位在平整场地违规施工,造成埋于地下的丙烯管道破裂,易燃气体丙烯大量泄漏,与空气混合形成爆炸性气体,遇着火源发生爆炸,气体爆炸时形成强烈的冲击波,瞬间造成厂区内和周边半径约 100 m 范围的建筑全部倒塌,过往车辆被气浪掀翻并烧毁,许多人员被埋压;周边 1 500 m 范围内建筑物门窗被气浪震碎,车辆损坏,大量人员受伤,现场移动通信基站和警用通信基站均遭到破坏,造成该区域公用通信一度中断;5 km 范围内有明显震感。事故地点位于城区人员聚居区,发生泄漏后气体迅速扩散到 2 万～3 万 m² 的范围,大量不知情的群众和车辆在危险区域内通行,现场大量的火、电等引燃引爆因素未得到有效控制,随时有可能再次发生爆炸,发生爆炸的丙烯管道已停产,难以找到知情人。泄漏气体被着火源引爆后,在泄漏处燃起约 40 m 高的冲天火炬,强烈的热辐射使消防官兵不能靠近,周边还形成了 60 多处火点。由于爆炸波及的范围很大,被困及被埋压的人数和位置一时难以确定,大量被烧伤、砸伤和割伤的人员等待救援。

(三)

9 时 56 分,支队作战指挥中心接警后,立即启动《重大灾害事故应急处置预案》,调集 7 个公安消防中队及石化消防支队的 2 个专职消防中队和战勤保障大队,共 39 辆消防车、214 名消防官兵、7 条搜救犬赶赴现场。同时,向总队和市政府、市公安局报告,并通知有关应急联动单位参战。总、支队全勤指挥部人员第一时间赶赴现场。

(四)

10 时 06 分,一中队到场时,正好处于侧风方向,发现道路前方地面上飘浮着大面积的白色气体,仍有人员与车辆通行。中队指挥员意识到这是危险因素,没有贸然率队进入危险区,而是当即采取措施:向支队作战指挥中心报告现场情况;消防车分别停靠在上风和侧风方向,对现场进行警戒,及时疏散过往群众 600 余人。

(五)

10 时 10 分,现场发生猛烈爆炸。总队首长到场后迅速指挥现场的灭火救援工作。省、市领导到场后成立救援总指挥部,总队长为成员,同时全面负责前沿指挥工作。10 时 20 分,增援力量和应急联动力量相继到场,现场总指挥部立即派出力量对现场实施警戒。爆炸点周边 100 m 内的危险区域由消防官兵实施警戒;外围道路由 1 200 余名公安、武警实施警戒,防止无关人员和车辆进入。指挥员通过询问知情群众、当地派出所民警以及燃气公司技术人员,排除了输送民用液化气、天然气等管道爆炸的可能,初步判断发生泄漏爆炸的为途经原塑料厂的地下输气管道。现场指挥部立即召集危险化学品处置专家组成现场专家组。

(六)

11 时 10 分,现场灭火救援指挥部命令扩大搜救范围。对倒塌建筑进行第三轮地毯式搜索。在南侧一栋倒塌的四层房屋内先后挖出 6 具遇难者遗体,又分别在距泄漏点南侧 80 m 处、北侧 100 m 处的平房以及一家饭店的地下一层,挖出 3 具遇难者遗体。12 时许,通过查阅图纸资料、沿管线搜索等方法,确认了泄漏管道为输送丙烯原料管道(图 2-9)。通过侦察发现,现场有两根丙烯管道,埋于地下 1 m 左右,分别为 ϕ159 mm 和 ϕ89 mm,局部连通。又经过仔细勘查,确认 ϕ159 mm 管线泄漏。发生泄漏段最近端阀门位于小区和塑胶化工公司内,距离约 4 km。参战官兵在控制泄漏点稳定燃烧的同时,积极消灭外围火点,将现场分成 4 个作战区域,用 18 个灭火小组逐个消灭爆炸造成的 60 余处火点。

(七)

13 时许,厂方技术人员对泄漏管道阀门实施关闭。爆炸发生后,一中队停在侧风方向的 2 辆消防车的挡风玻璃被击碎,车厢门损坏;房倒屋塌,多处着火,大量群众伤亡,情势万分危急。中队指挥员没有被眼前的危情惨景所吓住,迅速清点参战官兵,立即组织抢救遇险群众,第一时间抢救出被烧伤、砸伤群众 19 人。增援力量到场后,组成 4 个救人小组,对爆炸中心区域的倒塌建筑进行第二轮搜救,在现场北侧倒塌建筑内营救出 3 名被埋压的幸存者。15 时许,侦察人员观察反映,泄漏管道阀门被关闭后,火势虽然有所减弱,但猛烈燃烧的火焰仍高达 10 多米。指挥部专家组确认,泄漏的 ϕ159 mm 管道阀门无法彻底关闭,管道

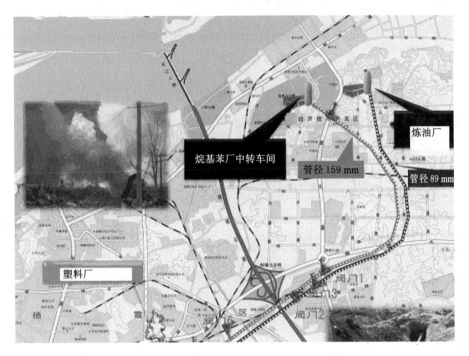

图 2-9　管道示意图

内仍有大量丙烯气体在泄漏。15 时 30 分,现场总指挥部研究决定,对泄漏段管道两端采取"加盲板"措施。

（八）

17 时许,厂方技术人员先将 ϕ89 mm 管道两端阀门打开,一边在进料端紧急排放装置处进行点火,一边利用压缩机对塑胶化工公司输出端的丙烯进行抽料减压。待 ϕ89 mm 管道内压力降至 0.3 MPa 后,打开两管道连通的阀门,使 ϕ159 mm 管道的压力继续下降。同时,在位于 ϕ159 mm 管道的第六阀门处焊接一个注水密封装置,并加装一个压力表,观察管道压力变化。利用消防车对管线实施加压注水,利用大于管内压力的水流将 ϕ159 mm 管道内物料挤向进料端,形成水封。其工艺处置如图 2-10 所示。

（九）

18 时,先后实施了 5 轮地毯式搜救,共营救出被埋压人员 36 人,挖掘出 9 具遇难者遗体。次日 0 时 30 分,注水密封取得成功。现场总指挥部立即命令厂方技术人员在第四阀门处加装盲板。0 时 40 分左右,加装盲板结束。泄漏点火焰高度呈逐渐下降态势。20 分钟后,泄漏点火焰降至约 20 cm。专家组在对泄漏点仔细观察后,确定加装盲板取得成功,成效明显。按照现场总指挥部的命令,参战官兵在管道泄漏处 1 m² 范围内点燃了 4 根"长明灯",用于监测泄漏。凌晨 5 时 23 分,泄漏管道内丙烯物料燃尽,火焰自动熄灭。为确保安全,支队官兵连续 7 天 7 夜在现场实施 24 小时监护,配合厂方对破损管道进行切割、更换,直至修复完成。

（十）

要求执行事项:

1. 熟悉本想定内容,了解救援过程。

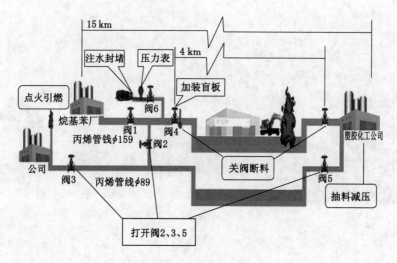

图 2-10　工艺处置示意图

2. 以各级指挥员的身份理解任务,分析判断情况,回答问题。

（十一）

力量编成:

一中队:抢险救援消防车 1 辆、水罐消防车 1 辆、通信指挥消防车 1 辆,官兵 20 人;

二中队:器材消防车 1 辆、水罐消防车 1 辆、照明消防车 1 辆,官兵 20 人;

三中队:抢险救援消防车 1 辆、水罐消防车 1 辆,官兵 15 人;

四中队:抢险救援消防车 1 辆、水罐消防车 1 辆,官兵 20 人;

五中队:水罐消防车 1 辆、化学事故救援车 1 辆,官兵 15 人;

六中队:抢险救援消防车 1 辆、水罐消防车 1 辆,官兵 15 人;

七中队:抢险救援消防车 1 辆、水罐消防车 1 辆,官兵 15 人;

战勤保障大队:水罐消防车 3 辆、抢险救援消防车 3 辆、化学事故救援车 1 辆、通信指挥消防车 1 辆、照明消防车 1 辆,官兵 58 人,搜救犬 7 条;

2 个专职消防中队:抢险救援消防车 3 辆、水罐消防车 3 辆,官兵 36 人。

二、补充想定

请根据基本想定内容,结合补充想定材料,完成相应问题。

（一）

某日 9 时 56 分,M 市消防支队作战指挥中心接到报警,称某塑料厂有不明气体发生泄漏,10 时 06 分,辖区中队到场,约 5 min 后发生了一场大爆炸。气体爆炸时形成强烈的冲击波,瞬间造成厂区内和周边半径约 100 m 范围的建筑全部倒塌,过往车辆被气浪掀翻并烧毁,许多人员被埋压。

1. 辖区中队到场后,中队指挥员对现场判断的结论有哪些?

2. 针对大量泄漏,中队指挥员到场后向支队领导汇报情况的要点有哪些?

3. 中队指挥员依据判断的情况,应做怎样的决策?

4. 针对到场力量如何进行任务分工?

（二）

泄漏气体被着火源引爆后,在泄漏处燃起约 40 m 高的冲天火炬,强烈的热辐射使消防官兵不能靠近,周边还形成了 60 多处火点。现场建筑倒塌或结构严重变形,遍地是碎石砖瓦、断树残垣,给消防官兵的灭火救援行动带来极大不便。由于爆炸波及的范围很大,被困及被埋压的人数和位置一时难以确定,大量被烧伤、砸伤和割伤的人员等待救援。

5. 针对现场情况,第一时间到场力量处置措施有哪些?

6. 按《公安消防部队抢险救援勤务规程》需设置哪些战斗小组?

7. 对于大量被烧伤、砸伤和割伤的待救人员,应采取哪些措施?

（三）

9 时 56 分,消防支队作战指挥中心接警后,立即启动《重大灾害事故应急处置预案》,调集 7 个公安消防中队及石化消防支队的 2 个专职消防中队和战勤保障大队,共 39 辆消防车、214 名消防官兵、7 条搜救犬赶赴现场。同时,向总队和市政府、市公安局报告,并通知有关应急联动单位参战。

8. 需要进一步调集哪些特种装备及器材?

9. 需要调集哪些社会联动力量?

10. 针对到场力量多,如何有效避免混乱、重复作业?

（四）

10 时 06 分,辖区公安消防中队接警到场时,正好处于侧风方向,发现道路前方地面上飘浮着大面积的白色气体,不明真相的群众和车辆仍在通行。

11. 如何选择行车路线?

12. 针对不明真相的群众和车辆仍在通行,你将实施什么措施防止爆炸?

（五）

12 时许,通过查阅图纸资料、沿管线搜索等方法,确认了泄漏管道为输送丙烯原料管道。通过侦察还发现,现场有两根丙烯管道,埋于地下 1 m 左右,分别为 $\phi159$ mm 和 $\phi89$ mm,局部连通。又经过仔细勘查,确认为 $\phi159$ mm 管线泄漏。

13. 通过侦察现场情况,应采取哪些处置措施?

14. 进入现场侦察人员需要携带哪些器材装备?

（六）

11 时 10 分,现场灭火救援指挥部命令扩大搜救范围。在南侧一栋倒塌的四层房屋内先后挖出 6 具遇难者遗体,又分别在距泄漏点南侧 80 m 处、北侧 100 m 处的平房以及一家饭店地下一层,挖出 3 具遇难者遗体。13 时许,增援力量到场后,组成 4 个救人小组,对爆炸中心区域的倒塌建筑进行第二轮搜救,在现场北侧倒塌建筑内营救出 3 名被埋压的幸存者。至 18 时,先后实施了 5 轮地毯式搜救,共营救出被埋压人员 36 人,挖掘出 9 具遇难者遗体。

15. 倒塌建筑内救人有哪些注意事项?

16. 救人过程中如何防止二次伤害?

（七）

15 时许,侦察人员观察反映,泄漏管道阀门被关闭后,火势虽然有所减弱,但猛烈燃烧火焰仍高达 10 多米。指挥部专家组确认,泄漏的 $\phi159$ mm 管道阀门无法彻底关死。

17. 对泄漏管道阀门进行关闭要注意哪些事项？

18. 泄漏阀门无法彻底关闭，应采取哪些堵漏措施？

（八）

次日凌晨 5 时 23 分，泄漏管道内丙烯物料燃尽，火焰自动熄灭。为确保安全，支队官兵连续 7 天 7 夜在现场实施 24 小时监护，配合厂方对破损管道进行切割、更换，直至恢复生产。

19. 实施监护过程中需要注意哪些问题？

20. 对破损管道进行切割可采用哪些方法？

（九）

救援过程中，先后实施了 5 轮地毯式搜救，共营救出被埋压人员 36 人，挖掘出 9 具遇难者遗体。利用消防车对管线实施加压注水，利用大于管内压力的水流将 ϕ159 mm 管道内物料挤向进料端，形成水封。次日零时 30 分，注水密封取得成功。

21. 对现场人员实施搜救，应如何有效避免重复？

22. 为实施加压注水，如何进行火场供水组织指挥？

第八节　甲苯储罐事故应急救援想定作业

一、基本想定

认真阅读本材料，熟悉整个救援过程。

（一）

某石化公司，位于某市郊区。公司集炼油、化工和化肥生产为一体，公司总资产达 340 亿元，原油年加工能力 1 050 万 t，乙烯年生产能力 70 万 t，化肥年生产能力 52 万 t。厂区东侧 50 m 处为 8 万 t 乙烯裂解装置，西侧 150 m 处为铁路专用线，南侧 80 m 处为储罐、泵房、火车装卸栈桥和汽车装卸栈桥，北侧 100 m 处是空压机房、丙烯制冷站。公司共有各类大小储罐 52 具，总容积为 10 358 m^3，分别储存混合碳四、甲苯、丙烯、丙烷、1-丁烯等近 20 种化工物料。罐区消防设施除地下供水管网外，其余均被爆炸冲击波损毁，现场共发生 4 次爆炸和 2 次爆燃。

（二）

某日 17 时 32 分，接到报警后，支队第一时间调集市区 10 个中队、34 台消防车、270 名官兵和全勤指挥部人员赶赴现场投入战斗，同时向总队战勤值班室报告。支队 119 指挥中心迅速调集相关装备、物资赶赴现场；报告市政府立即启动应急预案，并调集相关联动单位到场；紧急调集 24 辆洒水车在石化公司外围集结待命。17 时 35 分许，总队全勤指挥部人员赶赴现场。途中，又调集邻近支队特勤中队火速赶往增援。灭火战斗行动从当日 17 时 29 分开始，到第三天 15 时 30 分基本结束。

（三）

17 时 33 分，支队一中队在赶赴现场途中，位于罐区 120 m^3 的 F9 甲苯储罐发生剧烈爆炸，近百米高的浓烟夹杂着 30 多米的明亮红色火焰笼罩在罐区上空。到场后发现爆炸冲击波将西南两侧的 13 节火车槽罐掀翻，巨大的气浪将炸飞的储罐残片抛至 100 多米外，罐区邻近罐群已呈猛烈燃烧态势,并向罐区东、南、北侧的 8 万 t 乙烯裂解装置和生产工艺管线蔓延。17 时 50 分,到场的一中队在进行火情侦察时,储罐 F10 发生第二次爆炸。罐区平面图见图 2-11。根据火场情况,一中队官兵在罐区东、南两侧各出 1 门水炮阻止火势蔓延。石化公司消防队在罐区西北侧出 2 门水炮、东北侧出 4 门水炮阻止火势蔓延,在罐区 500 m 范围内实施警戒。

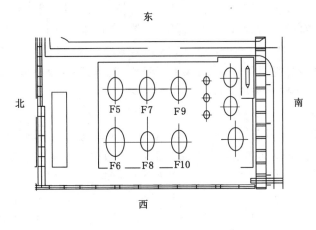

图 2-11 罐区平面图

（四）

18 时 05 分,现场成立救援指挥部,下设灭火救援、火情侦察、通信联络、医疗救护、后勤保障、火场供水、宣传报道、观察警戒等 8 个小组展开工作,确定了"分段包围、划定区域、强制冷却、控制燃烧、工艺处置"的总体作战原则。各战斗小组按照指挥部分工,迅速展开行动。18 时 08 分,火场储罐 F8 发生第三次爆炸。待形势稍微平稳,指挥部当即命令三、四中队两个战斗组在罐区南侧各出 1 门水炮进行冷却堵截,特勤中队、九中队两个战斗组各出 1 门移动水炮,控制罐区西侧火势,二、五、六、七、八中队 5 个战斗组采用接力、运水方式,确保火场供水。

（五）

19 时 05 分,火场指挥部按照省市领导指示精神,根据火情侦察组提供的信息和石化技术专家的意见,立即对现场力量进行调整:一是二、五、七、八 4 个战斗组在罐区西、南两侧各出 1 门水炮,与前期堵截火势的 6 门自摆式水炮对罐区及南侧列车槽车进行控火冷却,防止再次发生爆炸;二是再次组织现场技术人员继续采取装置停车、切断物料、火炬排空减压等工艺措施控制火势。21 时 50 分,观察哨发现火场 F7 罐火焰燃烧突然增大、现场情况再度发生异常。观察哨立即发出撤退信号,现场所有参战人员、厂区人员迅速转移到安全区域。约 2 分钟后,F5 罐壁在邻近罐火焰的高温热辐射作用下被烧裂,扩散出的部分油蒸气发生爆燃,随后呈稳定燃烧状态。指挥部命令两个攻坚组在消防坦克的有效掩护下,近距离对燃烧罐区实施高强度冷却保护。

（六）

23 时 53 分,F5 罐体发生爆燃,形成稳定燃烧。

次日零时 50 分,指挥部按照"控而不灭,稳定燃烧"的战术措施,在罐区东、西、南侧留6门水炮及消防坦克,集中兵力对受火势威胁的罐体进行重点冷却;石化公司消防队在罐区东、西、北侧利用10门水炮和2门车载炮对火势进行有效控制。13时30分,通过实时监测,火场温度逐渐降低,现场除F5罐东侧管线3处稳定燃烧的火点外,其余火点均已熄灭。

（七）

17时20分,指挥部根据F5罐内液面下降、气相空间增大、爆炸危险性增加的实际情况,重新调整了力量部署:在罐区西、南两侧分别增加1门水炮加强对1号罐群、甲苯和液化气槽车冷却保护。第三日2时50分,F5罐体火焰突然窜高、颜色由蓝变白,同时发出嘶嘶的声响,观察哨立即发出撤退信号,所有参战人员立即撤离到安全区域。在现场3门水炮的不间断冷却下,F5罐体燃烧渐趋平稳。

（八）

第三日10时20分,指挥部及相关技术人员深入罐区逐一排查,寻找3处明火的物料来源,发现阀门阀芯因高温损坏造成物料倒流,随即采取了更换阀门、加装盲板等技术措施切断物料来源。13时30分,管线余火被彻底扑灭,现场仅剩F5罐余火,在3门水炮的持续冷却下呈稳定燃烧。15时30分,指挥部根据现场情况,命令一、三中队留守4台水罐消防车继续对F5罐进行冷却监护,其余参战力量安全撤离。至此,持续70小时的灭火行动宣告结束。

（九）

要求执行事项:

1. 熟悉本想定内容,了解该灭火战斗过程。

2. 以指挥员的身份理解任务、判断情况、定下决心、部署任务、处理问题。

（十）

力量编成:

一中队:高喷消防车1辆、水罐消防车1辆、泡沫消防车1辆、A类泡沫消防车1辆,官兵27人;

特勤中队:水罐消防车2辆、防化洗消车1辆、抢险救援消防车1辆、后援消防车1辆、消防坦克1辆,官兵39人;

二中队:水罐消防车2辆、充气照明车1辆,官兵20人;

三中队:高喷消防车1辆、水罐消防车4辆,官兵33人;

四中队:水罐消防车2辆,官兵14人;

五中队:高喷消防车1辆、水罐消防车2辆、排烟照明车1辆,官兵26人;

六中队:水罐消防车3辆,官兵20人;

七中队:水罐消防车2辆,官兵14人;

八中队:泡沫干粉联用车1辆、水罐消防车1辆,官兵14人;

九中队:水罐消防车1辆,官兵7人;

石化公司消防队:水罐消防车3辆,官兵35人。

二、补充想定

请根据基本想定内容,结合补充想定材料,完成相应问题。

（一）

17 时 32 分,消防支队 119 指挥中心接到报警称某石化公司因液化气体泄漏发生爆炸,指挥中心迅速调集车辆装备及物资赶赴现场;一中队在赶赴现场途中,位于罐区 120 m³ 的 F9 甲苯储罐发生剧烈爆炸,近百米高的浓烟夹杂着 30 多米的明亮红色火焰笼罩在罐区上空。假设你作为一中队队长,结合自己平时对罐区的了解,对火场情况进行了分析和预想并做了初步判断。

1. 针对现场情况判断的结论。

2. 针对液化气体泄漏爆炸需要调集哪些器材和装备?

（二）

17 时 35 分许,支队长登上指挥车迅速向火场赶去。车刚开出不远,车载电台里就传来了调度员的火情报告和力量调集情况报告:罐区 120 m³ 的 F9 甲苯储罐发生剧烈爆炸,车辆难以靠前,人员无法进入,形势非常险恶,情况万分紧急,请求火速调集第二批增援力量。支队长听取情况报告后,一面向一中队长下达了原则性的作战命令,一面考虑了调集增援力量的问题,随后通过车载电台向支队调度员下达了调集第二批增援的命令。

3. 中队指挥员针对现场情况应采取哪些措施?

4. 支队指挥员将下达哪些命令?

（三）

17 时 50 分,到场的一中队在进行火情侦察时,F10 储罐发生了第二次爆炸。

5. 开展侦察时的要点有哪些?

6. 侦察的方法有哪些?

7. 侦察组人员的安全防护措施有哪些?

（四）

17 时 55 分,到场的一中队在罐区东、南两侧各出 1 门水炮阻止火势蔓延。石化公司消防支队在罐区西北侧出 2 门水炮、东北侧出 4 门水炮阻止火势蔓延。在罐区 500 m 范围内实施警戒。

8. 实施警戒的条件是什么?

9. 如何划定警戒的区域(依据)?

（五）

18 时 05 分,现场成立救援指挥部,确定总体作战原则。各战斗小组按照指挥部分工,迅速展开行动。指挥部命令三、四中队两个战斗组在罐区南侧各出 1 门水炮进行冷却堵截,特勤中队、九中队两个战斗组各出 1 门移动水炮,控制罐区西侧火势。为减少不必要的伤亡,支队长命令中队长密切监视火情,一旦发现爆炸前征兆立即发出撤退信号。

10. 甲苯储罐爆炸前的征兆有哪些?

11. 一旦发生爆炸,如何对部队撤离做出相应的部署?

（六）

19 时 05 分,支队长对部队撤退问题部署后不久,火场指挥部按照省市领导指示精神,根据火情侦察组提供的信息和石化技术专家的意见,立即对现场力量进行调整。

12. 请将战斗部署标在力量部署图上。

（七）

21时50分,观察哨发现火场F7罐火焰燃烧突然增大、现场情况再度发生异常。观察哨立即发出撤退信号,现场所有参战人员、厂区人员迅速转移到安全区域。约2分钟后,F5号罐罐壁在邻近罐火焰的高温热辐射作用下被烧裂,扩散出的部分油蒸气发生爆燃,随后呈稳定燃烧状态。

13. 观察哨人员对现场情况判断的依据。

（八）

根据火场情况,现场指挥员果断做出部署:一中队官兵在罐区东、南两侧各出1门80水炮阻止火势蔓延。石化公司消防队在罐区西北侧出2门60水炮、东北侧出4门70水炮对燃烧罐群实施高强度冷却保护。

14. 若现场出多门水炮出现供水不足时,如何解决供水问题?

（九）

23时53分,F5罐体发生爆燃,形成稳定燃烧。

15. 若救援现场中经冷却控制或其他因素形成稳定燃烧后,将采取何种处置方法?

（十）

次日17时20分,指挥部根据F5罐内液面下降、气相空间增大、爆炸危险性增加的实际情况,重新调整了力量部署:在罐区西、南两侧分别增加1门水炮加强对其他罐群、甲苯和液化气槽车的冷却保护。

16. 针对苯、甲苯理化危险性,在处置时有哪些不利方面?

第九节　丙烯储罐事故应急救援想定作业

一、基本想定

认真阅读本材料,熟悉整个救援过程。

（一）

某能源有限公司位于某路333号,占地面积800亩,主要经营液化石油气、甲醇、二甲醚、丙烯等化工原料的生产、储存、销售和运输。该单位共有低温丁烷储罐、低温丙烷储罐、低温丙烯罐、丙烯球罐、化学品罐共计19个。东侧为油库,西侧为储运基地,南侧为滩涂,北侧为某自然村。罐区平面图见图2-12。该单位距离专职队约200 m,距其跨省总队的九中队约2 km,距离辖区大队约36 km,跨省总队某支队约9 km,距离辖区支队约68 km,距离辖区总队约132 km。

（二）

当日7时20分许,该公司一容积为20 000 m³的丙烯储罐进行丙烯物料置换时发生爆炸。通过两总队官兵的联合作战,火势于9时05分得到控制,12时20分基本处置完毕。成功保护了邻近罐10个,共计价值约7 200万元。

（三）

该公司紧靠海湾,天然水源缺乏,500 m范围内没有天然河流;厂区内水源较为充足,有地上消火栓36个,环状管网,管径700 mm,消防水泵4台,消防给水管网常压0.4 MPa,临

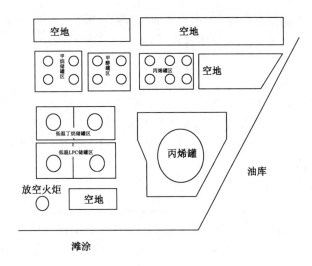

图 2-12　罐区平面图

时加压可达到 1.2 MPa,水泵最大流量为 650 m³/h、扬程 110 m,共有消防水池 2 个,蓄水量 18 000 m³。当日天气晴天;风向东风,风力 3 级;平均温度 3～12 ℃。

（四）

着火罐是编号为 T01003 低温丙烯罐,容量为 20 000 m³。罐内储存丙烯约 90 m³,此罐为地上式拱顶罐,罐体高 29 m,直径 36 m,罐体表面积 1 017 m²,防护堤面积 10 000 m²。东侧约 100 m 处为某油库原油罐区,北侧约 90 m 处为丙烯球罐,西侧约 60 m 处为低温丙烷储罐,南侧为空地。罐区设有固定泡沫灭火系统和水喷淋系统,固定水炮 4 门。

（五）

7 时 20 分许,跨省的九中队发现海湾储罐区方向发生爆炸并伴有大量浓烟,及时发出警信号,立即派出中队 5 辆消防车,同时向支队指挥中心报告。跨省支队指挥中心立即调集 4 个中队及战勤保障大队前往增援。

（六）

7 时 21 分许,辖区大队接到报警后,立即出动 5 台消防车、32 名官兵赶赴现场,并迅速向支队、总队报告。接报后,支队第一时间启动跨区域增援预案和联动作战机制,调集周边 10 个中队共 20 辆车、150 名消防官兵,赶赴现场救援,到场后,救援人员要求厂方组织技术人员进行关阀断料、启动固定消防设施进行冷却自救,并向总队报告。同时第一时间与其他总队某支队取得联系,保持实时互通。此时,跨省支队已经调集 35 辆车、182 人赶赴现场实施救援。

在第一时间,两总队共调集了近 400 名指战员到达现场。

（七）

7 时 22 分,大队指挥员在途中与报警人联系,初步了解现场事故情况后,要求厂方立即组织技术人员进行关阀断料,并启动固定消防设施对邻近罐进行冷却。

7 时 28 分,专职队 2 辆消防车 14 人先期抵达现场,停于着火罐西北侧利用车载炮进行冷却。

7 时 32 分,跨省九中队 5 辆消防车到达现场,迅速停靠水源、侦察火情,通过询问厂方技术人员,了解到着火罐为一容积 20 000 m³ 的丙烯罐。随后,指挥员迅速下达作战命令。

7 时 40 分,跨省支队各增援力量相继到场,并成立现场救援指挥部,对到场战斗力量进行分工部署。

(八)

7 时 46 分,大队到达现场。指挥员经初步侦察发现,现场整个储罐外围成立体燃烧状态,罐顶管线进罐口的火焰呈稳定燃烧,着火罐上方浓烟滚滚。大队指挥员立即将现场情况向支队报告,支队指令大队要积极与跨省支队做好沟通协调,并与单位技术人员取得联系了解情况,全力控制灾情发展。

(九)

7 时 48 分,总队值班室向正在赶赴现场的总队副总队长、政治部主任报告现场情况。总队政委第一时间到达总队指挥中心,根据现场传输视频,全程坐镇指挥。7 时 49 分,大队指挥员和跨省支队指挥员及现场技术人员协调后,立即命令中队从南侧和东侧对罐体进行冷却控制。通过双方作战力量的共同努力,此时基本对着火罐区形成了合围态势,火势被牢牢控制,阻止了向邻近罐蔓延的威胁。

8 时 28 分,支队全勤指挥部到达现场,并迅速向跨省支队指挥员了解现场情况,接收指挥权,听取大队指挥员、厂内技术人员的情况汇报后,深入事故现场进行侦察,发现罐体有明显倾斜,罐体底部有撕裂口,根据侦察情况果断下达作战指令。

(十)

8 时 55 分,总队副总队长、支队支队长等领导到达现场,成立了火场总指挥部,支队组织侦察小组再次进入罐区,利用红外线测温仪不间断检测罐体温度,利用有毒气体检测仪监测周围可燃气体浓度。通过侦察发现,罐体顶部的火焰已逐渐减弱,罐体外部的保温层全部脱落,成稳定燃烧态势,火焰直接烧烤罐体底部,罐体倾斜程度有所加大,如不及时集中降温,可能有倒塌危险。

火场总指挥部根据现场侦察情况果断下达命令,命令各参战力量发起全面总攻,要求跨省支队从北侧、东侧对罐体进行冷却,辖区支队从南侧、西侧对着火罐进行冷却,同时要求辖区支队派出攻坚组对罐体底部火势进行近距离打击,尽快消灭火势。

根据火场总指挥部命令,两个总队和专职消防队等各参战力量继续对罐体实施射水冷却,现场 2 门车载炮、9 门移动炮、3 支泡沫枪同时出泡沫对着火罐进行围歼灭火;其余 2 门车载炮、8 门移动炮、1 门高喷消防车炮和 2 门固定炮加大对罐体进行集中冷却。9 时 05 分,现场明火基本扑灭。

(十一)

10 时左右,火场指挥部下达停水命令,观察着火罐罐体温度情况。观察时,现场主要采用高喷消防车点射、测温仪测温的方法判定罐壁温度,经测试罐体温度已经明显下降,冷却工作取得成功。10 时 20 分,火场总指挥部下达命令,参战力量逐步撤离,留下部分力量现场监护。

12 时 20 分,除辖区中队 2 辆消防车、跨省九中队 2 辆消防车在现场监护外,其他中队车辆全部撤离现场。

(十二)

要求执行事项:

1. 熟悉本想定内容,了解该救援过程。

2. 以指挥员的身份理解任务、判断情况、定下决心、部署任务、处理问题。

（十三）

力量编成：

油库专职队：水罐消防车 2 辆，官兵 12 人；

政府专职消防队：水罐消防车 2 辆，官兵 14 人；

电厂专职队：水罐消防车 2 辆，官兵 10 人；

跨省九中队：水罐消防车 3 辆、干粉消防车 1 辆、泡沫运输车 1 辆，官兵 30 人；

辖区大队：水罐消防车 3 辆、泡沫消防车 1 辆、高喷消防车 1 辆，官兵 32 人；

责任区总队：共计 26 辆车，官兵 150 人；

跨省总队：共计 35 辆车，官兵 182 人。

二、补充想定

请根据基本想定内容，结合补充想定材料，完成相应问题。

（一）

某日 7 时 20 分许，某能源有限公司一容积为 20 000 m³ 的低温储罐进行丙烯物料置换时发生爆炸。

1. 分析丙烯的理化性质。

2. 辨析丙烯的危害性。

（二）

7 时 32 分，跨省九中队 5 辆消防车到达现场，迅速停靠水源、侦察火情，通过询问厂方技术人员，了解到着火罐为一容积为 20 000 m³ 的丙烯罐。随后，指挥员迅速下达作战命令。

3. 九中队到场后，中队指挥员对现场情况的判断结论。

4. 假如你是中队指挥员，针对判断的结论及到场力量，你将采取哪些措施以及力量如何部署？

（三）

7 时 46 分，大队到达现场。指挥员经初步侦察发现，现场整个储罐外围成立体燃烧状态，罐顶管线进罐口的火焰呈稳定燃烧，着火罐上方浓烟滚滚。大队指挥员立即将现场情况向支队报告。

5. 大队针对现场情况需要进一步采取哪些处置措施？

6. 针对爆炸情况，大队指挥员在到场侦察后向支队领导汇报哪些情况要点？

7. 需要进一步调集哪些特种装备及器材？

（四）

在第一时间，两总队共调集了 60 余辆消防车 400 余名指战员到场扑救，在力量调集上实现了集中优势兵力打歼灭战，为控制灾情起到了决定性作用。

8. 针对现场情况，两总队实施跨区域联合协同作战，为避免现场混乱，应采取何种组织指挥方式？

（五）

两个总队的通信频率不同，对讲机不能直接呼叫。此起火灾过火面积不大且部署力量相对集中,因此,指挥员之间可以随即传达作战指令,但如发生大面积火灾,通信不畅势必影响作战任务的完成。

9. 如发生大面积火灾,通信不畅将如何解决?

（六）

现场总攻阶段共出 4 门车载炮、17 门移动炮、3 支泡沫枪、1 门高喷消防车炮和 2 门固定炮。

10. 面对事故处置大量用水的实际情况,保证供水不中断,如何组织火场供水?

（七）

由于长时间冷却罐体,防护堤内积水近 50 cm,超过战斗靴高度,罐区内水温约为 5~6 ℃,消防官兵长时间浸泡水中。

11. 寒冷条件下个人防护的保暖措施如何进行?

12. 监测过程中应注意哪些事项?

（八）

初步了解现场事故情况后,要求厂方立即组织技术人员进行关阀断料,并启动固定消防设施对邻近罐进行冷却。

13. 请分析丙烯储罐爆炸处置的关键是什么?

14. 队员进行关阀作业时,如何有效进行个人防护?

（九）

作战力量:最大量用水时达到 1 050 L/s,前方 19 辆车,后方 39 辆车供水。

15. 针对水源及现场实地情况,如何有效组织火场供水? 总攻力量如何部署?

第十节　保险粉事故应急救援想定作业

一、基本想定

认真阅读本材料,熟悉整个救援过程。

（一）

某保险粉生产厂占地面积 91 600 m²,现有职工 800 余人,年产保险粉 6 万 t,发生爆炸的区域为保险粉成品仓库,单层砖墙结构,长 56 m、宽 48.5 m、高 12 m,位于厂区西北侧。仓库东侧 20 m 为烧碱、双氧水等储罐区;南侧 15 m 为储量 800 t 保险粉仓库;西侧为空地;北侧为废气回收车间。如图 2-13 所示。仓库内部地平面呈漏斗状,存放保险粉 1 880 t,采用桶装、袋装两种储存形式。

（二）

某日 18 时 55 分,该厂仓库发生爆炸。仓库内存放有 1 880 t 保险粉,堆垛之间无防火分隔物,起火部位位于仓库中部,火灾发生后极易向四周蔓延,疏散物资车辆难以出入。该仓库为典型的大跨度建筑,屋顶为拱形波纹钢质屋盖,建筑面积约 2 700 m²,中间无支撑立柱。产生的高温烟气,在钢质屋顶聚集,极易发生整体性坍塌。经 26 个小时的顽强战斗,火灾被成功扑灭,无人员伤亡,成功转移出 1 000 余吨保险粉,保住了紧邻的液碱、甲醛、甲酸钠、双氧水储罐和南侧仓库内的 800 t 保险粉,避免了周边环境和水体污染。

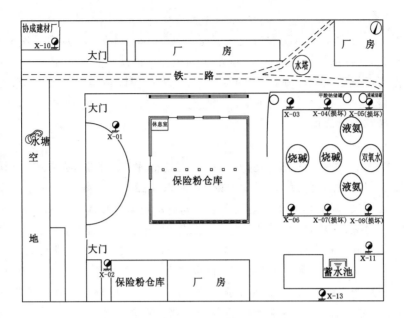

图 2-13　仓库平面图

（三）

厂区内设有 24 个室外消火栓,管网形式为环状,管径 200 mm,压力 0.2 MPa;仓库西侧 270 m 处有一口水塘,容量为 1 500 m³,无消防取水口;仓库东侧 90 m 处有一消防水池,蓄水量为 50 m³。厂区 600 m 以外设有市政消火栓。厂区供水管网老化,只能供 3～4 个消火栓同时出水。仓库周边 270 m 处的天然水塘,没有消防取水口,消防车只能依靠手抬机动泵或浮艇泵吸水供水,供水能力非常有限。仓库 600 m 以外的市政消火栓,距离现场较远,需多辆消防车接力供水。当日天气为多云,气温 17～23 ℃,风向为西南风,风力 2～4 级。

（四）

某日 18 时 55 分,专职消防队接到厂区报警,出动 2 台水罐消防车、6 名消防员赶赴现场处置。到达现场后,发现起火点位于仓库中部靠西北侧的袋装堆垛,着火面积约 100 m²。在使用干粉灭火器灭火效果不理想的情况下,指挥员在厂方技术人员的指导下,命令从仓库西侧出 2 支水枪灭火。保险粉与水发生化学反应,着火堆垛开始发生剧烈燃烧,并向四周蔓延。见此情形,厂方人员才拨打 119 电话请求增援。

（五）

20 时 13 分,支队接到报警后,迅速调集 3 个公安消防中队、2 个企业专职消防队,共计 15 辆消防车、65 名消防官兵、30 名专职消防员赶赴现场。同时立即启动重特大事故应急预案,调集环保、公安、建设、安监、医疗、武警和化学危险品专家组等力量到场增援。20 时 14 分,总队指挥中心接到报告,立即向省政府汇报,总队政委坐镇指挥中心指挥,并指派总队全勤指挥部赶赴现场。

（六）

20 时 18 分,一中队率先到达现场,此时仓库内外弥漫着黄色烟雾。经侦察发现,仓库内部温度已达到 70 ℃,二氧化硫浓度已达 20 mg/m³,积水已漫过着火堆垛的架空层,开始呈立体燃烧,着火面积约 200 m²。

（七）

20 时 28 分，一支队各参战力量及化学危险品专家组等相继到场，成立作战指挥部，下设 5 个战斗小组，指挥部根据现场情况，确定了利用干沙掩埋灭火和水枪掩护人员疏散保险粉的方案。但因燃烧面积大，仓库内部温度高，且仓库内保险粉堆放凌乱，铲车无法到达着火区域进行覆盖灭火。指挥部果断决策，立即调集人员在 4 支水枪的掩护下，从西、北两侧进入仓库内部转移未燃烧保险粉。

（八）

20 时 50 分，总队全勤指挥部到达现场，接管现场指挥权。此时，火势已全面燃烧，内部温度高达 240 ℃，周围浓烟弥漫，在距离现场 1 km 以外都能闻到刺激性气味。指挥部立即启动跨区域增援预案，调集其他 3 个支队支援。同时决定采取相应的战术措施，进行破拆排烟、冷却降毒、水枪掩护转移物资，并启动雨淋系统和污水处理系统，防止灾情扩散。经指挥部与化学危险品专家组科学论证，脱硫增效剂具有稳定的结构和性能，能大量吸收空气中的二氧化硫。参战官兵按照每 10 t 水加注 1 kg 脱硫增效剂的比例，迅速展开行动，有效地降低了保险粉燃烧所产生的二氧化硫，最大限度地减少了对周围环境的污染。截至 22 时 25 分，救援队伍将未燃烧的 1 000 余吨保险粉成功转移至安全地带。

（九）

23 时 10 分，二、三支队和特勤支队 20 辆水罐消防车、1 辆移动式充气车、130 余名官兵相继到达现场。由于现场火势已处于猛烈燃烧阶段，指挥部确定作战思路，随即部署作战力量，在仓库东、西、南三侧各部署 2 门移动炮，北侧部署 1 门移动炮堵截火势，并设置 5 个水枪阵地稀释有毒浓烟。为确保供水，参战力量充分利用周边水源，采用手抬机动泵并联和远距离接力供水的方式，确保各作战片区供水不间断。同时组织厂区人员挖出导流渠至邻近水塘，收集灭火产生的废水，集中处理。

（十）

次日凌晨 3 时 30 分，仓库内部火势强度明显减弱，指挥部立即部署调整作战力量，确定"安全监测、逐层推进、各个击破"的作战思路，在仓库四周制高点设置 4 组安全观察哨，实施不间断监控，及时报告情况。从北侧组织铲车和人员在水枪掩护下轮流进入仓库转运燃烧保险粉，并对转移出的燃烧保险粉进行稀释溶解；从东、西两侧设置 5 门移动水炮，逐步推进夹击灭火。

（十一）

14 时，现场火势被完全控制。指挥部决定对东面墙体进行整体破拆，开辟铲车进入仓库的通道，操作移动水炮掩护 3 台铲车转运保险粉。火灾扑灭后，指挥部命令对转移出的残留保险粉进行不间断冷却，防止复燃，并协调环境监测部门做好现场监测，周边 34 个监测点监测显示，空气中二氧化硫已得到有效控制，各水质监测点 pH 值、硫化物和化学需氧量均达标，水体未受到污染。

20 时，燃烧保险粉堆垛处理完毕，指挥部将现场移交给辖区支队驻防监护，其余参战力量对事故现场、参战人员、车辆装备彻底洗消后，返回原单位恢复战备。

（十二）

要求执行事项：

1. 熟悉本想定内容，了解该救援过程。

2. 以指挥员的身份理解任务、判断情况、定下决心、部署任务、处理问题。

（十三）

力量编成：

专职队：水罐消防车 2 辆,官兵 6 人；

一支队：指挥车 1 辆,官兵 5 人；

一中队：水罐消防车 2 辆、抢险救援消防车 1 辆,官兵 20 人；

二中队：水罐消防车 1 辆、抢险救援消防车 1 辆、照明消防车 1 辆,官兵 20 人；

三中队：水罐消防车 1 辆、抢险救援消防车 1 辆、照明消防车 1 辆,官兵 20 人；

2 个企业专职消防队：水罐消防车 2 辆、抢险救援消防车 2 辆、照明车 1 辆,官兵 30 人；

二、三支队及特勤支队：水罐消防车 20 辆、移动式充气车 1 辆、铲车 3 辆,官兵 130 人。

二、补充想定

请根据基本想定内容,结合补充想定材料,完成相应问题。

（一）

保险粉又称连二亚硫酸钠($Na_2S_2O_4 \cdot 2H_2O$),为白色粉末状,遇水或潮湿空气会分解,释放出二氧化硫等有毒气体,对人的眼睛、呼吸道黏膜和皮肤有刺激性,接触后可引起头痛、恶心和呕吐等不良反应。

1. 简述保险粉的理化性质及危害。

2. 辨识本案例中的危险源。

（二）

某日 18 时 55 分,专职队接到报警后,出动 2 台水罐消防车、6 名消防员赶赴现场处置。在使用干粉灭火器灭火效果不理想的情况下,出 2 支水枪灭火。保险粉与水发生化学反应,着火堆垛开始发生剧烈燃烧。

3. 针对此化学性质,请提出最佳处置措施。

（三）

20 时 18 分,一中队到达现场,此时仓库内外弥漫着黄色烟雾。经侦察发现,仓库内部温度已达到 70 ℃,二氧化硫浓度已达 20 mg/m³,积水已漫过着火堆垛的架空层,开始呈立体燃烧,着火面积约 200 m²。

4. 针对此侦察结果,假如你是中队长,你应采取哪些战术措施？

5. 你应采取哪些安全防护措施？

（四）

20 时 28 分,一支队各参战力量及化学危险品专家组等相继到场,成立作战指挥部,下设 5 个战斗小组。

6. 根据《公安消防部队抢险救援勤务规程》应设置哪些战斗小组？如何分工？

7. 针对到场的力量如何进行部署？

（五）

20 时 50 分,总队全勤指挥部到达现场,此时,火势已全面燃烧,内部温度高达 240 ℃,周围浓烟弥漫,在距离现场 1 km 以外都能闻到刺激性气味。指挥部立即启动跨区域增援预案,调集其他 3 个支队支援。同时决定采取相应的战术措施。

8. 假如你是全勤指挥部参谋,你建议采取哪些战术措施?

（六）

经指挥部与化学危险品专家组科学论证,脱硫增效剂具有稳定的结构和性能,能大量吸收空气中的二氧化硫。参战官兵按照每 10 t 水加注 1 kg 脱硫增效剂的比例,迅速展开行动。

9. 请分析加入脱硫增效剂的原因。

（七）

23 时 10 分,增援的 3 个支队到场,在仓库东、西、南三侧各部署 2 门移动炮,北侧部署 1 门移动炮堵截火势,并设置 5 个水枪阵地稀释有毒浓烟。确保各作战片区供水不间断,并收集灭火产生的废水,集中处理。

10. 假如你是供水员,请设定最佳供水方案。

11. 如何进行废水的处理?

（八）

次日凌晨 3 时 30 分,火势强度明显减弱,指挥部立即部署调整作战力量,在仓库四周制高点设置 4 组安全观察哨,实施不间断监控,及时报告情况。

12. 假如你作为安全观察哨,你观察的重点有哪些方面?

（九）

22 时 25 分,救援队伍将未燃烧的 1 000 余吨保险粉成功转移至安全地带。

13. 针对 1 000 余吨保险粉,请设定最佳最有效的转移方案。

（十）

处置后,对转移出的残留保险粉进行不间断冷却,防止复燃,并协调环境监测部门做好现场监测,指挥部将现场移交给辖区支队驻防监护,其余参战力量对事故现场、参战人员、车辆装备彻底洗消后,返回原单位恢复战备。

14. 针对保险粉事故处置情况,如何进行监护防止复燃?

15. 请设计相应的洗消方案。

第十一节 天然气槽车泄漏事故应急救援想定作业

一、基本想定

认真阅读本材料,熟悉整个救援过程。

（一）

某日 9 时 37 分,国道 Z 县境内路段一辆满载 20 t 液化天然气槽车因交通事故,造成液化天然气泄漏。公安消防支队接警后,先后调集 3 个中队、7 辆消防车、55 名官兵以及公安、交通、安监、气象、环保、质监等相关单位 110 名抢险人员到场处置。同时,总队、支队两级机关指挥员到场指挥。经过近 30 个小时的艰苦战斗,成功处置了液化天然气泄漏事故。

当日天气晴,风向西北风,风力 4～5 级,温度－3～7 ℃。

（二）

液化天然气槽车主要由驾驶室、罐体、车辆底盘、管路控制系统等部分组成。罐体通过

U 形副梁固定在车辆底盘上,管路控制系统位于罐体后方操作箱内。罐体为真空粉末绝热卧式夹套容器,双层结构,由内胆和外壳套组合而成。内外罐采用玻璃钢支座螺栓紧固连接,后支座为固定连接,前支座为滑动连接,以补偿温度变化引起罐体伸缩。夹套内填装膨胀珍珠岩并抽真空,排气管等由内容器引出,经真空夹套引至外壳后底与管路控制系统相连接。槽车设计压力 1.1 MPa,最高工作压力 0.7 MPa,设计温度－196 ℃,操控系统主要由压力表、液位计、法兰盘、安全阀、液相阀、放空阀、管道等组成,这些阀门部件直接与罐体相连通。

（三）

22 日 10 时 25 分,县消防大队接警,立即调集 2 辆消防车、17 名官兵到达现场,并向支队指挥中心报告,请求增援。支队启动《危险化学品运输车辆事故处置预案》,并调集公安、交通、安监、气象、环保、质监等相关单位协同作战。经侦察发现,槽车停放于国道简易服务区内,周围 100 m 内饭店、修理厂林立,现场白雾弥漫,事故罐车装满 20 t、－145 ℃的液化天然气,泄漏点位于阀门丝扣连接处,高速公路上堵车已达 1 500 余辆。如图 2-14 所示。槽车一旦遇明火发生燃烧爆炸,将导致重大人员伤亡和交通大动脉"瘫痪"。现场立即成立指挥部,设立警戒区和安全观察哨,现场杜绝明火,禁止使用电气设备,非防爆通信、摄像、照相设备一律不得进入警戒区。由一中队出动 2 个攻坚组,3 支水枪驱散泄漏气体,掩护专业技术人员实施堵漏。

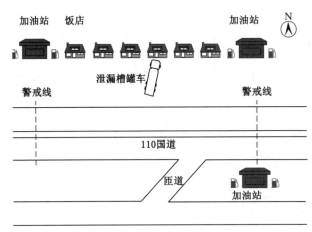

图 2-14　天然气槽车泄漏事故现场平面图

（四）

10 时 40 分,支队调集 2 个中队、5 辆消防车、28 名官兵赶赴现场进行增援,同时向总队指挥中心、市政府报告,请求市相关应急救援专家和技术人员赶赴现场协助救援。总队长接到报告后,立即命令副总队长到场指挥处置。

11 时 10 分,支队长带领灭火救援全勤指挥部 10 名成员赶到现场。总队司令部战训处和后勤部装备处相关人员也到场协助处置。

（五）

11 时 15 分,泄漏点处泄漏强度和泄漏量得到明显控制,但由于泄漏点处压力大,泄漏部位形状不规则,仍有大量天然气带着"吱吱"的声响冲破不规则部位的缝隙向外泄漏。

11 时 26 分,指挥部决定采取冰冻封堵法实施堵漏。

13 时 50 分,冰冻封堵措施完成后,泄漏量明显减少,但仍有少量气体排放。

(六)

14 时 45 分,副总队长、支队政委赶到现场,成立总指挥部,由副总队长担任总指挥,根据现场情况,指挥部命令:一是立即启动《危险化学品泄漏事故抢险救援应急预案》,迅速调集自治区燃气、安监、环保、质监等部门专家到场;二是要加强疏散动员,确保周边群众安全;三是要确保消防官兵排险过程安全,确保现场参与抢险所有人员安全;四是要加强联动协作,排除险情,尽快恢复交通正常。

(七)

16 时左右,经过不断积累、凝结,冰冻封堵法效果显著,泄漏罐体已无气体排放。指挥部命令检测后转移槽车、解除交通管制。在距事故现场 7 km 处的一处空旷坡地,对槽车实施倒罐、排空,如图 2-15 所示。经过 30 分钟的监护转移,安全到达指定地点。当日下午进行的 2 次导管连接均未成功,由于槽车导管正在进行改装和调运,预计深夜才能到达,专家组建议对槽车进行监控,待导管到位后在白天进行倒罐、排空。

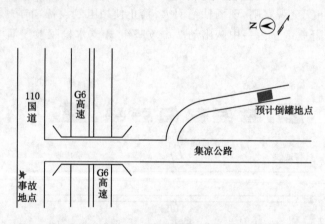

图 2-15 倒罐现场平面图

17 时 27 分,指挥部命令监护组对转移的槽车实施监护,确定周围警戒范围,在制高点设置多个安全观察哨,加强巡查值守。

(八)

次日 7 时整,现场总指挥部召开动员会,核查各单位准备情况,逐一落实任务。

7 时 15 分,倒罐、排空操作开始。8 时 35 分,气象部门开始设置防静电接地,消防队员冒着严寒在充满水雾的环境下进行挖掘作业,气象部门的操作人员使用仪器反复测量接地电阻,直到符合要求。环保部门使用检测设备确定周边空气成分,全程监控保护。

10 时 10 分,经测试接地电阻合格,两车电位相等,周围无爆炸混合气,准备工作完成。

10 时 20 分,开始倒罐,工程技术人员在水枪掩护下进行操作,倒罐过程中车辆附近只留 2 人监控两车液位、压力变化,其余人员在警戒线外。倒罐过程科学、平稳、安全。

15 时 05 分,倒罐成功,两车压差为 0,经环保部门检测及专家确认安全后,消防部队保护技术人员使用无火花工具卸除倒罐管线。

（九）

15 时 10 分,再次检测现场,确认安全后,技术人员开始对事故槽车内剩余液体进行放散处理。消防官兵全程进行驱散。

16 时 17 分,放散完毕。罐体内保持微正压,经专家组确认安全,指挥部宣布危险排除,抢险救援行动宣告成功。

（十）

要求执行事项:

1. 熟悉本想定内容,了解该救援过程。

2. 以各级指挥员的身份理解任务,分析判断情况,回答问题。

（十一）

力量编成:

一中队:水罐消防车 2 辆,官兵 17 人;

二中队:水罐消防车 1 辆,抢险救援消防车 1 辆,官兵 8 人;

特勤一中队:抢险救援消防车 1 辆、水罐消防车 1 辆,泡沫消防车 1 辆,官兵 20 人;

支队全勤指挥部:官兵 10 人。

二、补充想定

请根据基本想定内容,结合补充想定材料,完成相应问题。

（一）

某日 9 时 37 分,某国道简易服务区内,满载 20 t 液化天然气槽车发生泄漏事故,槽车罐长 13 m,罐体直径 2.5 m,罐体容积为 50 m³,满载 20 t、−145 ℃ 的液化天然气,泄漏点位于槽车后部安全阀下方的丝扣连接处。

1. 液化天然气对人体有哪些危害?

2. 请辨识本案例中的危险源有哪些?

3. 液化天然气槽罐泄漏的处置程序是什么?

4. 第一时间应调集哪些应急救援力量?

（二）

10 时 25 分,责任区中队一中队 2 辆消防车、17 名官兵到达现场,侦察发现运送液化天然气的槽车由于剐蹭,导致车后部安全阀管线丝扣连接处破损,裂缝约为 1 cm,液化天然气带压从破损处喷出发出"吱吱"声,车尾白雾弥漫,车内无人员被困,指挥员迅速向支队指挥中心报告,请求增援。

5. 请在事故现场平面图(图 2-14)中标明责任区中队一中队 2 辆消防车适当停靠位置。

6. 针对该起事故,侦察检测的方法和内容主要有哪些?

7. 进入内部侦察人员应采用哪些安全防护措施?

（三）

经侦察发现事故地点距最近收费站为 1 km,事故槽车停放于国道简易服务区内,南邻国道、高速,北邻饭店、修理厂,东侧 300 m 处是两座加油站,西侧 400 m 处是一座加油站。

8. 责任区中队到场后,指挥员根据现场情况,应做出怎样的战斗部署?

9. 当发生大量液化天然气泄漏时,现场紧急疏散距离是多少米?

10. 对于进入核心区域人员应有专门人员进行登记检查,其主要检查内容是什么?

(四)

11 时 10 分现场立即成立指挥部,下设多个战斗小组,设立警戒区和安全观察哨,此时国道堵车已达 1 500 余辆。

11. 此次救援需设哪些战斗小组?

12. 为防止槽车燃烧爆炸,警戒工作应包含哪些内容?

13. 针对液化天然气泄漏事故,警戒区应划分为几个区域?

(五)

由一中队出动 2 个攻坚组、3 支水枪,对泄漏的天然气实施不间断驱散,并利用可燃气体探测仪对泄漏的液化天然气浓度进行检测。

14. 结合到场力量,确定供水方案。

15. 出水枪对泄漏出的天然气进行驱散时,需注意哪些问题?

(六)

11 时 26 分,由于泄漏点处压力大,泄漏部位形状不规则,指挥部决定采取冰冻封堵法实施堵漏。特勤一中队堵漏组在水枪掩护下,利用浸水宽布条、棉毛巾和棉被缠裹,利用雾状水使其结冰凝固实施堵漏。

16. 进行堵漏作业时,个人安全防护应注意哪些事项?

17. 针对槽车安全阀管线丝扣连接处破损,可采取的堵漏方法有哪些?

(七)

13 时 50 分,冰冻封堵措施完成,效果显著,泄漏罐体已无气体排放。准备将事故罐车拖运至距事故现场 7 km 的一处空旷坡地,对槽车实施倒罐、排空。

18. 拖运事故罐车过程中,沿途警戒工作需注意哪些问题?

(八)

经过 30 分钟的监护转移,安全到达指定地点。由于空罐槽车与事故槽车管线、接口不同,当日下午进行的 2 次导管连接均未成功,工程技术人员一面重新进行导管工装,一面调集新的连接导管。随着时间的推移,温度逐渐降低,能见度也逐步变差,消防部队使用照明车进行照明,并出一支喷雾水枪远距离向冰封部位出水加固,冰封部分经过消防部队不断出水加固缓慢变大,环保部门检测槽车周围已无可燃气体泄漏。由于槽车导管正在进行改装和调运,预计深夜到达,尽管有照明车,但倒罐操作仍有危险,专家组建议对槽车进行监控,待导管到位后第二天白天进行倒罐、排空。

19. 夜间监护有哪些注意事项?

(九)

次日 7 时 15 分,倒罐、排空操作开始。技术人员检查防火帽,缓慢将空罐槽车停于 30°的坡道上,做好限车位,确认空罐槽车稳定后,将事故槽车缓慢移动到距空罐槽车 3 m 左右的位置,空罐车车尾向上,事故罐车车尾向下,利用位差和压差倒罐。两车停稳后,摘除车辆蓄电池。

20. 可以采取哪些措施防止槽车停于坡道倒罐过程中下滑?

（十）

15 时 05 分,倒罐成功,两车压差为 0,先关闭被充装槽车手阀,再关闭被充装槽车排空阀,后关闭事故槽车手阀。经环保部门检测及专家确认安全后,消防部队保护技术人员使用无火花工具卸除倒罐管线。

21. 卸除倒罐管线时应注意哪些问题?

（十一）

15 时 10 分,再次检测现场,确认安全后,技术人员开始对事故槽车内剩余液体进行放散处理。打开事故车排空阀,以排放出的蒸气云大小来控制手阀开度,预留微正压。消防官兵全程进行驱散。

22. 排空事故罐车时,如果出现中毒人员,可采取哪些急救的方法?

（十二）

16 时 17 分,放散完毕。罐体内保持微正压,经专家组确认安全,指挥部宣布危险排除,抢险救援行动宣告成功。

23. 在清场撤离过程中,消防部队应做好哪几个方面的工作?

第十二节　黄磷泄漏事故应急救援想定作业

一、基本想定

认真阅读本材料,熟悉整个救援过程。

（一）

某日凌晨 0 时许,某黄麟公司黄磷沉降罐发生泥磷泄漏,经过消防部队昼夜奋战,历时80 个小时,现场全部处置完毕,战斗圆满结束。该公司设计生产能力为:黄磷 6 万 t,磷酸 14万 t。工厂距 K 市 46 km,距 A 市 22 km,一条高速公路穿过厂区,工厂还有一条自建的铁路专用线。发生泄漏的沉降槽主要用来进行该公司生产黄磷的废水处理。由于废水中含有黄磷,所以通过沉降槽过滤沉淀后,黄磷就会沉淀在沉降槽的底部(沉淀后的物质称为泥磷,其中的黄磷含量小于 30%),通过沉降槽下面的蒸汽管和热水管对沉淀的泥磷加热后,又通过管道把沉淀的泥磷输送回车间。黄磷燃烧热值高,温度达到 1 000 多摄氏度,辐射热强。火焰直接贴罐底壁向上窜,着火罐、邻近罐和水泥支架紧挨一起,直接受火焰辐射灼烤,锥形罐底和水泥支架有坍塌的可能。

（二）

2 时 20 分,市公安消防中队接到报警"黄磷沉降罐发生泥磷泄漏起火",中队立即出动 2车 10 人(2 辆水罐消防车)赶往事故现场(图 2-16),同时,大队教导员带领 1 车 3 人赶往现场。2 时 50 分到达现场后,整个厂区笼罩在厚厚的烟尘中,能见度不足 5 m,空气中弥漫着强烈刺鼻臭味。第一到达现场中队 2 辆水罐消防车各出一支水枪对储槽进行冷却和向火点进攻。进行近 40 分钟的处置,灾情仍无法控制,大队请求支队调派力量增援。

（三）

3 时 40 分,调度指挥中心接到增援请求后,立即调集特勤大队官兵 20 人,水罐消防车1 辆、泡沫车 1 辆、抢险救援车 1 辆、火场后援车 1 辆、指挥车 1 辆赶往事故现场增援。与此

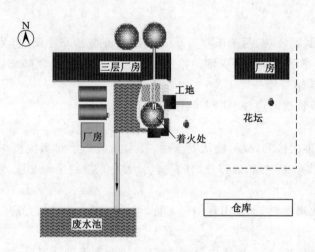

图 2-16　现场平面图

同时,支队调度指挥中心立即将现场情况分别向值班首长进行了汇报。4 时 50 分,支队参谋长及特勤大队增援力量到达现场。到达现场后,特勤大队泡沫车占据室外消火栓出 3 支水枪从东、西、北三面对储罐进行冷却。

（四）

7 时 10 分,总队副总队长等 5 人赶到火灾现场,到场后迅速成立火场指挥部,指挥部的成立为协调各方力量和物资起到关键作用。指挥部随即进行力量部署:一是继续出水冷却;二是在泄漏储槽外围设置围堰;三是设置供水线路,确保火场供水不间断。11 时 20 分,火场安全观察员发现罐体有响声,副总队长指示:增加安全观察员,注意安全,有情况及时报告。12 时 35 分,火势越来越猛烈,水枪阵地撤至护墙内,设置了带架水枪阵地。13 时 45 分,围堵完成。采取泵吸倒罐、前后夹击等措施均未见效,消防部队仍保持不间断的供水冷却。

（五）

次日 8 时 27 分,现场指挥部召开会议,作进一步动员和进行战斗部署,决定采取向罐底火点打氮气,水枪冷却封堵战术;9 时,调集 2 辆共储备 15 m³ 液氮车赶往现场增援;11 时 30 分,战斗展开,副总队长带领特勤官兵 6 人进入罐底喷射氮气,20 分钟后火势减小,但罐底死角过多,氮气不能一次性全部覆盖燃烧区,效果不明显;18 时 02 分,指挥部决定:采取从罐体顶部注入速凝水泥混凝土,进行底部堵漏;18 时 06 分,指挥部调集灌浆车 1 辆、混凝土搅拌车 10 辆到达现场;18 时 53 分,共向罐体内注入 24 m³ 速凝水泥混凝土,但泄漏点仍未堵住;20 时 32 分,指挥部放弃灌浆作业,并决定第三日采取外围封堵灌注砂浆战术,同时,外调部队进行增援;消防部队仍保持不间断的供水冷却;21 时,消防指挥部决定:特勤一中队 20 名官兵留守,并负责 3 支冷却水枪的作业,每 20 分钟换人一次。

（六）

第 3 日,根据指挥部的决定,调集 2 台推土机、2 台挖土机进入现场开始围堰作业,同时,调集 400 余人填充沙袋进行围堰,消防部队现场对罐体底部出 3 支水枪进行冷却、4 支洗消水枪对进入罐底围堰的出入人员进行洗消;10 时,围堰作业开始,所有参战部队按照指挥部命令进行作业;15 时 15 分,漏点减少;16 时 35 分,鉴于围堰基本完成,指挥部决定采取泡沫封堵战术,并就近调集专职消防队 2 台泡沫消防车赶赴现场;17 时 01 分,专职消防队

1台高倍数泡沫车、1台普通蛋白泡沫车,10名专职消防队员到达现场;18时40分,围堰结束,指挥部决定:取消泡沫封堵方案,采取灌注混凝土方法进行全面封堵,并调集2台灌浆机、20台搅拌机同时进行灌浆作业;18时50分,灌浆作业开始;19时45分,围堰内共灌入216 m³混凝土,漏点明显减少,泄漏情况基本控制,但仍有火点存在;20时05分,消防指挥部根据现场情况决定:采用普通蛋白泡沫出1支枪对零星火点封堵;20时30分,指挥部决定:混凝土灌浆封堵继续进行,其他参战单位除消防留守部分人员监护外,其余人员撤回。消防支队留10人,出2支水枪继续冷却负责监护,其余人员撤回休整。

(七)

经过水泥封堵,漏点逐渐减少,第4日9时10分,根据现场指挥部的要求,用水泥封堵所有小孔,若仍有明火,再打液氮;10时30分,围堰封堵成功,战斗圆满结束。

(八)

要求执行事项:

1. 熟悉本想定内容,了解该救援过程。

2. 以各级指挥员的身份理解任务,分析判断情况,回答问题。

(九)

力量编成:

一中队:水罐消防车2辆,官兵10人;

二中队:水罐消防车1辆、抢险救援消防车1辆,官兵18人;

特勤一中队:抢险救援消防车1辆、水罐消防车1辆、泡沫消防车1辆、火场后援车1辆、指挥车1辆,官兵20人;

专职消防队:高倍数泡沫消防车1辆、普通泡沫消防车1辆,官兵10人。

二、补充想定

请根据基本想定内容,结合补充想定材料,完成相应问题。

(一)

某日2时20分黄磷沉降罐发生泥磷泄漏,接警后,辖区中队一中队立即出动2车10人(2辆水罐消防车)赶往事故现场。

1. 黄磷事故的特点有哪些?

2. 黄磷灾害事故现场侦察,应包括哪些重点内容?

3. 分析现场的危险源有哪些?

(二)

2时50分大队教导员带领二中队,2车18人到场后,整个厂区笼罩在厚厚的烟尘中,能见度不足5 m,空气中弥漫着强烈刺鼻臭味。一中队2辆水罐消防车出2只水枪冷却。进行近40分钟的处置,灾情仍无法控制,大队请求支队调派力量增援。

4. 现场警戒的范围及依据是什么?

5. 黄磷泄漏火灾采用水枪冷却控制时,应注意哪些事项?

6. 针对黄磷泄漏事故,一线救援人员的个人防护有哪些要求?

(三)

一中队经侦察,发现沉降浓缩槽1103B排污管与蒸汽管接口处泥磷泄漏起火。泥磷从罐底成串地往下掉,一遇空气就着火。当法兰泄漏引起着火后,顷刻受管道内压驱使,大量泥磷冲出呈扩散燃烧。泄漏的泥磷直接在锥形罐底、法兰、水泥支架等构件上燃烧,加之储罐下面的环境比较复杂,支架、钢管纵横交错,面积狭窄,两面围有砖混矮墙,无法实施堵漏,也给扑救工作带来难度。

7. 针对法兰泄漏,可采取的堵漏措施有哪些?

(四)

7时10分,现场成立火场指挥部,指挥部的成立为协调各方力量和物资起到关键作用。指挥部部署一中队出2支水枪,特勤中队出2支水枪从东、西、北三个方向继续出水冷却;森林武警到场后负责装运沙袋,构建围堰,消防官兵负责掩护,确保其安全,并设安全观察哨;设置供水线路,确保火场供水不间断。

8. 黄磷灾害事故现场的火场指挥部的设置有什么要求?

(五)

发生泄漏的沉降槽内,最多可以储存约120 t泥磷,但是发生泄漏后的罐内储量厂方技术专家也无法得出准确数据。厂方技术人员在发生泄漏的沉降槽顶部设置深水泵,将罐内的泥磷输转到车间另一侧的沉降槽。

9. 此类转移泄漏源的措施称为什么?有什么优缺点?

(六)

次日8时27分,消防部队召开会议,作进一步动员和进行战斗部署,决定采取向罐底火点打氮气,水枪冷却封堵战术;9时,调集2辆共储备15 m³液氮车赶往现场增援。根据泥磷在温度降至30 ℃以下就会停止燃烧并结块的特点,利用液氮−70 ℃的特性,对罐体底部泄漏部位喷射液氮,但最后并未达到灭火效果。

10. 作为冷却封堵攻坚组的组长,实施液氮封堵作业的具体步骤有哪些?

11. 试分析为什么液氮冷凝灭火效果不好?

(七)

18时02分,由于喷射液氮灭火效果不理想,指挥部决定:采取从罐体顶部注入速凝水泥混凝土,进行底部堵漏;18时06分,指挥部调集灌浆车1辆、混凝土搅拌车10辆到达现场;18时53分,共向罐体内注入24 m³速凝水泥混凝土,但泄漏点仍未堵住。

12. 试分析罐顶注入速凝水泥混凝土堵漏失败的原因。

(八)

指挥部调集2台推土机、2台挖土机进入现场开始围堰作业,消防部队现场对罐体底部出3支水枪进行冷却、4支洗消水枪对进入罐底围堰的出入人员进行洗消。

13. 黄磷泄漏燃烧事故洗消的注意事项有哪些?

(九)

第3日18时40分,围堰结束,指挥部决定:取消泡沫封堵方案,采取灌注混凝土方法进行全面封堵,并调集2台灌浆机、20台搅拌机同时进行灌浆作业;18时50分,灌浆作业开始;19时45分,围堰内共灌入216 m³混凝土,漏点明显减少,泄漏情况基本控制,但仍有火点存在。

14. 根据此时现场仍有火点存在的情况,应采取哪些针对性的措施?

(十)

20时32分,指挥部放弃灌浆作业,并决定第4日采取外围封堵灌注砂浆战术,同时,外调部队进行增援;消防部队仍保持不间断的供水冷却。21时,现场指挥部决定:特勤一中队20名官兵留守,并负责3支冷却水枪的作业,每20分钟换人一次。

15. 外围封堵灌注砂浆战术的优点有哪些?

16. 为什么没有采用向泄漏沉降槽注水的方式实施救援?

(十一)

处置初期利用沙石对发生泄漏的沉降槽四周进行围护。在前期围堰的基础上,围绕着火区域不断往上堆沙,形成"宝塔"形状,将围堰设置到接近沉降槽罐壁位置,为最后总攻奠定了基础。

17. 利用沙石对发生泄漏的沉降槽四周进行围护的目的是什么?

(十二)

第4日9时10分,通过水泥封堵,漏点逐渐减少。根据现场指挥部的要求,用水泥封堵所有小孔,消防做好准备,若仍有明火,再打液氮;10时30分,围堰封堵成功,战斗圆满结束。

18. 作为指挥员,怎样做好协同作战?怎样及时调集器材物资供应?

第三章 交通事故应急救援想定作业

【学习目标】

1. 熟悉不同类型交通事故的特点。

2. 熟悉交通事故处置的程序。

3. 熟悉消防装备器材在交通事故处置中的运用。

4. 掌握交通事故的处置措施。

5. 培养指挥员交通事故应急救援处置的思考能力。

交通事故应急救援是基层公安消防部队应急救援的主要任务之一。交通工具具有结构多样性和复杂性特点,发生事故后,处置过程受通行条件、天气状况、运输物质、水源条件等多种因素影响,是对基层指挥员组织指挥能力的综合考验。本章所选的想定作业融合了近年来我国发生的一些有代表意义的交通事故处置案例,具有很强的针对性。

第一节 高速公路交通事故应急救援想定作业一

一、基本想定

认真阅读本材料,熟悉整个救援过程。

（一）

某日凌晨,某高速公路发生 8 车追尾相撞的特大交通事故。发生事故的高速公路路段为双向 4 车道,是该地区的交通要道,事故现场离 Y 市消防大队 15 km,距 Y 市消防支队机关 80 km。Y 市消防支队接警后先后出动 5 辆消防车、39 名官兵到场救援。经过 6 个小时的战斗,共抢救遇险重伤司乘人员 16 人(其中 4 人死亡),疏散被困人员 78 人。救援过程中,1 名消防战士牺牲。

（二）

事发当日凌晨 3 时 40 分,一大货车行驶至该路段时,突遇团雾,在减速靠右慢行时,被随后同向行驶的一辆大客车和一辆大货车追尾撞车。6 分钟后,又有 4 辆同向行驶的大货车和一辆槽车发生追尾事故,造成 8 辆车连环相撞的特大交通事故。事故造成一辆大货车正副驾驶员 2 人和一辆槽车驾驶员、押运员 2 人共 4 名司乘人员当场死亡。

（三）

4 时 05 分,Y 市消防大队接到市公安局 110 指挥中心的调度指令:"某高速公路 K100＋500 m 处发生车辆交通事故,车内多名人员被困,一辆载有柴油的槽车在相撞中发生泄漏,请速营救!"大队指挥员立即带领辖区一中队出动 1 辆指挥车、2 辆水罐消防车和 14 名官兵前往救援。

4 时 27 分,Y 市消防大队到达事故现场。

（四）

4 时 32 分,Y 市消防支队 119 指挥中心接到市消防大队的事故情况报告后,支队指挥员调集特勤中队 3 车 25 名官兵,赶赴现场增援。Y 市消防大队到场后,立即与先期到场的高速公路巡警、120 急救成立了抢险救援指挥部,并将参战官兵分为侦检、警戒、救人和稀释 4 个战斗小组展开救援工作。

（五）

根据侦检情况,大队指挥员立即向消防支队指挥中心、市公安局、市政府报告灾情,并请求市政府启动社会应急联动机制,同时提出战斗要求,部署战斗力量:一是疏散人员,加强现场警戒;二是从西南的侧上风方向,出 1 支喷雾水枪稀释泄漏物品,防止发生二次伤害;三是救人组对客车和货车上的被困人员进行疏散和营救;四是全体指战员必须加强个人防护,佩戴空气呼吸器,着防护服,确保自身安全;五是利用消防车上携带的移动照明灯、消防官兵个人携带的防爆灯和高速公路巡警提供的照明灯具进行现场照明。

（六）

4 时 43 分,正当消防官兵搜救被困人员时,一辆快速行驶的大型卧铺客车,在与消防部队停车同向的车道上,突然冲破高速公路巡警设置的警戒线,撞上在超车道慢速行驶的 120 急救车,导致 120 急救车侧翻时撞上正在消防车左侧取特勤器材的 1 名消防战士。中队指挥员和参加救援的 120 医生立即将该名战士送往医院救治,10 时 25 分,该名战士在医院中抢救无效,壮烈牺牲。

（七）

5 时 50 分,市公安局和高速公路巡警调来的 1 辆牵引车和 2 辆吊车到达现场参与救援行动。至 7 时 20 分,被困人员搜救和疏散工作全部完成。

（八）

7 时 30 分,个别指战员出现流泪、眼膜充血等症状。支队指挥员获悉这一情况后,立即命令参战官兵更换空气呼吸器钢瓶,加强个人防护,并命令特勤中队侦检小组携带有毒气体探测仪再次对泄漏物品进行侦检,仍然无法侦检出泄漏物品的品名。

7 时 40 分,高速公路巡警和消防官兵对罐车分离时,在槽车尾部告示牌(无危险化学品品名)上发现了一个电话号码,指挥部立即通过该电话号码进行询问运输物品的种类,但接电话者也不知道运输的物质为何种化学物品。

8 时 01 分,现场指挥部接到查询该化学物品的反馈电话,确定泄漏物品为硫酸二甲酯。指挥部立即命令全体参战人员撤离至事故现场 200 m 处,并要求特勤中队官兵佩戴空气呼吸器、着防化服对罐车周围 200 m 范围实施警戒,同时迅速运用部局下发的"化学灾害事故处置辅助决策系统"查询出硫酸二甲酯的理化特性和处置方式等信息。8 时 05 分,部分官兵流泪、眼膜充血等症状加剧,并出现咽喉刺痛、咳嗽等现象。支队指挥员意识到险情的严重性,立即将症状较重的人员送往医院进行救治。

（九）

确认槽车物质是高毒类化学品硫酸二甲酯后,现场指挥部召集参与救援的部门研究确定了处置方案：

1. 封锁事故现场。全面封锁事故现场，严禁一切无关人员、车辆进入警戒区域。

2. 控制危险物品。针对硫酸二甲酯的理化特性和泄漏物已流入高速公路两侧农田的情况，采取修筑围堰、紧急调运石灰进行现场处置，控制被污染的水体，防止污染进一步扩大。环保部门在现场设立监测点，对大气和水质进行监测。

3. 抢救中毒人员。将症状较重的人员送到医院救治，将症状较轻的中毒人员撤离至安全区，医务人员用大量生理盐水和碳酸氢钠溶液冲洗中毒人员眼部。

4. 疏散附近村民。组织乡镇、村组干部对附近 300 m 内 50 户 170 余人告之危害，并进行了疏散。

5. 调集防化部队。现场指挥部根据现场情况立即请求解放军防化部队给予支援。

（十）

要求执行事项：

1. 熟悉本想定内容，了解该救援过程。

2. 以各级指挥员的身份理解任务，分析判断情况，回答问题。

（十一）

力量编成：

消防大队：通信指挥消防车 1 辆、水罐消防车 2 辆，官兵 14 人；

特勤中队：抢险救援消防车 1 辆、水罐消防车 2 辆，官兵 25 人。

二、补充想定

请根据基本想定内容，结合补充想定材料，完成相应问题。

（一）

某日凌晨，某高速公路发生 8 车追尾相撞的特大交通事故。事故发生时，该路段为多云天气，偏北风 2～3 级，气温 15～16 ℃，部分路段出现团雾，能见度较低，路面较为湿滑。当第一出动中队达到 K100＋500 m 处时未发现事故车辆。

1. 高速公路交通事故的特点有哪些？

2. 结合该案例的天气状况，消防部队赶赴现场途中应注意哪些问题？

3. 该中队到达 K100＋500 m 处，未发现事故车辆时，应该怎么做？

（二）

发生事故的高速公路路段为双向 4 车道，是该地区的交通要道。离事故发生地点的对向和同向车道 20 km 和 10 km 处分别有两个高速公路入口，事故现场离 Y 市消防大队 15 km，距 Y 市消防支队机关 80 km，发生事故后，该事故地点一侧车道（同向车道）出现了严重的交通堵塞。

4. 当提前获知现场交通堵塞情况时，消防部队应通过什么方式快速到达事故地点？

5. 结合辖区中队的出动车辆情况，在该中队未获知事故现场交通状况的情况下，以什么方式到达现场较好？

（三）

4 时 05 分，Y 市消防大队接到市公安局 110 指挥中心的调度指令："某高速公路 K100＋500 m 处发生车辆交通事故，车内多名人员被困，一辆载有柴油的槽车在相撞中发生泄漏,请速营救!"消防中队有 2 辆水罐消防车、1 辆抢险救援消防车、1 辆泡沫消防车、1 辆干粉消防车。

6. 结合上述情况,第一出动应如何合理调配出动的消防车辆?

7. 根据报警情况,第一出动应重点调集哪些装备器材?

(四)

4 时 27 分,Y 市消防大队到达事故现场,并将车辆依次停靠在事故现场对向的车道上、距事故地点侧上风方向 100 m 的行车道上。

8. 当消防车辆停靠在事故车辆同向车道时应注意什么问题?

9. 当消防车辆停靠在事故车辆对向车道时应注意什么问题?

(五)

经侦察,事故现场共有 8 辆车连环相撞,其中第 2 辆车为客车,第 7 辆车为槽车,其他 6 辆车均为大型载重货车。共有 50 余人被困,其中第 1 辆车和第 4 辆车上无人员被困,第 2 辆车上 42 名乘客被困,第 3 辆车和第 5 辆车上各 1 人被困,第 6 辆车 2 人被困,第 7 辆和第 8 辆车车头已与前车尾挤压一起(图 3-1),有 4 名驾驶员和乘客当场死亡。第 7 辆事故槽车罐体被撞裂,槽车内液体呈流淌式泄漏,泄漏物品种类不明。

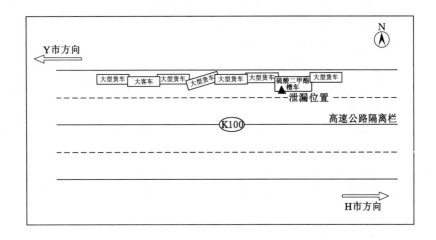

图 3-1　HY 高速公路交通事故现场平面图

10. 结合案例的侦检情况,请写出大队指挥员对事故现场的情况判断和所下决心。

11. 结合案例的侦检情况,假设你为指挥员时,应该怎样合理分配力量救助被困人员?

(六)

根据侦检情况,大队指挥员立即疏散事故地段滞留的司乘人员,并要求高速公路巡警立即双向封锁高速公路,加强现场警戒。

12. 高速公路事故处置时,事故现场警戒有哪些方法?

13. 高速公路设置警戒时,合理的警戒距离是多少?

14. 雨、雪、雾天气或夜晚设置警戒时,应考虑哪些方面的情况?

15. 当交通事故现场发生危险化学品泄漏时,警戒范围该如何确立?

(七)

第 7 辆事故槽车罐体前端左侧(驾驶室与槽车罐体接合处)被撞开一个长 35 cm、宽 20 cm 的不规则的裂口和一个 15 cm 的裂缝,槽车内液体呈流淌式泄漏,车身除标有一"爆"字外,无其他任何品名标识,槽车内所载物品种类不明。

16. 针对该事故槽车的情形,指挥员应部署怎样的救援措施?

17. 如果槽车罐体上未标明罐内物质时,可以通过哪些方法查询?

(八)

确认槽车物质是高毒类化学品硫酸二甲酯后,现场指挥部召集参与救援的部门研究确定了处置方案。

18. 当交通事故现场发现高毒类危险化学品时,常见的社会联动部门有哪些?

19. 当交通事故现场发现高毒类危险化学品时,应如何进行个人安全防护?

20. 当交通事故现场发现高毒类危险化学品时,对核心事故现场的人员进出有哪些方面的要求?

(九)

事故现场第 5 辆货车车头与前方车辆发生剧烈碰撞,车头严重挤压变形,车尾被第 6 辆车追尾,一名驾驶员被卡在驾驶室,胸部和头部大量出血。

21. 应采取哪些措施救援被困驾驶员?

(十)

10 时 25 分,解放军防化部队调集清洗车、环境监测车、消防车和 30 名官兵到达现场,用洗消液进行紧急处置。

10 时 35 分,支队指挥员向政府和有关部门移交救援现场后,全体官兵受命撤离现场。

22. 针对上述的情节描述,消防部队在增援力量到场后是否可以立即撤离现场?

23. 当交通事故现场伴随危险化学品泄漏时,消防部队的清场撤离工作应包括哪些内容?

24. 请结合消防中队的出动力量,在图 3-1 中绘出力量部署。

第二节　高速公路交通事故应急救援想定作业二

一、基本想定

认真阅读本材料,熟悉整个救援过程。

(一)

某日 6 时 45 分,刚通车不久的 YTW 高速公路发生一起特大交通事故,47 辆各种类型的车辆相继发生追尾,共造成 11 人死亡,29 人不同程度受伤。接到报警后,W 市消防支队先后出动 Y 县大队、特勤大队所属 3 个中队,7 辆消防车(1 辆抢险救援消防车、1 辆泡沫消防车、5 辆水罐消防车)和 2 辆指挥车共 60 余名指战员赶赴现场处置,支队指挥人员也随即赶赴现场组织指挥。广大官兵发扬不怕苦不怕累的精神,经过近 3 个小时的抢险救援战斗，从事故点严重受损变形的车内，抢救疏散出 31 名被困的司乘人员；扑灭满载硫黄等化学品的车辆火灾一处，并有效地防止流淌油品起火燃烧，最大限度降低了事故损失和人员伤亡。

（二）

事故发生路段位于 YTW 高速公路 Y 高架桥（北起 YW 高速公路 WZ 行方向 K38＋100 m 左右的地段，南止 K46＋900 m 处左右，全长 8 777 m；桥面双向六车道，桥面净高 5.2 m）上。2 辆从 T 市开往 W 市方向的大货车和大客车首先发生追尾事故，此后 1 个多小时内，在近 2 km 的路段先后有 11 处共 47 辆车发生追尾相撞事故，多则十几辆车撞成一团，少则二三辆车相撞。

（三）

7 时 24 分，Y 市消防大队一中队接到手机报警，称"在高速公路 P 镇附近发生交通事故，有浓硫酸泄漏起火"。中队长、排长即按一般车辆事故火灾，迅速组织 2 辆水罐消防车共 16 名官兵携带破拆工具前往现场，大队长、教导员接到报告后也随即赶往现场。

（四）

7 时 35 分，一中队首车在高速公路接近 K42 处首先看到 1 辆牌照为 ZCD0081 的大客车车头与 1 辆大货车车尾相撞，货车车尾已穿过客车头部直抵车厢，客车右面被另一辆货车撞上并死死顶住。而在前方隐约可见数处有车辆相撞的大致情形，并在数百米远处有燃烧冒烟现象。

（五）

7 时 40 分，还在途中的大队指挥员接到一中队首车指挥员的报告后随即通知正在大队办事的二中队排长率一中队 1 辆水罐消防车、4 名战斗员前往增援；同时，还通知大队所属的二中队 1 辆消防车、8 名战斗员也赶往增援。7 时 50 分，支队特勤一中队接到支队调度指挥室命令，该中队 1 辆抢险救援消防车、1 辆泡沫消防车及 1 辆水罐消防车，共 23 名指战员在中队长带领下前往增援。同一时间，支队值班首长、副参谋长也及时带领战训科副科长、参谋等前往现场组织指挥抢险救援行动。

（六）

整个事故现场接近 2 km，根据车辆碰撞关系，可分为 11 个事故点（图 3-2），主要事故点情况如下：

第一个事故段（K41＋925 m 至 K42，共计 75 m 长路段），共有 13 辆车相撞，其中牌照 ZCD0081 大客车上有 24 人被困（绝大多数因车辆碰撞造成头颈、脊椎挫伤，失去自救能力），1 人当场死亡（大客车副驾驶），客车前部车身及驾驶室仪表盘变形移位，驾驶员被夹在座位上，严重失血；1 辆小货车与之相撞，货车驾驶室已被撞扁，驾驶员卡在座位上并已受伤，呼吸很弱。

第三个事故段（K41＋100 m 至 K41＋200 m，共计 100 m 长路段），一辆快客上 1 人受伤被困；另一牌照为 ZBB3947 的货车内 1 人当场死亡。

第四个事故段（K41＋30 m 至 K41＋40 m，共计 10 m 长路段），一辆满载塑料颗粒的卡车与另一辆装载硫黄的卡车相撞，发动机起火引燃塑料颗粒猛烈燃烧，硫黄也在高温下不断熔化燃烧。

第八个事故段（K40＋700 m 前后），一辆运载瓶装浓硫酸试剂的小货车尾部被撞，浓硫

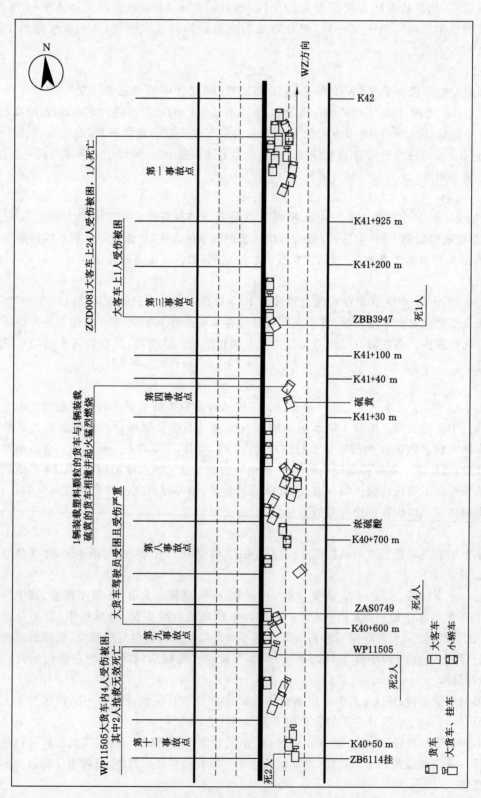

图3-2 YTW高速公路特大交通事故现场示意图

酸大量泄漏(该车驾驶员为第一个向消防队报警的人,但该车并未起火)。

第九个事故段(K40＋600 m 前后,共计 30 m 长的路段),5 辆车连环相撞。其中一辆牌照为 ZAS0749 的大货车头部与一辆货车左尾部相撞,驾驶员双脚被卡在驾驶室底部,前胸被卡在方向盘上,伤势严重。另一辆牌照为 WP11505 满载塑质板和纸品的大货车也追尾相撞,板材散落并把该车车头覆盖压扁。而一辆牌照为 ZAS0749 的银灰色现代跑车受到连续撞击,整车变形,车顶被掀开,车上 3 男 1 女当场死亡。

第十一个事故段(K40＋50 m 前后,共计 20 m 长的路段),1 辆牌照为 ZB6114 挂的大货车上,2 名驾驶员当场死亡。

(七)

一中队排长作为首车指挥员,到达事故现场立即对牌照 ZCD0081 大客车组织实施救人。到场的一中队中队长经向现场人员询问了解后,对整个现场作了初步分析,决定留首车部分人员继续解救事故现场的受困人员,其余力量到前方处置火灾和其他事故。随后赶到的大队指挥员大队长了解情况后向 Y 市有关领导和支队领导汇报了现场情况。经 10 多分钟的破拆施救,受困在客车上的 24 名驾乘人员均被官兵们顺利救出,受伤人员也被及时送往医院。但该车的驾驶室因与货车尾部撞成一体,驾驶员被方向盘卡住,且脚被死死压住,人处于昏迷状态,加上驾驶室破坏严重,无法救出。

(八)

8 时 35 分,增援的特勤一中队抢险救援消防车赶到,中队长下令进行施救。排长带领 2 人集中精力对牌照 ZCD0081 大客车驾驶室进行破拆(在施救中,了解到前方还有多人受困受伤,中队长下令调抢险救援消防车到前方,由排长负责继续施救),将严重变形的驾驶室撑起后,成功救出驾驶员(驾驶员小腿以下粉碎性骨折,失血严重)。在 ZCD0081 大客车的右侧,一辆小货车与之相撞,货车驾驶室已被撞扁,驾驶员卡在座位上并已受伤,呼吸越来越弱。排长带领 2 人将变形的车体撬开后,成功将驾驶员救出。

(九)

大队指挥员根据现场有关人员的反映,派员沿路搜寻在事故中被困的其他人员。在 K41＋100 m 处,一辆快客的右侧与前面一辆货车尾部相撞,快客右侧变形,1 人受伤并被压在座位上。一中队班长在客车其他人员的帮助下,利用快客上的撬棍将其成功救出。

(十)

一中队排长根据大队指挥员的命令,率 2 辆消防车赶到之前隐约看到的起火点后,中队指挥员迅速指挥展开战斗。经过近 1 个小时的扑救,火势得到控制。此后,有关部门运来一批水泥用于覆盖灭火,大火终被扑灭。为防止火灾和其他问题再次发生,留 1 辆消防车 3 名战斗员在现场监护,直到 14 时许,两车被吊运清理完毕。

(十一)

在接近 K40＋600 m 地段处的第九事故段,搜寻到此的大队教导员和二中队排长发现 WP11505 大货车里有人呻吟,立即组织在场的官兵和周围群众搬运物品,并运用器材进行清理,经仔细检查,发现车内有 4 人被困且有的伤势较重。经过认真分析,现场指挥员迅速调来抢险救援消防车,由特勤一中队队长带领 3 人对货厢前板和驾驶室后板进行吊拉、破拆、扩张后将被困的 4 人救出(其中 2 人送医院后抢救无效死亡)。

（十二）

9 时 40 分左右,在救援任务基本完成后,特勤一中队 3 辆消防车先行归队备勤。一中队及二中队各 1 辆水罐消防车也随后归队。15 时 50 分,一中队的 2 辆战斗车在协助完成现场清理工作后归队。

（十三）

要求执行事项:

1. 熟悉本想定内容,了解该救援过程。

2. 以各级指挥员的身份理解任务,分析判断情况,回答问题。

（十四）

力量编成:

W 市支队机关:通信指挥消防车 1 辆,官兵 5 人;

W 市支队特勤一中队:抢险救援消防车 1 辆、泡沫消防车 1 辆、水罐消防车 1 辆,官兵 23 人;

Y 县大队:通信指挥消防车 1 辆,官兵 3 人;

Y 县一中队:水罐消防车 3 辆,官兵 20 人;

Y 县二中队:水罐消防车 1 辆,官兵 9 人。

二、补充想定

请根据基本想定内容,结合补充想定材料,完成相应问题。

（一）

某日 6 时 45 分,刚通车不久的 YTW 高速公路发生一起特大交通事故,47 辆各种类型和用途的车辆,在长约 2 km 的 11 个地点发生追尾,其中 6 处事故点 9 辆车内有人员伤亡被困,一处事故点发生 2 辆化学品运输车起火燃烧,共造成 11 人死亡,29 人不同程度受伤。

1. 高速公路交通事故的特点有哪些?

2. 根据该事故情况,消防部队救援面临的危险源有哪些?

（二）

事发当时,出事路段浓雾弥散,能见度很低。大货车和大客车发生追尾事故后,后续车辆由于视线不良、车速快等原因,刹车不及,连续发生追尾相撞。在相撞事故中没有受伤的人员大都自行逃离,但一些驾乘人员则因受伤或车辆相撞变形移位而无法逃脱,累计有 31 人散布在 3 个事故段的 5 辆车内,等待救援;而随地流淌的油品也随时可能起火燃烧甚至爆炸,情形相当危急。

3. 由于浓雾弥散,能见度低,参战中队在行车中应注意哪些问题?

4. 由于事故发生在高速公路上,救援人员应如何选择行车路线?

（三）

牌照为 ZCD0081 的大客车副驾驶员已当场死亡,驾驶员腿部受压,人被卡在驾驶座上无法动弹,同时在车厢里还有 23 名乘客,其中有不少人员受伤,急待救治。经过询问,得知前方确有多个地方也发生事故,并有人员伤亡。

5. 作为首车指挥员,你应该下怎样的战斗决心?

6. 作为首车指挥员，根据现场情况应该向大队报告哪些情况？

7. 作为首车指挥员，在组织对大客车被困人员进行救援时，应遵循什么样的原则？

（四）

牌照 ZCD0081 大客车的驾驶室因与货车尾部撞成一体，驾驶员被方向盘卡住，且脚被死死压住，人处于昏迷状态，加上驾驶室破坏严重，无法救出。增援的特勤一中队抢险救援消防车赶到，中队长下令将严重变形的驾驶室撑起后，成功救出驾驶员（驾驶员小腿以下粉碎性骨折，失血严重）。

8. 在对牌照 ZCD0081 大客车的驾驶室进行顶撑和破拆时需要使用哪些装备？

9. 作为特勤一中队中队长，在救援过程中应提醒官兵注意哪些问题？

10. 大客车驾驶员救出后应做哪些应急处理？

（五）

一中队队长带领 1 辆水罐消防车、8 人赶到第四事故段时发现 1 辆满载塑料颗粒的卡车与另一辆装载硫黄的卡车相撞，塑料颗粒起火猛烈燃烧，硫黄也在高温下不断熔化燃烧，2 辆车笼罩在火海中，浊黄色的浓烟夹杂着刺鼻的气味笼罩着事发地段，路边的铁护栏已经烧弯变形，燃烧的硫黄流淌到地面后造成了地面开裂，而车辆的油箱口也喷出火焰，随时有爆炸的可能。

11. 作为一中队队长，你应该下怎样的战斗决心？

12. 现场存在哪些危害？参战官兵应使用哪些个人防护装备？

（六）

在第八个事故段（K40＋700 m 前后），1 辆运载瓶装浓硫酸试剂的小货车尾部被撞，浓硫酸大量泄漏，撞击小货车的轿车由于车门变形被困车内。二中队排长带领 1 辆水罐消防车、8 人进行救援。

13. 作为二中队排长，你应该下怎样的战斗决心？

14. 浓硫酸泄漏有哪些危害？

15. 在处置过程中存在哪些危险？

（七）

在第九事故段，搜寻到此的大队教导员和二中队排长发现 WP11505 大货车里有人呻吟，同时由于大货车油箱破损，地面有大量油料泄漏。由于该车货厢前板及驾驶室向前压扁，上面压着大捆塑料板材和纸张等物品，车辆前部因向前撞击而向上折扁，车子大梁下弯，4 名被困者挤压在一起，按常规方法进行切割破拆难度很大，而且容易损伤被困人员。经过认真分析，现场指挥员迅速调来抢险救援消防车，由特勤一中队队长带领 3 人对货厢前板和驾驶室后板进行吊拉、破拆、扩张后将被困的 4 人救出。

16. 现场指挥员决定使用无齿锯对驾驶室进行破拆，在切割中应注意哪些问题？

（八）

由于对高速公路交通事故的特点，以及可能造成的事故程度缺乏认识，到场后，没有及时意识到后续事故的发生，并采取有效的封闭道路的措施，消防部队已在现场救人，但道路还未封闭，还有车辆在通行。

17. 为确保救援人员安全，现场应该采取哪些警戒措施？

18. 请根据所给条件在图 3-2 上重新部署救援力量。

第三节　公路隧道交通事故应急救援想定作业

一、基本想定

认真阅读本材料，熟悉整个救援过程。

（一）

某日早晨，一辆由 K 市驶往 S 市的液化气槽车行驶至 K132＋850 m 处时，由于路面湿滑，车辆侧翻在隧道下行线内，事故发生的地点位于隧道内。

8 时 24 分，S 市消防大队接到报警。大队指挥员立即向支队值班指挥员报告，并调动辖区一中队 3 辆消防车、22 名官兵和邻近的二中队 1 辆消防车、8 名官兵赶赴现场处置，经过 7 个多小时的处置后，肇事车辆被成功拖离高速公路，全面恢复了交通。

（二）

该隧道地处 S 市、M 县、X 县交界处，距离 S 市消防一中队 21.4 km、二中队 35 km，M 县消防中队 15 km，X 县消防中队 10 km。该隧道为双向 4 车道。

隧道内配备有完善的消防设施。隧道内共有墙壁式消火栓 126 个，每 50 m 安装 1 个，其中上下行隧道各 63 个。水源为山顶 1 个 400 m³的消防水池，利用自然落差给水（40 m），进水口管径为 200 mm。同时，隧道内放置有 5 kg 干粉灭火器 130 具。报警电话 26 部，每洞 13 部；应急广播 18 组，每洞 9 组；轴射流风机 102 台，上行隧道 58 台，每 55.2 m 安装 1 台，下行隧道 44 台，每 72.7 m 安装 1 台，隧道顶部涂有防火涂料。

隧道内设有自动报警系统、电视监控系统、防火卷帘门、火灾事故照明和疏散指示标志等消防设施。所有设施器材运行正常，保养完好。

下行隧道出口处 200 m 处有一隧道专职消防队。

（三）

30 日 8 时 20 分左右，该液化气槽车驾驶员驾驶车辆到达隧道，由于地面湿滑，驾驶员制动不当，导致液化气槽车撞到隧道壁后发生翻车事故。事故发生后，驾驶员未受伤，自行逃离车辆，事故车辆侧翻后横卧在隧道内。车辆侧翻地点距离下行方向出口约 2 000 m。

（四）

事故车辆长约 10 m，宽 2.6 m，高 3.7 m，整车质量 19 t；液化气罐罐体直径 2 m，长约 5.6 m，罐体总容积 10 t，发生事故时内装液化石油气 8 t。

（五）

8 时 55 分，S 市消防一中队到达隧道上行方向入口，并将消防车辆停放于隧道上行方向入口处。中队指挥员根据专职队提供的现场情况，结合隧道监控室现场录像提供的信息，初步断定液化气未发生泄漏，仅为车辆燃油泄漏。

为进一步明确事故现场情况，一中队指挥员带领人员由隧道下行方向出口处步行进入隧道内部进行实地侦检，确认事故车辆仅发生柴油泄漏，未检测到液化气泄漏。

（六）

9 时 03 分，支队指挥员到达事故现场。认真听取了一中队的事故处置工作汇报，做出了进一步实施详细的内部侦察的要求。

9 时 20 分左右,S 市政府、公安局、交警、路政等单位领导陆续到达现场并成立了事故现场指挥部,指挥部根据现场实际对整个抢险救援工作进行统一领导,并任命消防支队指挥员为指挥长。

（七）

现场指挥部根据事故现场情况,周密部署、合理分工,确定了救援方案:一是对事故现场进行初步的控制,由一中队派出 3 名战士利用隧道固定消火栓系统出水对倾覆的槽车进行持续不间断的冷却;二是联系 S 市液化气储备站的技术人员到达现场协助现场处置;三是由交警部门负责联系吊车等起吊设备到场;四是由路政等部门负责外围警戒。

（八）

11 时 10 分,S 市液化气储备站 4 名技术人员到达事故现场,对现场情况进行了再次的侦检确认。指挥部对比了现场实施倒罐和将肇事槽车拖运至液化气储备站进行倒罐两种方案的安全可行性后,制订了相应的实施方案。

（九）

12 时 40 分,吊车到达现场。起吊槽车各项工作同时展开。

一是隧道管理所、液化气储备站技术人员、吊车驾驶员等为起吊做好各项准备工作。

二是消防部队在对罐体实施冷却的同时对现场实施持续性的侦检工作,监控现场是否存在泄漏。

起吊过程中,一方面由于隧道高度受限,隧道顶部又有大量的电气线路,吊车不能完全施展,单一吊车无法顺利完成起吊工作,指挥部又另行临时调集一辆吊车到达现场作业;另一方面,由于担心起吊工作中造成火花,起吊的整个过程速度很慢,两台吊车只能前后一致起吊,并必须得一点点修正起吊角度,期间还因两辆车用力不均,钢绳捆绑角度不对,导致起吊失败,事后重新捆绑了钢绳进行第二次起吊才成功。

14 时 57 分,事故车辆起吊成功,随后在牵引车的牵引下,拖运至液化气储备站进行倒罐。

21 时 05 分,倒罐工作顺利结束。

（十）

要求执行事项:

1. 熟悉本想定内容,了解该救援过程。

2. 以各级指挥员的身份理解任务,分析判断情况,回答问题。

（十一）

力量编成:

S 市消防一中队:抢险救援消防车 1 辆、水罐消防车 2 辆,官兵 22 人;

S 市消防二中队:水罐消防车 1 辆,官兵 8 人。

二、补充想定

请根据基本想定内容,结合补充想定材料,完成相应问题。

（一）

某日早晨,一辆由 K 市驶往 S 市的液化气槽车行驶至 K132＋850 m 处时,由于路面湿滑,车辆制动不当,车辆侧翻在隧道下行线内。

1. 公路隧道交通事故的特点有哪些?

（二）

该隧道为双向 4 车道，下行方向长 3 200 m，上行方向长 3 300 m。下行方向隧道入口和出口高差为 40 m，车流量为每分钟 3 辆。

2．公路隧道按其长度可分为哪几类？

3．公路隧道的结构特点有哪些？

4．根据上述隧道结构特点，无线通信将受到什么影响？该如何解决？

（三）

该隧道地处 S 市、M 县、X 县交界处，隧道周边共有 S 市消防一、二中队，M 县消防中队和 X 县消防中队 4 支消防部队。

5．根据 4 支消防部队与隧道的距离，如果你是支队 119 指挥中心调度人员，应如何调集力量处置这起事故？

6．这起案例中，调集的第一出动力量为 S 市一中队，除了一中队为辖区中队这一依据外，试分析调集一中队的依据还可能有哪些方面？

（四）

隧道内配备有完善的消防设施，包括墙壁式消火栓、消防水池、干粉灭火器、报警电话、应急广播、轴射流风机、隧道顶部涂有防火涂料等。隧道内还设有自动报警系统、电视监控系统、防火卷帘门、火灾事故照明和疏散指示标志等消防设施。所有设施器材运行正常，保养完好。

7．分析隧道内哪些消防设施、器材可用于事故处置？其作用是什么？

（五）

8 时 55 分，S 市消防一中队到达隧道并展开应急救援行动，隧道专职消防队对现场实施警戒。

8．结合灾害事故现场平面图（图 3-3）以及事故发生地点，请问消防车辆停放、指挥部位置设置在哪里较为合适？

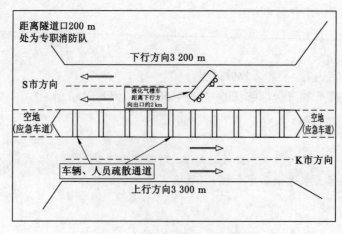

图 3-3　隧道交通事故示意图

9．当高速公路收费站已关闭，车辆禁止通行时，是否有必要对事故现场进行警戒？为什么？

10．公路隧道发生交通事故时，警戒范围应如何确定？

11. 结合该隧道特点,试问当隧道内部有大量人员、车辆被困时,该如何进行人员车辆的疏散?

（六）

到达事故现场后,一中队立即组织侦察小组步行进入隧道进行了侦检工作,在初步确认液化气槽车未发生泄漏的情况下,使用剪切器材剪除了槽车电瓶。

12. 未知槽车是否发生泄漏时,侦察工作应如何开展?

13. 进入核心区域的侦检小组应该注意哪些问题?

14. 结合该起案例特点,驾驶消防车直接进入隧道和步行进入隧道各有什么优劣?

15. 假如该槽车发生了液化气泄漏但未燃烧爆炸时,应开展哪些方面的救援工作?

（七）

指挥部在充分考虑了现场实施倒罐和将肇事槽车拖运至液化气储备站进行倒罐两种方案的技术可行性后,最终决定将肇事槽车拖运至液化气储备站进行倒罐。

16. 在现场实施槽车倒罐时,有什么安全隐患?

17. 将槽车拖运至液化气储备站倒罐有什么安全隐患?

18. 结合该案例情况,是否可以对液化气罐体实施主动点燃进行处置?为什么?

（八）

在起吊液化气槽车时,由于受到隧道高度、隧道内部设施、吊车起吊吨位的影响,使用一辆吊车无法将槽车吊起,指挥部又另行临时调集一辆吊车到达现场作业。

19. 根据上述的内容,对于交通事故处置需要调运吊车协助时,应综合考虑哪些问题?

（九）

14 时 57 分,起吊完成,事故车辆由消防、交警等共同协助下,被牵引车拖运至液化气储备站进行倒罐。21 时 05 分,倒罐工作顺利结束。

20. 根据上述内容,在事故车辆拖运和倒罐阶段,消防部队应做哪些工作?

21. 如隧道内发生交通事故并导致车辆着火时,请结合图 3-3 以及力量出动情况,绘出指挥部位置、车辆停放位置、进攻路线和人员疏散路线。

第四节　客运列车倾覆事故应急救援想定作业

一、基本想定

认真阅读本材料,熟悉整个救援过程。

（一）

某月 13 日凌晨 1 时 06 分,由 A 市发往 S 市的客运列车,在经过某客运铁路路段时,遭遇特大风暴。事故共造成 4 名旅客死亡,2 名旅客重伤,30 余名旅客轻伤,600 余名旅客被困列车内,铁路运输被迫中断 9 个小时。

（二）

事故发生路段位于 M 客运站至 N 客运站间 K42＋300 m 处,该路段处于大风地区,该地区一年中刮风天气占 2/3,其中最大风力超过 12 级,持续时间可达 10 余天。事故发生时风向为西北风,风力达 13 级,风速达到 40～47 m/s,由于强冷空气和大风作用,当地气温由

12 日的 0 ℃骤降至－10 ℃左右。

（三）

2 时 35 分，A 市消防支队 119 调度室接到铁道部门报警，接警后，支队值班领导迅速将灾情上报总队值班室，并根据总队领导的指示，迅速调集支队机关和 A 市消防中队、T 县消防中队，共 5 辆消防车 32 名指战员顶着 13 级大风迅速赶赴事发现场。

（四）

根据当晚恶劣气候条件、列车倾覆灾情严重情况和抢险救援的难度，在调集抢险救援装备上做了全方位的考虑，在短时间内调集了支队所有抢险救援装备。

由于现场通信仅靠一部通信指挥消防车上的车载台和各参战中队携带的 19 部手持台相互联络。为确保在 13 级大风下的通信畅通和通讯装备不受损坏，支队指挥员对各战斗小组的信道和呼号做了重新分配，指挥员要求在大风中下达命令和传递信息时，呼叫时声音要大、吐字要清晰，并对通信设施采取必要的防尘、防风沙等保护措施。如遇突发情况，不能及时联络时要求各级指挥员使用各自手机进行联络，确保了现场通信畅通和战斗命令的贯彻执行。

（五）

在到达现场的行车过程中，由于风力过大，高速公路已被封闭，且在路途中有许多车辆被大风刮翻，指挥员考虑到容易发生侧翻事故，并迅速采取措施将车右侧玻璃用棉毡遮盖，防止沙石将玻璃击碎。同时，让车内人员全部靠坐在右侧，增大车辆右侧重心，防止被狂风刮翻。

（六）

4 时 00 分、4 时 30 分 A 市消防中队和支队指挥员带领的 T 县消防中队增援力量相继到达事故现场，由于当时现场风沙很大，且能见度较低，支队指挥员立即指派精干力量组成侦察小组，迅速展开现场侦察，经侦察发现该列车共 19 节，现场 9 至 19 号车厢倾覆在铁轨旁边，列车的电力系统已全部中断，11 号车厢和 14 号车厢各有一名人员被车内设施埋压，伤势严重，另有大量旅客被困车厢内，需立即组织疏散救人。

（七）

根据现场侦察情况，当即成立了应急救援指挥部。下设 4 个战斗小组展开救援工作。第一战斗小组负责 9、10、11 号车厢被困人员的疏散和救援；第二战斗小组负责 12、13、14、15 号车厢内的被困人员和重伤员的营救；第三战斗小组负责 16、17、18、19 号车厢被困旅客的营救工作；第四战斗小组负责伤员的运送和后勤保障工作。

（八）

列车倾覆后，11 号车厢内一名乘客被物品砸压在车厢下部，下半身无法动弹。第一战斗小组组长迅速将此情况向指挥部汇报，考虑到首先由于火车车体十分坚硬现有破拆工具无法实施破拆，其次在 13 级大风中如果被困人员从车顶疏散将十分危险，指挥部立即制订了救援方案，经过 6 个多小时的努力，于 11 时 30 分左右将被困人员成功救出。

在 14 号车厢内，由于车内物品的砸压导致一名乘客脊椎受伤，第二战斗小组指挥员命令迅速对车厢内的门板进行破折和拆卸，将伤者抬出，随后转移到 120 急救车上。

（九）

第三战斗小组在救援过程中，全体官兵本着"先易后难、先重伤、后轻伤"的原则对被困人员实施紧急疏散。5 时 15 分左右，被困于 14～18 号车厢内 120 余人被成功救出。

为了确保人员全部获救，第四战斗小组对倾覆的 11 号车厢进行了仔细的搜索。

（十）

14日12时，全体救援人员对列车倾覆现场进行了全面仔细的查找，在确定无人员被困后撤离了事故现场。

至此，广大参战人员经过了近10个小时的紧张战斗，共救出重伤人员2名，疏散被困人员120余人。完成了此次列车倾覆事故的救援工作。

（十一）

要求执行事项：

1. 熟悉本想定内容，了解该救援过程。
2. 以各级指挥员的身份理解任务，分析判断情况，回答问题。

（十二）

力量编成：

支队机关：通信指挥消防车1辆，官兵4人；

A市消防中队：抢险救援消防车1辆、水罐消防车1辆，官兵14人；

T县消防大队：抢险救援消防车1辆、水罐消防车1辆，官兵14人。

二、补充想定

请根据基本想定内容，结合补充想定材料，完成相应问题。

（一）

某月13日凌晨1时06分，客运列车经过某客运铁路路段时，遭遇特大风暴，13级大风刮起飞沙走石砸碎列车4号、12号和16号等车厢玻璃，9至19号车厢脱轨并瞬间倾覆。此次事故共造成大量旅客伤亡，并导致铁路运输被迫中断。

1. 铁路客车事故的特点有哪些？
2. 根据该事故情况，分析消防部队救援面临的危险源有哪些？

（二）

2时35分，A市消防支队119调度室接到铁道部门报警，接警后，迅速调集支队机关通信指挥消防车1辆，A市中队2辆消防车，T县消防中队2辆水罐消防车，携带所有抢险救援装备和个人防护装备迅速赶赴事发现场。

3. 客运列车倾覆事故的应急救援，应着重调集哪些类型的车辆器材装备？
4. 夜间处置灾害事故时，应做好哪几个方面的战斗准备？

（三）

在到达现场的行车过程中，风力达13级，风速达到40～47 m/s，由于强冷空气和大风作用，当地气温由12日的0 ℃骤降至-10 ℃左右。高速公路已被封闭，且在路途中有许多车辆被大风刮翻，高速公路距离铁路直线距离为3 km，此路段为土路，路况不佳。

5. 结合该事故的天气状况，请综合分析消防部队赶赴事故现场时采用乘车、步行等行进方式时，各种方式的优劣是什么？
6. 在救援过程中，是否可以在车体下方或侧方避风？为什么？
7. 根据上述条件，请问消防部队应做好哪几方面的个人安全防护？

（四）

4时00分A市消防中队到达事故现场，迅速展开了现场侦检工作，经侦察发现该列车共 19 节,现场 9 至 19 号车厢倾覆在铁轨旁边,列车的电力系统已全部中断,11 号车厢和 14 号车厢各有一名人员被车内设施埋压,大量乘客被困列车内。

8. 结合该事故,现场侦察工作应包括哪些内容?

9. 根据侦察情况,请写出 A 市消防中队指挥员对事故现场的情况判断和所下决心。

（五）

在该起事故处置过程中,现场成立了应急救援指挥部,并安排专人进行战勤保障工作,该事故地点远离城市,且天气状况不佳。

10. 战勤保障工作应重点注意哪些方面的问题?

（六）

列车倾覆后,11 号车厢内一名乘客被物品砸压在车厢下部,下半身无法动弹,并且大腿上有大量的出血,由于车厢通道内凌乱不堪,设施变形严重,空间十分狭窄,救援难度很大。

11. 针对该乘客伤情,在营救过程中,应综合考虑哪些方面的救援措施?

12. 客运列车车体结构中,哪些部位较容易破拆?

（七）

在 14 号车厢内,由于车内物品的砸压导致一名乘客脊椎断裂,无法活动,第二战斗小组指挥员命令迅速对车厢内的门板进行破折和拆卸,并对其进行简易的现场急救处理,通过"推、抬、顶"等方法将伤者抬出,随后转移到 120 急救车上。

13. 当消防队未携带担架时,对于脊柱损伤伤员的搬运应注意哪些问题?

14. 出动力量可分为多少个战斗小组? 任务分别是什么? 并在图 3-4 上画出救援力量部署。

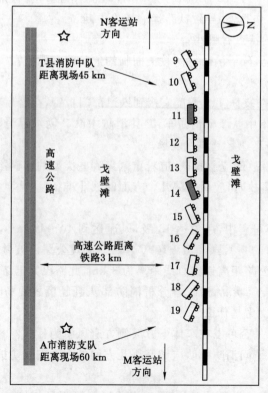

图 3-4　现场情况示意图

第五节　铁路客运列车脱轨颠覆事故应急救援想定作业

一、基本想定

认真阅读本材料,熟悉整个救援过程。

(一)

某月 29 日凌晨 4 时 22 分,因持续暴雨引发山体滑坡掩埋铁路轨道,由 A 市开往 B 市的 1473 次列车行驶至 JL 线 K158+261 m 处时造成机车及 1 至 4 号车厢脱轨。随后与开往 C 城 5034 次列车相撞,造成 5034 次列车 6 节车厢颠覆。B 市公安消防支队接警后,迅速调集 10 个中队、15 辆消防车(10 辆抢险救援消防车、5 辆 A 类泡沫消防车)、150 名官兵赶赴现场救援。经过 20 个多小时的奋战,成功解救被困人员 400 名,解救遇难人员 75 名,安全疏散转移人员 1 500 余名。

(二)

事发地位于 JL 线 K158+261 m 处,铁路为南北走向,东西两面均为山坡。事故地点距 B 市消防大队 30 km,距 A 市区 80 km,其中部分道路为乡村泥路。当日气温为 25～30 ℃,偏南风 1～2 级,小雨。

(三)

5 时 20 分,B 市消防大队一、二中队赶到现场,经现场了解和侦察,发现脱轨颠覆车厢内有大量人员被困,四处都是哭喊声和呼救声,行李物品四处散落,现场一片混乱。大队指挥员当即决定:由一中队负责营救 1473 次脱轨列车;由二中队负责营救 5034 次颠覆列车。

(四)

一中队指挥员经过灾情侦察后决定:一是将到场官兵分成四个战斗小组,先易后难,全力搜救疏散被困人员;二是加强个人防护,确保参战官兵安全。二中队指挥员经过现场侦察后决定:分成 4 个战斗小组,第一、二战斗小组由中队指挥员带领,对 1～3 号车厢的被困人员展开营救和疏散;第三、四战斗小组由中队指导员带领,对 4～6 号车厢内被困人员展开营救和疏散。

(五)

一中队第一小组由中队长带领 4 名战斗员进入颠覆损坏最严重的 2 号车厢进行侦查和搜救被困人员。由于车厢严重变形,倒塌的床架堵住所有门窗,救援官兵经侦察发现车厢底部有一撕裂的缝隙能进入车内。根据现场实际情况,首先解救伤势较轻便于救助的人员,其次解救伤势较重救助困难的人员,最后解救已无生命迹象的被困人员。对伤势较轻的人员采取搀扶的方式救出,对伤势较重的人员则利用担架、床板逐个抬出。

一中队第二小组由指导员带领 2 名战斗员从 3 号和 4 号车厢的连接部位进入 3 号车厢进行施救。发现车内一片狼藉,大部分乘客已通过 4 号车厢转移至安全地带。救援人员及时将车厢内 14 名被困人员救出。

一中队第三小组由一班班长带领 2 名战斗员解救 1 号车厢被困人员。由于车门损坏无法打开,60 名乘客一直被困在 1 号车厢内。6 时,救援人员利用液压钳将车门打开,1 号车厢内的 60 名被困人员全部被疏散出来。

一中队第四小组由二班班长带领 3 名战斗员进入 4 号车厢搜救。4 号车厢内的人员已全部自行疏散至安全地带。经反复搜索,没有发现被困人员。

（六）

5 时 40 分左右,全勤指挥部及增援的特勤中队、三中队、四中队、五中队、六中队、七中队、八中队、九中队也先后到达现场。全勤指挥部立即调整部署:一、二中队由 8 个救援小组合并成 2 个救援小组,其他参战中队每个中队组成 1 个救援小组,确保每节车厢至少有 1 个小组实施救援。

（七）

5034 次列车的 5 号车厢下面,一名旅客只露出头部,表情十分痛苦。经过侦察发现,该旅客下半身被挤在 5 号车厢和其他车厢下面,不能动弹。5 号车厢距地面只有大约 50 cm,空间十分狭小,只能容下 1 个人。要想救出被困旅客,必须深入车厢下面将车厢撑起,但是,这又十分危险,因为在撑动车厢的时候,一旦造成车厢体滑动,救援人员也会受到伤害。特勤中队指挥员立即命令身材相对瘦小的特勤队员爬到 6 号车厢下面,然后,将救生气垫、千斤顶、木块等递到特勤队员手中,并根据车厢下面的情况找好撑顶点和固定点。经过密切配合,边撑起起重气垫,边固定车厢,经过近 20 分钟的努力,终于将被困旅客救出。

（八）

经过 2 个小时的奋战,所有生存的被困旅客全部被救出。各救援小组先后 3 次对脱轨颠覆车厢及其周围进行搜寻,在确认没有生存者后,救援队伍撤出。7 时 30 分,救援第一阶段结束,消防官兵成功救助受伤旅客 147 人。

（九）

在搜索遇难者遗体过程中,特勤中队指挥员发现 5034 次列车机车起火,立即命令特勤中队出 1 支水枪实施灭火,并对装载有 9 800 L 柴油的机车进行冷却,确保了机车内柴油的安全。

（十）

由于机车内装载有 9 800 L 柴油,48 节 110 V 电瓶,为了防止机车在转移过程中再次翻转,造成柴油大量泄漏,引发火灾,在使用吊车、挖土机、铲车等机械设备清除、转移时,根据现场指挥部命令,三中队和特勤中队的 2 辆消防车在现场进行监护,防止发生泄漏,引发火灾。16 时,三中队撤离。16 时 30 分特勤中队 9 名官兵、2 台消防车继续留守监护。30 日 6 时 30 分,特勤中队完成监护任务撤回。

（十一）

要求执行事项:

1. 熟悉本想定内容,了解该救援过程。

2. 以各级指挥员的身份理解任务,分析判断情况,回答问题。

（十二）

力量编成:

特勤中队:抢险救援消防车 4 辆、A 类泡沫消防车 1 辆,官兵 20 人;

一中队:抢险救援消防车 1 辆、A 类泡沫消防车 1 辆,官兵 20 人;

二中队:抢险救援消防车 1 辆、A 类泡沫消防车 1 辆,官兵 20 人;

三中队:抢险救援消防车 1 辆、A 类泡沫消防车 1 辆,官兵 20 人;

四中队:抢险救援消防车 1 辆、A 类泡沫消防车 1 辆,官兵 20 人;

五中队:抢险救援消防车 1 辆,官兵 10 人;

六中队:抢险救援消防车 1 辆,官兵 10 人;

七中队:抢险救援消防车 1 辆,官兵 10 人;

八中队:抢险救援消防车 1 辆,官兵 10 人;

九中队:抢险救援消防车 1 辆,官兵 10 人。

二、补充想定

请根据基本想定内容,结合补充想定材料,完成相应问题。

（一）

某月 29 日凌晨 4 时 22 分,因持续暴雨引发山体滑坡掩埋铁路轨道,由 A 市开往 B 市的 1473 次列车行驶至 JL 线 K158+261 m 处时造成机车及 1 至 4 号车厢脱轨。随后与开往 C 城 5034 次列车相撞,造成 5034 次列车 6 节车厢颠覆。

1. 列车颠覆脱轨事故特点有哪些?

2. 思考山体滑坡对救援有何影响?

（二）

B 市公安消防支队接警后,迅速调集 10 个中队、15 辆消防车(10 辆抢险救援消防车、5 辆 A 类泡沫消防车)、150 名官兵赶赴现场救援。

3. 作为中队指挥员,接到救援任务后,应重点考虑携带什么装备器材?

（三）

当日气温为 25~30 ℃,偏南风 1~2 级,小雨。事故地点距 B 市消防大队 30 km,距 A 市区 80 km,其中部分道路为乡村泥路,路况不佳。

4. 结合道路状况,分析消防队赶赴事故现场时应注意哪些问题?

（四）

5 时 20 分,一、二中队赶到现场,经现场了解和侦察,列车脱轨颠覆后,车厢出口被封堵,大量受伤旅客被扭曲变形的床板、行李架等构件挤压,加之事发在深夜,现场一片漆黑,旅客争相逃命,秩序十分混乱。

5. 请写出指挥员对事故现场的情况判断和所下决心。

6. 请结合灾情情况,对参战官兵如何进行战前动员?

7. 针对现场情况,分析救援难点有哪些?

8. 列车脱轨颠覆事故中,搜救和疏散措施应注意哪些问题?

（五）

救援人员发现 1473 次列车 4 号车厢内发现一名 8 岁的小女孩和一对母女受伤严重被困。小女孩头部被撞伤,左臂及左胸骨折,父母不在身边,拒绝救援人员的救护。指导员立即通过谈话交流稳定小女孩的情绪,使其接受救护。被困母女中的母亲腰椎骨折,不能行动,抱着小孩等待救援。救援人员先将其小孩抱出,然后将其抬上担架,从车窗救出。

9. 如何对被困人员进行心理疏导?

10. 针对受伤人员,救援人员的搬运应注意哪些问题?

11. 若消防队未携带担架,对于腰椎损伤的人员进行搬运时应注意哪些问题?

（六）

在该起事故处置过程中,现场成立了应急救援指挥部,并安排专人负责战勤保障工作。

12.该事故地点远离城市,且天气状况不佳,战勤保障工作应重点注意哪些问题?

（七）

在搜索遇难者遗体过程中,特勤中队指挥员发现 5034 次列车机车起火,并装载有 9 800 L柴油。

13.列车脱轨颠覆事故中,如何考虑水源及供水问题?

14.扑救油类火灾时应选择何种灭火剂?对比水、泡沫、干粉三种灭火剂的优缺点?

（八）

29 日 16 时 30 分特勤中队 9 名官兵、2 台消防车继续留守监护。30 日 6 时 30 分,特勤中队完成监护任务撤回。

15.此类事故消防部队的清场撤离应包括哪些工作?

16.应急救援结束后,信息发布有哪些要求?

17.请根据当时事故情况,在图 3-5 中绘出救援力量部署。

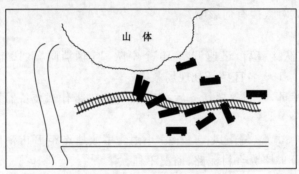

图 3-5　现场情况示意图

第六节　大型客车交通事故应急救援想定作业

一、基本想定

认真阅读本材料,熟悉整个救援过程。

（一）

某月 23 日 6 时 30 分左右,北风凛冽、大雪纷飞,一辆车牌号为 Y1111 由 A 市始发的大型客车行至 107 国道某大桥中段时,因桥面冰冻,车速过快,驾驶员紧急制动不当致使客车撞断大桥护栏,坠入 H 河。车身严重变形,车窗玻璃粉碎,大半个车体及 51 名司乘人员浸泡在冰冷刺骨的河水中。

H 河为 A 市的"母亲河",河水由西向东流,河宽 100 余米,大桥横跨 H 河,河床距桥面 10 多米,河底由于群众淘沙深浅不一,并且建筑废料密布河底,事故点为三叉河流汇集处,北面 15 m 有一"小岛",两面为河滩,常年急流,水深约 2 m。

当天气象情况:北风 3～4 级,大雪纷飞,气温－2 ℃。

（二）

6时44分,消防指挥中心接到110报警后,迅速启动《A市消防支队重特大灾害事故应急救援预案》,调集特勤中队作为第一出动力量赶赴现场。

（三）

6时55分,特勤中队到达事故现场。指挥员带领2名战士侦察险情后立即向支队指挥中心作了情况汇报。消防官兵在利用随身携带器材救人未果的情况下,经进一步侦察发现,现场有渔民的渔船。

（四）

河底的凹凸不平造成渔船无法正常滑行,偶有搁浅。救援官兵克服北风凛冽、寒流刺骨的不利因素,跳进乱石密布的河流中,推着渔船艰难地到达事故现场,迅速展开营救工作,经过全体官兵的积极努力,救出重伤员21人。

（五）

7时10分,市委、市政府、公安局及支队领导相继赶到现场,支队直属中队增援力量及相关部门也随后到达,现场迅速成立抢险救援指挥部。指挥部根据现场情况,做出"集中精锐力量,加强前沿施救,确保伤员运送安全有序"的决定,并立即调整力量部署,加强一线救援力量,调集大型吊车赶往事故现场。在克服现场各种不利因素后,消防官兵先后救出被困群众44名。

（六）

消防队员对救出伤员进行清点时发现仍有2名被困者尚未救出。指挥部根据现场搜寻的情况判断被困人员确无生还的可能,于是调整了力量部署,替换一线救援官兵。8时20分,调派的吊车到达现场后,指挥部周密部署起吊清理行动,两辆大型吊车迅速将客车从河水中起吊到桥面,最后又捞出2名遇难乘客的遗体。在相关部门及当地群众的大力协助下,全体官兵奋战2个多小时,成功抢救44个被困人员,打捞7具遇难乘客遗体,圆满完成救援任务。

（七）

要求执行事项:

1. 熟悉本想定内容,了解整个事故的处置过程。

2. 以各级指挥员的身份理解任务,分析判断情况,回答问题。

（八）

力量编成:

特勤中队:抢险救援消防车1辆,官兵7人;

支队直属中队:通信指挥消防车3辆、水罐消防车1辆,冲锋舟1艘,官兵15人。

二、补充想定

请根据基本想定内容,结合补充想定材料,完成相应问题。

（一）

6时44分,消防指挥中心接到110报警后迅速启动《A市消防支队重特大灾害事故应急救援预案》,特勤中队作为第一出动力量火速赶往事故现场,机关干部、直属中队紧急增援,同时协调相关部门到场。

1. 车辆落水事故的特点有哪些？该起事故有哪些特点？
2. 该类事故处置应该调集哪些器材装备？应协调哪些部门到场？

（二）

特勤中队到达事故现场。指挥员带领 2 名战士侦察险情后立即向支队指挥中心作了情况汇报。支队领导立即做出"排除万难、积极抢救人命"的指示，并亲临一线指挥战斗。消防官兵在没有任何有效救生器材的情况下试图利用软梯、绳索救人，由于救人线路较长、现场风力较大、河水湍急而未奏效。经进一步侦察发现，现场有渔民的渔船。

3. 此类事故处置时，现场应该查明哪些情况？
4. 请对现场情况进行判断分析。

（三）

由于河底的凹凸不平造成渔船无法正常滑行，偶有搁浅。救援官兵跳进乱石密布的河流中，充分利用渔船作为运输工具，并结合小岛、滩涂等地形迅速展开营救工作。

5. 请写出营救方案，并将力量部署标注在图 3-6 上。

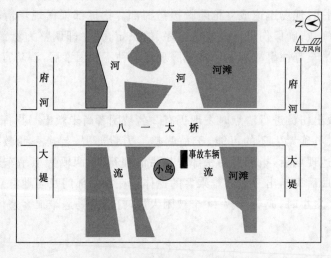

图 3-6 事故现场平面图

（四）

事故车辆车体变形，座椅移位，车窗窄瘪，重伤人员大量失血，由于水温寒冷，大部分已失去知觉，一线施救的消防官兵困难重重。为了尽可能营救伤员，特勤中队指挥员带领 3 名战斗员与 2 名交警在当地渔民的帮助下深入车内利用条锯和铁铤，强行锯切和撬开变形的座椅，小心翼翼抬出数名重伤人员。另一组人员在深浅不一的河水中推着渔船转移伤员，在刺骨的河水中搜寻、破拆、救人，先后救出被困群众 44 名。

6. 救人过程中应该注意哪些问题？
7. 对客车进行破拆时应该注意哪些问题？
8. 应该如何做好水下救援人员的安全防护工作？

（五）

消防队员对救出伤员进行清点时发现仍有 2 名被困者尚未救出。指挥部根据现场搜寻的情况判断被困人员确无生还的可能，8 时 20 分，调派的吊车到达现场后，整个救援工作重新部署,在吊车协助下,救援工作重点转为打捞遇难者遗体。

9. 如何做好客车起吊时的安全工作?

10. 吊车到达现场后,将救援力量部署情况标注在图3-6上。

第七节　公交车事故应急救援想定作业

一、基本想定

认真阅读本材料,熟悉整个救援过程。

(一)

某日18时许,X市快速公交J站往南950 m处一辆车牌号为DY1111的公交车发生纵火案,X市消防支队全勤指挥部立即启动快速公交系统高架区段灾害事故灭火救援预案,第一时间调集2个中队、5辆消防车、33名官兵分别从A枢纽站入口以及J客运站台出口两个方向前往处置,全勤指挥部遂行出动。同时通知120、110、市公安局、市安监局、市民政局等相关单位到场协助处置。18时45分现场明火被扑灭,18时50分许,余火被完全扑灭。共造成47人遇难、34人受伤。犯罪嫌疑人陈某当场烧死。

(二)

18时20分51秒接到报警,X市消防支队全勤指挥部立即启动快速公交系统高架区段灾害事故灭火救援预案,第一时间调集辖区一中队3车(水罐消防车、A类泡沫消防车、37米云梯车)从高架桥底层前往现场处置;同时考虑交通拥堵,第一时间调集二中队2车(A类泡沫消防车、泡沫水罐消防车)从距离事发地最近的A枢纽站上高架桥,前往事故现场处置。全勤指挥部遂行出动。

(三)

18时22分04秒,一中队接到支队指挥中心调度出动命令,指示一中队先行出动(前往处置某小车火灾)的力量(水罐消防车、A类泡沫消防车)立即赴快速公交事故现场处置,一中队出警力量随即调头,赶往事发地点,调头点距离事故现场5.8 km。37米云梯车从中队出发前往现场,距离事故现场6.2 km。由于时值下班高峰时段,道路拥堵,消防车通行缓慢。

(四)

18时23分33秒,二中队接到支队指挥中心调度命令增援一中队,中队一班(A类泡沫消防车)、二班(泡沫水罐消防车)随即出动,直接经由A枢纽站上高架桥赶赴现场,行车距离大约11.5 km。

(五)

18时35分42秒,二中队到场。到场时事故车辆已处于猛烈燃烧阶段,整车上半部分主体已被火焰包围,近距离能够感受到强烈的辐射热。中队指挥员一方面要求迅速引导在场人员疏散,在确认车内被困人员已无生命迹象的情况下,二中队出2支泡沫枪灭火,泡沫水罐消防车向A类泡沫消防车供液。事故现场平面图如图3-7所示。

(六)

18时40分39秒,一中队到场,并立即与已在组织灭火的二中队取得联系。

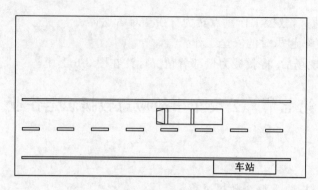

图 3-7　高架桥交通事故现场平面图

18 时 45 分,火势得到控制,仅车辆右后轮处仍有部分余火。

18 时 50 分,火势被完全扑灭。

（七）

19 时 15 分,一中队第二出动力量处置完成小车火灾后,一辆泡沫水罐消防车回队执勤,一辆水罐消防车赶到事故现场,因火势已扑灭,车辆原地待命,7 名官兵登上高架桥协助现场处置。

（八）

19 时 30 分,支队全勤指挥部指挥长下达命令:参战的 2 个中队抽调 10 名官兵组成现场警戒组,准备好移动照明灯、口罩及手套等器材,做好现场的警戒保护工作。

随后,现场火灾事故调查工作组、刑侦部门相继介入火灾事故原因调查工作,在场部队官兵做好警戒及照明保障。

21 时许,二中队全员待命,一中队除 9 名官兵现场值守外,其余官兵归队执勤。现场指挥部告知留守官兵继续做好照明保障和警戒工作,遗体转运工作由地方民政部门具体负责。

次日 5 时许,一、二中队现场值守的 22 名官兵接到命令归队,恢复执勤战备。

（九）

要求执行事项:

1. 熟悉本想定内容,了解该救援过程。

2. 以各级指挥员的身份理解任务,分析判断情况,回答问题。

（十）

力量编成:

一支队:A 类泡沫消防车 1 辆、水罐消防车 1 辆、云梯消防车 1 辆,官兵 20 人;

二支队:A 类泡沫消防车 1 辆、泡沫水罐消防车 1 辆,官兵 13 人。

二、补充想定

请根据基本想定内容,结合补充想定材料,完成相应问题。

（一）

某日 18 时许,X 市快速公交 J 站往南 950 m 处一辆车牌号为 DY1111 的公交车发生纵火案,公交专线部分采用专用的全封闭式高架桥,桥宽 10 m,双向 2 车道,桥上未设置固定消防设施。

1. 高架桥交通事故的特点有哪些？
2. 消防队赶赴现场途中应注意哪些问题？

（二）

18时20分51秒接到报警后，X市消防支队全勤指挥部立即启动快速公交系统高架区段灾害事故灭火救援预案，第一时间调集辖区一中队从高架桥底层前往现场处置，二中队从距离事发地最近的A枢纽站上高架桥，前往事故现场处置。但高架区段采取全封闭式，消防车仅可从4个枢纽站驶入，事故地点距最近枢纽站约10.4 km。

3. 在交通高峰期时，消防队如何考虑行车路线问题？
4. 第一出动应如何调配出动的消防车辆？
5. 根据报警情况，消防队应考虑携带哪些消防装备？

（三）

18时35分42秒，二中队到场。到场时事故车辆已处于猛烈燃烧阶段，整车上半部分主体已被火焰包围，近距离能够感受到强烈的辐射热。高架桥最低13.5 m，最高18.68 m，且大部分安装高1.7 m的隔音墙，超过常配金属拉梯极限工作高度。高架区段全程未设置消防供水管道，仅在每个站点及公交车上配置干粉灭火器。事故地点路段Y路东侧消火栓无水，西侧消火栓压力0.3 MPa。中队指挥员一方面要求迅速引导在场人员疏散，做好警戒，在确认车内被困人员已无生命迹象的情况下，二中队组织灭火。

6. 请写出中队指挥员对事故现场的情况判断和所下决心。
7. 假设你作为指挥员，应如何合理分配中队力量？
8. 高架桥交通事故处置中，如何做好警戒措施？
9. 高架桥交通事故处置中，如何考虑供水问题？
10. 高架桥交通事故处置中，搜救和疏散应注意哪些问题？

（四）

18时40分39秒，一中队到场，并立即与已在组织灭火的二中队取得联系。在确认已能够控制火势的情况下，一中队迅速组织人员搜救和疏散，并向二中队水罐消防车供水。

11. 当增援力量到达现场后，如何合理分配救援力量？

（五）

18时50分，火势被完全扑灭。随后，现场火灾事故调查工作组、刑侦部门相继介入火灾事故原因调查工作，在场部队官兵做好警戒及照明保障。

12. 此类事故消防部队的清场撤离工作应包括哪些？
13. 应急救援结束后，信息发布有哪些要求？

第八节　高速铁路客运列车追尾事故应急救援想定作业

一、基本想定

认真阅读本材料，熟悉整个救援过程。

（一）

某月23日20时30分许，W市高速铁路发生特别重大客运列车追尾交通事故，事故共造成 41 人遇难,191 人受伤。事故发生后,省消防总队先后调集 W 市消防支队 22 个中队、51 辆消防车、560 名官兵参与抢险救援行动,并先后调派 6 个支队、13 辆消防车、83 名指战员增援,救援行动持续 67 个小时。在现场群众、公安民警和其他部队的协助下,共抢救疏散遇险群众 1 300 多人,救出遇险人员 212 人。

（二）

事故发生地点位于高速铁路线路经过 W 市的高架桥路段,桥北 2 km 处接一座特大桥,桥南 500 m 连一铁路隧道,高架桥下及两侧百米范围内没有适合消防车通行的道路,消防车难以到达。事故发生点距离 W 市火车站约 5 km,距最近的 D 消防中队约 4.2 km,距 W 市消防支队约 18.5 km。

（三）

23 日 19 时 35 分,W 市气象局发布了市区雷电黄色预警信号:预计傍晚到上半夜市区将出现强雷电和短时强降水,是 W 市年内出现的最强一次强对流天气。

（四）

发生追尾事故的客运列车分别为 D100 和 D200 次动车,23 日 20 时 30 分许,D200 次动车行至高架桥后与因故停止的 D100 次动车车尾相撞,事后 D200 次动车车头残骸厢体(简称"车头")及 2、3 号车厢从高架桥上坠落,4 号车厢坠落悬靠在高架桥上,5 号车厢前压在 D100 次动车的 16 号车厢(D100 次动车最后一节车厢)上;D100 次动车第 15、16 号车厢挤压受损并脱线。如图 3-8 所示。发生事故时,D100 次动车上共有乘客 558 人,D200 次动车上共有乘客 1 072 人。

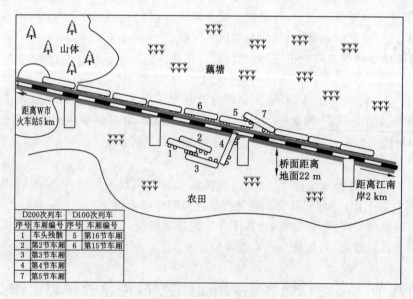

D200次列车		D100次列车	
序号	车厢编号	序号	车厢编号
1	车头残骸	5	第16节车厢
2	第2节车厢	6	第15节车厢
3	第3节车厢		
4	第4节车厢		
7	第5节车厢		

图 3-8　动车追尾事故现场示意图

（五）

20 时 34 分,W 市消防支队指挥中心接到"高速铁路高架桥发生 2 节动车车厢坠桥"的报警,支队长接到报告后立即意识到事态的严重性,立即加强了第一出动力量调集,随即命令启动重特大灾害事故处置预案,同时指派一名副支队长留守指挥中心负责力量调度和信息报送,并率领全勤指挥部及支队党委成员赶赴现场。途中,支队长分别向 W 市市长和总队政委做了汇报,请求总队增援,并建议市政府启动《W 市重特大公共突发事件应急预案》。

20 时 50 分,总队指挥中心接到 W 市消防支队报告后,迅速调集临近支队以及总队应急救援支队连夜增援。

(六)

20 时 42 分,辖区 D 消防中队率先到达现场。发现 D200 次动车车头及两节车厢横卧桥下,一节车厢一头悬靠在高架桥旁、一头直插地面,桥面上车厢撞击叠压在一起,大量人员被困,周边的群众大量涌向事故点,场面极度混乱。D 消防中队立即将救援力量编成 3 个小组展开破拆施救,并部署抢险救援消防车停靠就近实施照明。一组对严重破损解体坠落的车头内外遇险人员进行搜救,并组织现场群众协助转送伤员;二组利用液压扩张器、单杠梯、无齿锯、消防斧等工具破拆车窗,深入 2 号车厢搜救;三组利用铁铤、铁锹从 4 号车厢下端地面掘出一条救援通道,及时从车厢下部通道口进入营救。

20 时 44 分,F 消防中队到达现场,随即编成 7 个救援小组,分别使用液压扩张器、搭建人梯、单杠梯等器材装备对第 2、3 号车厢内人员进行救助。

(七)

21 时许,支队长带领支队全勤指挥部及支队党委成员到场,成立了以支队长为总指挥的消防救援行动指挥部,合理划分了现场救援力量,全面统一组织指挥消防部队抢险救援工作。市本级各参战中队相继赶到现场。支队长在边侦察、边听取 D 消防中队指挥员的报告后,迅速下达了进一步开展灾情侦察,针对事故现场"救援区域散、遇险人员多、涉面跨度大"的实际,立足于"全面、快速和警力效能最大化"的作战目标,果断确定了"分段组织、按点施救、同步展开、协同作战、立体进攻、全面搜救"的战术措施。按每节车厢为一个救援点,组织多个救援小组采取梯次进攻、设标记段、交叉搜救和反复清查等措施,实施"无空隙"搜救,确保不漏一人。

(八)

整个救援过程分为三个战斗段同时进行。

第一战斗段:按车头(1#救援点)、2 号车厢(2#救援点)、3 号车厢(3#救援点)分成 3 个救援点,分别指定 3 名干部指挥协同负责 3 个救援点的救援工作。参战官兵采取破拆、牵引、架设、挖掘等多种方法,全力开辟救援通道。

第二战斗段:4 号车厢(4#救援点),悬靠在高架桥面的 D200 次动车 4 号车厢垂直呈半悬挂状斜靠在桥面一侧,一头直插入桥下地面,车厢内形成一个落差达 25 m 的事故现场。车厢内死伤情况不明。救援行动指挥部命令特勤大队固定 4 号车厢,防止因桥面切割破拆作业振动引起车体滑落,造成车厢内被困人员二次伤害和危及地面救援人员;同时命令救援人员兵分两路全力开展施救,一路在车厢外架设拉梯登高破拆开辟救生通道,自上而下实施救人,一路从已经挖掘的地面口子,通过车厢通道口从下而上实施内攻搜救,利用车窗窗框和走廊扶手,逐级向上攀爬,反复多次搜救被困人员。

第三战斗段:因动车高速撞击,桥面上的 D100 次 15 号车厢(5#救援点)、16 号车厢(6#救援点)与 D200 次 5 号车厢(7#救援点)严重受损,16 号车厢更是碾压成一团,大量旅客被困车厢和滞留在桥面上,人员伤亡情况不明。针对现场情况,指挥部命令 48 名特勤队员编成 12 个攻坚小组,携带破拆、照明、登高、救生和生命探测仪等器材,沿着铁路高架桥北侧山坡,攀爬登至桥面,并与 D 消防中队先期到达的人员会合,全力投入施救。

同一时间,其余 150 余人员,对两列事故动车的其他车厢逐一进行反复搜救,并在公安特警、武警的协同下,及时转移疏散被困车厢内或滞留桥面的遇险人员 1 100 余人。

至 23 时许,消防官兵共搜救出 193 名遇险人员,在公安民警、驻军部队、现场群众和医疗救护等部门和人员的协同配合下,引导疏散被困人员 1 300 余人。

（九）

23 时 20 分,总队政委带领总队全勤指挥部到达事故现场,随即成立了由政委任总指挥的指挥部。根据作战情况,迅速部署"重点突破、梯次推进、轮番搜寻、攻坚克难"的战术,将整个救援现场划分为桥面、地面两个救援区域,要求"参战官兵绝不放弃对现场每一寸每一处的搜救,做到搜查一处、标记一处、逐一推进,想尽一切办法,竭尽全力营救人员"。同时,总队长坐镇总队指挥中心,通过卫星通信指挥车和 3G 图传设备,实时掌握救援进展,远程指挥抢险救援行动。

23 时 30 分许,临近支队增援力量陆续到达事故现场后。指挥部指示,增援支队分别充实到三个战斗段,配合 W 市消防支队开展全面搜救。

（十）

救援过程中,由于 D100 次动车 16 号车厢有近三分之二的车厢部位被追尾的 D200 次动车 5 号车厢或被其他从上方碾过的动车转向架叠压着,车厢残骸交错扭曲成堆,为及时探明被埋压部位深处人员被困情况,攻坚组使用视频及雷达生命探测仪等实施仪器探测,但未能清晰显示内部情况。指挥部随即将在桥面现场作业的特勤官兵分为 5 个小组,每组 5 人,采取多点轮流作业的方式,设法破拆车厢侧板开辟侦察救援通道。

（十一）

经过多轮搜救未再发现遇险人员后,根据总指挥部命令,24 日 2 时 40 分许,增援支队陆续返回。

24 日 3 时 45 分,W 消防支队根据救援进展组织轮换备战,保留部分参战人员外,其他人员陆续返回休整。

（十二）

24 日 4 时许,救援行动指挥部决定施救工作由全面搜救转入重点攻坚,将现场的救援力量分为 6 个搜救小组,对 3 个救援区域进行再搜救的同时,强攻被挤压成团的 16 号车厢进行轮番破拆清障。

24 日 6 时许,根据总指挥部命令,救援行动指挥部将 13 名攻坚组队员分成 2 个小组,协同铁路公安处人员及铁路部门调用的大型机械,在车头残骸、2 号、3 号车厢边清障边搜救。

（十三）

24 日 16 时许,D200 次动车 5 号车厢利用大型吊车起吊,成功与 D100 次动车 16 号车厢分离后,救援人员全力实施破拆救人。救援过程中,救援人员发现,在一个狭小的缝隙下方有一小女孩被困。救援人员迅速清理完小女孩周围杂物后,4 名救援人员将小女孩缓缓挪出抱起,并用毛巾盖住其眼睛,防止阳光灼伤。

（十四）

至 21 时 30 分许,在车厢挤压严重、作业面十分狭小等不利条件下,全体攻坚队员不顾高强度连续作战后身躯的疲惫,顶着倾盆大雨持续作业 1 个多小时,通过灵活采用剪、拉、扛、顶、拽等方法,彻底将 16 号车厢中部挤成麻花般的车厢部件逐一分解,再次搜寻出多具遇难者遗体。

（十五）

要求执行事项:

1. 熟悉本想定内容,了解该救援过程。

2. 以各级指挥员的身份理解任务,分析判断情况,回答问题。

（十六）

力量编成:

D 消防中队:抢险救援消防车 1 辆、水罐消防车 2 辆,官兵 22 人;

F 消防中队:抢险救援消防车 1 辆、水罐消防车 3 辆,官兵 28 人;

W 市消防支队:22 个消防中队、51 辆消防车,官兵 560 人;

总队调集增援:增援力量 6 个支队、13 辆消防车,官兵 83 人。

二、补充想定

请根据基本想定内容,结合补充想定材料,完成相应问题。

（一）

发生事故的两列动车分别为 D100 次和 D200 次,其中 D100 次动车车厢编组为 16 节,编组长度 426.3 m,车头车厢长 26.95 m,中间车厢长 26.6 m,车辆宽度 3.33 m,车辆高度 4.04 m,设计最高时速 250 km/h;D200 次动车车厢编组 16 节,编组长度 401.4 m,中间车厢长度 25 m,车辆宽度 3.38 m,车辆高度 3.7 m,设计最高时速 300 km/h。

1. 请结合该起事故的现场情况以及上述动车设计情况,归纳该起事故有哪些特点?

（二）

事故发生地点位于高速铁路线路经过 W 市的高架桥路段,该高架桥桥面距地高度约 22 m,桥面宽约 13 m(双向轨道)。

2. 结合该起事故发生的地点,分析消防部队救援面临的危险源有哪些?

（三）

W 市气象局发布了市区雷电黄色预警信息:预计傍晚到上半夜市区将出现强雷电和短时强降水。在事故发生当天 18 时许至 21 时不到 3 个小时的时间里,W 市共遭遇闪电 615 次,伴随 7~9 级大风。

3. 灾害事故救援现场出现上述特殊天气状况时,消防部队出警应有哪些应对措施?

（四）

20 时 34 分,W 市消防支队指挥中心接到"高速铁路高架桥发生 2 节动车车厢坠桥"的报警,支队指挥中心一次性调集市区所有力量和县(市)大队攻坚组以及支队机关全体人员,共 19 个中队、41 辆消防车、491 名消防官兵赶往增援。途中,支队长分别向 W 市市长和总队政委做了汇报,请求总队增援,并建议市政府启动《W 市重特大公共突发事件应急预案》。

4. 如果你作为辖区中队指挥员,接到报警后应调集哪些车辆和装备器材?

5. 针对客运列车事故特点,应调集哪些社会协同力量到场?

（五）

高架桥下及两侧百米范围内均为农田、藕塘、水塘。桥北 2 km 处接一特大桥,桥南 500 m 连一铁路隧道,消防车辆难以直接抵达事故现场。

6. 当客运列车事故发生地点不利于消防车辆靠近时,消防部队赶赴事故地点时应注意哪些问题?

（六）

发生事故后,D200 次动车车头残骸厢体及 2、3 号车厢从高架桥上坠落,4 号车厢坠落悬靠在高架桥上,5 号车厢前压在 D100 次动车的 16 号车厢上;D100 次动车第 15、16 号车厢挤压受损并脱线。发生事故时,D100 次动车上共有乘客 558 人,D200 次动车上共有乘客 1 072 人,事故现场一片混乱,桥上、桥下及 4 号车厢上均有大量被困人员和逃离现场的人员。

7. 如果你是第一到场力量 D 消防中队的指挥员,请结合其到场力量情况以及上述现场情况,合理分配中队救援任务。

（七）

支队长到场后,成立了以支队长为总指挥的消防救援行动指挥部,并分别设置抢险救援组、通信报道组等小组全面统一组织指挥消防部队抢险救援工作。

该起客运列车事故的应急救援工作主要分为三个战斗段同时展开。第一战斗段为 D200 次动车车头(1# 救援点)、2 号车厢(2# 救援点)、3 号车厢(3# 救援点)三个救援点。第二战斗段为 D200 次动车 4 号车厢(4# 救援点)。第三战斗段为 D100 次动车 15 号车厢(5# 救援点)、16 号车厢(6# 救援点)和 D200 次 5 号车厢(7# 救援点)。

8. 为什么将事故救援分为三个战斗段同时进行? 这样划分有何优点?

9. 第一到场力量是否有能力按上述方法展开救援行动?

10. 如第一到场力量按上述方法展开行动,弊端是什么?

11. 第二战斗段应注意哪些安全问题?

（八）

D100 次动车 16 号车厢有近三分之二的车厢部位被追尾的 D200 次动车 5 号车厢或被其他从上方碾过的动车转向架叠压着,车厢残骸交错扭曲成堆。由于车厢为采用铝合金板材、条材和挤压型材焊接加工而成的“一体式”车厢,车窗为无法开启的双层钢化玻璃。车体具有良好的塑性,强度大、硬度高、抗拉伸和变形性能强,使用现有破拆救援装备,难以对车体进行有效的切割、破拆和扩张,从车体外部探测和开辟救援通道难度巨大。

12. 起吊事故车厢时,应考虑哪些方面的问题?

13. 列车车厢体一般情况下都难以破拆,应从什么部位破拆进入车厢内部?

（九）

救援过程中,救援人员发现,在一个狭小的缝隙下方,一个小女孩缩成一团,趴在变形严重的车厢地板上,左腿被车厢行李架死死压着,身旁一根铁杆撑着上方的车厢行李架,但随时可能向她身上倾倒。

14. 破拆救助上述被困的小女孩时,应注意哪些问题?

15. 受挤压伤人员搬运过程中应注意哪些问题?

（十）

24 日 22 时许，指挥部留下 2 个消防中队共 6 辆车 38 人配合执行现场清理工作，其余部队按要求归队待命。

16. 清场撤离的过程中，指挥员应统筹兼顾，应主要考虑哪些方面的内容？

17. 参加重特大灾害事故时，消防部队的信息发布工作应考虑哪些方面的内容？

第九节　客船翻沉事故应急救援想定作业

一、基本想定

认真阅读本材料，熟悉整个救援过程。

（一）

某月 1 日 21 时 30 分许，某轮船公司客轮由 Y 地驶往 X 地途中，在某河流中游 A 段发生翻沉。H 总队接报后，先后调集 9 个支队、580 名官兵、38 艘冲锋舟（艇）、72 辆消防车、2 500 件（套）救援器材紧急赶赴救援。连续奋战 7 天 7 夜，成功协助营救 2 名生还者，搜寻出 310 余具遇难者遗体，破拆减载作业 240 余吨，运送紧急物资 8 600 余件（套）。

（二）

2 日 3 时 01 分，H 总队接报后，总队领导根据"客船倾覆、夜间翻沉，风大浪急、难以靠近，人员众多、生死不明"等情况，意识到事态的严重性、特殊性，立即启动相关应急预案，准确研判、主动作为、科学调度，把握制胜先机，快速调集消防专业力量到场施救。

（三）

在当时救援主体是海事部门，上级没有明确指示的情况下，省公安厅、消防总队敏锐感知，立即启动特殊灾害应急处置预案，3 时 20 分，H 总队一次性调集 9 个支队、580 余名官兵（9 名消防潜水员）、72 辆战备车辆、20 具橡皮艇、18 具冲锋舟、30 件（套）液压破拆工具组、15 把无齿锯、300 套救生衣、12 套消防照明灯组、10 具生命探测仪等装备到场。考虑到水下救援任务重、难度大、专业性强，消防深潜救人力量不足等情况，途中立即向省政府建议调集海军潜水员增援。

（四）

6 时 50 分，消防队到达现场后，立即成立消防前沿指挥部，下设作战、通信、宣传、后勤、政工等 5 个分队，全力组织施救。以 J 支队 30 名官兵为主力的作战分队，清除事故路段大量被狂风暴雨刮倒的树木，打通 16 km 唯一直达现场的"生命通道"，成为第一批成建制到达现场的救援力量。

（五）

7 时起，通信保障分队每人携带 40 kg 装备徒步涉水 5 km，到达码头，利用 1 辆动中通卫星通信指挥车、1 部卫星通信便携站、4 部 3G 图传系统等通信器材，搭建现场指挥通信网络，第一时间上传救援图像。7 时 20 分，照明分队利用 1 辆抢险救援车，协调 3 家照明器材厂家携带装备增援，保障总指挥部、岸线码头、沉船点全天候作业需要。7 时 50 分，水面分队组装到场的冲锋舟、橡皮艇，检查动力系统，测试能否在江面行驶。8 时起，物资保障分队通过 1 辆7.5 t 油罐车、2 辆教练车，接力运送 30 t 保障油料，调集充足的帐篷、被装、食品、药品等物资,做好打大仗、打恶仗和打持久战的准备。

（六）

2日9时,首批专业潜水员到达后,消防前沿指挥部主动请战,组织力量登上事故船只,抓紧救人的黄金时间,联合海军某部、航道救助打捞局等单位搜救生命。

（七）

2日10时10分,根据总指挥部命令,J支队12名突击队员携带生命探测仪、液压(手动)破拆工具组、班组安全绳、救生软梯、救生担架、防水强光灯等40件专业器材,与C航道救助打捞局7名潜水员初次登船作业。

（八）

10时20分,突击队员登上倒扣沉船,克服风大浪急、船体摇晃、船面湿滑、容易落水等困难,做好安全保护,组织生命探测。10时50分,使用音频生命探测仪,对疑似生命迹象进行反复确认,准确定位了M老人的被困位置,为潜水员下水施救提供了方位。13时30分,潜水员下水施救成功,M老人被搜救出水面。13时55分,第2名生还者N的位置确定。15时28分,N被成功营救。至当日22时,突击分队共搜救出幸存者2名、打捞遗体14具。

（九）

2日10时至22时10分,消防突击分队共为海军潜水员提供水下照明灯具20件、手动破拆工具30件、潜水装具供气源和燃油保障,并施放水下安全导向绳索16根,调集搬运转运器材30件套,为成功救出2名生还者提供了有力保障。

（十）

3日21时至4日4时,总指挥部命令切割开舱作业,为防止船底切割引发火灾,总指挥部要求消防突击分队持续7小时现场照明,并携带灭火器、铺设水带干线,对切割点实施不间断冷却,做到防患未然。

（十一）

4日22时至5日8时,为防止客轮扶正时幸存者随江流漂走,总指挥部命令消防部队抽调78名攻坚队员,联合海事局、水产局先后切割、运送5 000 m渔网及大批砖块、担架棉被、手套面罩等,在沉船下游200 m、500 m、700 m、900 m处设置四道防护网,严密拦截,最大限度地保护救援现场。

（十二）

5日23时50分,J支队支队长命令60名消防参战官兵携带专业器材,做好个人防护,登上事故船只。现场指挥员将参战官兵分为6个攻坚组,将1~4层分为4个区域,责任到人、逐层查排。其中,1、2层由L支队中队长、J支队排长带队负责;3层由J支队副中队长带队负责;4层破坏最为严重,船尾一侧由J支队参谋长带队负责。船首一侧由总队战训处工程师和J支队指导员负责。参战官兵采取记号笔标记房间、专人核对遇难者遗体数量等方法,确保不留一处死角、不留一处盲区。至6日18时许,参战官兵连续奋战18个小时,克服船体变形严重、作业通道狭窄、天气湿热异常、遗体水肿腐烂、官兵体力透支等不利因素,共清查客房130余间,破拆定位、搜出遇难者遗体310余具。

（十三）

本着尊重逝者尊严,消防官兵坚持不使用重型破拆装备,使用液压剪、无齿锯等工具,采取蹲姿、跪姿、卧姿、侧姿等姿态,一点一点切割、分解、撬动,共破拆变形房门和厕所门200

余扇,转移倾倒家具 140 余件,打通救援通道 200 余米。

(十四)

6 日 19 时,60 名参战官兵回到中队,连夜进行防疫洗消、药剂注射、心理干预。

(十五)

7 日 10 时,60 名消防官兵轮换作业,按照不留遗体、少留遗物、减轻事故船只载重的要求,破拆船体内变形房门,打通堵塞通道,对第四层船顶整体破拆,对事故船只 1~4 层所有舱室附属物进行协助清理,累计减载作业 200 余吨。

(十六)

8 日 17 时,解放军代表、J 武警消防支队、航务管理局、市政府等六方共同对减灾活动进行签字验收,标志着船体搜救完全结束。

(十七)

要求执行事项:

1. 熟悉本想定内容,了解该救援过程。

2. 以各级指挥员的身份理解任务,分析判断情况,回答问题。

(十八)

力量编成:

H 总队机关:抢险救援消防车 3 辆、水罐消防车 1 辆、指挥车 1 辆,官兵 30 人;

I 支队:抢险救援消防车 7 辆、水罐消防车 2 辆、橡皮艇 5 具,官兵 50 人;

J 支队:抢险救援消防车 7 辆、水罐消防车 2 辆、橡皮艇 5 具,官兵 80 人;

K 支队:抢险救援消防车 7 辆、水罐消防车 2 辆、橡皮艇 5 具,官兵 80 人;

L 支队:抢险救援消防车 7 辆、水罐消防车 1 辆、橡皮艇 5 具,官兵 80 人;

Q 支队:抢险救援消防车 7 辆、水罐消防车 1 辆、冲锋舟 5 具,官兵 80 人;

V 支队:抢险救援消防车 7 辆、水罐消防车 1 辆、冲锋舟 5 具,官兵 80 人;

U 支队:抢险救援消防车 7 辆、水罐消防车 1 辆、冲锋舟 5 具,官兵 50 人;

R 支队:抢险救援消防车 7 辆、水罐消防车 1 辆、冲锋舟 3 具,官兵 50 人。

二、补充想定

请根据基本想定内容,结合补充想定材料,完成相应问题。

(一)

某月 1 日 21 时 30 分许,某轮船公司客轮由 Y 地驶往 X 地途中,在某河流中游 A 段发生翻沉。事故发生当天天气雷暴雨。沉船位于该河流中游航道 301 km 处,距最近码头约 4 km,县消防中队约 28 km。

1. 客船翻沉事故的特点有哪些?

2. 消防部队救援面临的危险有哪些?

(二)

2 日 3 时 05 分,中队接到出警任务。某轮船公司客轮由 Y 地驶往 X 地途中,在某河流中游 A 段发生翻沉。事发水域水道位于一个大拐弯河段的下游,是该河流有名的浅险水道,水质浑浊,暗流涌动。

3. 作为中队指挥员针对接警信息,请考虑携带哪些器材前往?

4. 中队在行车途中应注意哪些问题?

（三）

2 日 6 时 50 分,消防队到达现场后,立即成立消防前沿指挥部,下设作战、通信、宣传、后勤、政工等 5 个分队,全力组织施救。以 J 支队 30 名官兵为主力的作战分队,成为第一批成建制到达现场的救援力量。

5. 前沿指挥部,下设作战分队的职责是什么?

6. 前沿指挥部,下设后勤分队的职责是什么?

7. 作为 J 支队指挥员在开辟"生命通道"过程前,应如何定下战斗决心?

（四）

2 日 9 时,首批专业潜水员到达后,消防前沿指挥部主动请战,组织力量登上倒扣船只,抓紧救人的黄金时间,联合海军某部、航道救助打捞局等搜救生命。消防部队使用音频生命探测仪,准确定位了 M 老人的被困位置,并成功救出老人。

8. 在多部门联合救援过程中,消防指挥员应注意哪些问题?

9. 对比分析各类生命探测器材(音频生命探测仪、视频生命探测仪、红外热成像仪、雷达生命探测仪)在事故现场的优缺点?

（五）

客轮扶正后,J 支队长命令 60 名消防参战官兵携带专业器材,做好个人防护,登上事故船只。现场指挥员将参战官兵分为 6 个攻坚组,将 1～4 层分为 4 个区域,责任到人、逐层查排。

10. 作为 J 支队队长应如何定下战斗决心?

11. 作为 J 支队队长针对现场情况如何分配救援力量?

（六）

6 日 4 时 30 分许,在 1 层船首舱内,有 1 名女性和 1 名男性被 20 余根船锚铁链死死缠绕,参战官兵用棉被包裹逝者,自己忍受狭小空间内切割火花烫伤的疼痛持续作业。通过破拆 439 房间隔壁洗手间和房间墙体,保全了 1 名腿部挂窗外的遇难者遗体。至 6 日 18 时许,参战官兵连续奋战 18 个小时,克服船体变形严重、作业通道狭窄、天气湿热异常、遗体水肿腐烂、官兵体力透支等不利因素。

12. 在破拆过程中应注意哪些问题?

13. 在救援过程中,如何开展搜救工作?

14. 作为中队指挥员面临长时间救援时,在合理分配官兵的休息时间方面应注意哪些问题?

（七）

6 日 19 时,60 名参战官兵回到中队,中队指挥员发现不少官兵连续几十个小时高强度工作,有的滴水(米)未进,有的中暑、受伤不下火线,有的直接在战斗服里解急等现象,连夜进行防疫洗消、药剂注射、心理干预。

15. 消防队在洗消防疫中应注意哪些问题?

16. 如何进行官兵的心理疏导工作?

（八）

8 日 17 时,解放军代表、J 武警消防支队、航务管理局、市政府等六方共同对减灾活动进行签字验收,标志着船体搜救完全结束。

17. 此类事故消防部队的清场撤离工作应包括哪些?

18. 应急救援结束后,信息发布有哪些要求?

19. 请根据当时事故情况,在图 3-9 中合理部署救援力量。

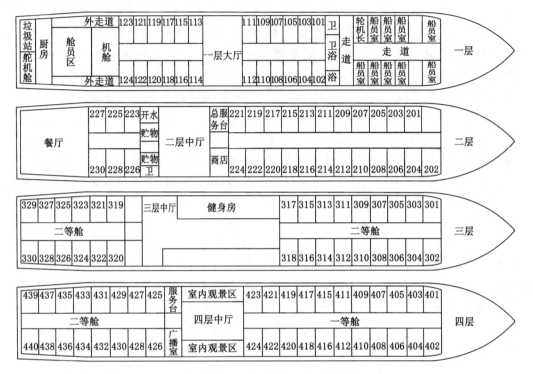

图 3-9　轮船分层平面布置图

第十节　飞机空难事故应急救援想定作业

一、基本想定

认真阅读本材料,熟悉整个救援过程。

（一）

某月 24 日 21 时 42 分,由 A 市飞往 B 市的 VD8387 号航班在 B 市机场降落时失事。失事地点位于机场跑道东侧 2 000 m 处一公园内,飞机坠落后发生剧烈燃烧。B 市消防支队迅速调集 7 个消防队和 1 个企业消防队,160 名官兵、32 辆消防车、11.8 t 泡沫赶赴现场,共射水 100 t、泡沫 2 t,成功搜救幸存者 54 人(独立搜救 27 人,与其他警种联合搜救 27 人),清理出遇难者遗体 44 具(飞机上机乘人员 42 人和被殃及的地面 2 人),及时为机场发布遇难者名单及处理善后事务提供了依据,成功完成了抢险救援和灭火任务。

（二）

飞机失事后发生剧烈燃烧,形成了机头、机身、机尾 3 个大小不等的燃烧区域。飞机残骸斜卧在遍布蒿草的砂石路上及公园内,机头朝西北落入公园人工湖内,驾驶舱尾部过火,并向前部蔓延;机尾朝东南,机尾前端过火,并向尾翼蔓延;机身已烧为残骸。事故现场浓烟滚滚,周围灌木丛生,大雾弥漫,能见度不足 30 m。飞机残骸周围有 50 多名轻度烧伤和骨折的乘客,灌木丛中哀嚎声不断。

(三)

21 时 45 分,机场消防队 2 辆消防车、6 名指战员到达飞机失事地点后迅速组成搜救和灭火两个战斗小组,每组 3 人,搜救小组负责在飞机周围全力搜救遇险乘客,成功救出 4 名受伤人员,灭火小组利用机场泡沫消防车出 1 支泡沫管枪从飞机残骸西侧对燃烧剧烈的机头和机身进行泡沫覆盖。

(四)

22 时 02 分,B 市支队全勤指挥部、一中队 23 名指战员、6 台消防车到达 CY 路与公园口,按照指挥部命令,留下 3 名指战员负责为机场消防队实施供水,其余人员迅速成立了4 个搜救小组。搜救小组每组 4 人,携带强光手电,采用边呼喊、边手拉手横向推进的作业方式,对飞机失事地点周围 500 m 的灌木丛进行拉网式、地毯式搜救,确保不遗漏一个伤员。

客机失事地点距离跑道有 2 000 m,位于机场铁丝网外的公园内,当时大雾弥漫,在使用强光手电的情况下,能见度不足 100 m,周围灌木、草丛中不断传出哭喊声和呼救声。参战指战员克服极寒天气及周围杂草丛生、地势凹凸不平、机场上空黑烟浓雾弥漫等不利因素的影响,以飞机残骸为中心由内向外全面进行搜救遇险人员。在飞机残骸西侧 300 m 处的CY 路上搜救了轻伤者 1 名、双臂重度烧伤者 1 名、四肢重度烧伤者 1 名以及 1 名脚踝骨折、身上多处受伤的男子(体重达 100 多千克),并将伤员送至救护车上;在飞机残骸北侧 200 m范围内和南侧 300 m 范围内的公园灌木丛中搜救出 22 名生还者(北侧灌木丛中 8 名,南侧灌木丛中 14 名)。截至 22 时 30 分,消防官兵独立搜救出 27 名生还者,联合各警种搜救出27 名生还者。

(五)

22 时 07 分,B 市支队司令部全体人员、特勤一中队全体官兵,照明车 1 辆(携带 4 个移动照明灯组)、泡沫消防车 1 辆、泡沫运输车 1 辆、水罐消防车 3 辆,共 30 人、10 t 泡沫赶到事故现场,并按照前线指挥部部署,迅速组成 3 个战斗小组。第一战斗小组 7 人,负责出一支泡沫管枪在飞机残骸西侧,配合机场消防队对机头、机身进行泡沫覆盖;第二战斗小组15 人,带领特勤中队 1 辆照明车、1 辆泡沫消防车绕至飞机残骸东南侧 100 m 处,利用特勤中队照明车和移动照明灯组为火场提供照明,同时利用特勤中队泡沫消防车出一支泡沫管枪对机尾实施灭火;第三战斗小组 8 人,带领特勤中队 3 台水罐消防车为特勤中队泡沫消防车实施供水;泡沫运输车停靠在路入口处待命,随时准备向火场前沿长距离(约 1 km)运送泡沫。此时,斜卧在砂石路上的失事飞机由于航空煤油泄漏,正处于猛烈燃烧状态。燃烧产生的高温火焰和大量浓烟,使得指战员根本无法近距离对其进行长时间泡沫覆盖。鉴于此,消防员顶着烈焰高温,在黑烟浓雾中,几进几出,强攻近战,逐渐控制住了火势。

(六)

22 时 13 分,二中队 3 辆消防车、22 名指战员到达现场。由于道路狭窄,消防车无法驶入,二中队将 3 台消防车停至 CY 路入口处,派出 16 名指战员徒步增援前线救援队伍,留下

6 名指战员为前方中队水罐消防车实施不间断供水。

（七）

22 时 20 分，飞机残骸明火得到有效控制。

22 时 45 分，三中队、四中队、五中队、六中队 15 辆消防车、79 名指战员陆续赶到现场，均停在 CY 路入口处，为主战车供水。

23 时 30 分，飞机明火全部处理完毕。

次日 18 时，机场消防队留守，现役消防队全部返回中队，圆满完成救援任务。

（八）

要求执行事项：

1. 熟悉本想定内容，了解该救援过程。

2. 以各级指挥员的身份理解任务，分析判断情况，回答问题。

（九）

力量编成：

特勤一中队：照明车 1 辆，泡沫消防车 1 辆，泡沫运输车 1 辆，水罐消防车 3 辆，官兵 30 人；

一中队：水罐消防车 4 辆、水罐泡沫消防车 2 辆，官兵 23 人；

二中队：水罐消防车 2 辆、水罐泡沫消防车 1 辆，官兵 22 人；

三中队：水罐消防车 3 辆、水罐泡沫消防车 1 辆，官兵 20 人；

四中队：水罐消防车 3 辆、水罐泡沫消防车 1 辆，官兵 20 人；

五中队：水罐消防车 3 辆、水罐泡沫消防车 1 辆，官兵 20 人；

六中队：水罐消防车 2 辆、水罐泡沫消防车 1 辆，官兵 19 人；

机场消防队：水罐消防车 1 辆、水罐泡沫消防车 1 辆，官兵 6 人。

二、补充想定

请根据基本想定内容，结合补充想定材料，完成相应问题。

（一）

某月 24 日 21 时 42 分，由 A 市飞往 B 市的 VD8387 号航班在 B 市机场降落时失事。失事地点位于机场跑道东侧 2 000 m 处一公园内，飞机坠落后发生剧烈燃烧。

1. 飞机空难事故的特点有哪些？

2. 作为中队指挥员，接到救援任务后，应考虑携带哪些装备器材？并说明各种装备器材的用途。

（二）

当日气温 −6～5 ℃，偏南风 1～2 级，小雨。事故地点距 B 市 20 km，其中到公园部分道路为乡村泥路，路况不佳。

3. 在极寒天气下，消防员应如何做好防冻措施？

4. 结合道路状况，消防队赶赴事故现场应注意哪些问题？

（三）

一中队到达现场后，发现飞机失事后发生剧烈燃烧，形成了机头、机身、机尾 3 个大小不等的燃烧区域。飞机残骸斜卧在遍布蒿草的砂石路上，机头朝西北插入公园人工湖内，驾驶舱尾部过火,并向前部蔓延;机尾朝东南,机尾前端过火,并向尾翼蔓延;机身已烧为残骸。砂石路道宽 3.6 m,两侧为深度 1.5 m 的简易排水沟。事故现场浓烟滚滚,周围灌木丛生,大雾弥漫,能见度不足 30 m。飞机残骸周围有 50 多名轻度烧伤和骨折的乘客,灌木丛中哀嚎声不断。

5. 请写出指挥员对事故现场的情况判断和所下决心。

6. 根据现场情况,作为一中队指挥员根据现有人员和器材装备,如何分配救援力量?

7. 针对救援现场,分析救援难点有哪些?

8. 空难事故中,警戒措施应注意哪些问题?

9. 空难事故中,救援和疏散措施应注意哪些问题?

10. 针对现场情况,如何对中队官兵进行现场心理疏导?

(四)

客机失事地点距离跑道有 2 000 m,位于机场铁丝网外 CY 路至临近公园内,道路狭窄,不能满足双向通行,且当时大雾弥漫,在使用强光手电的情况下,能见度不足 100 m,周围灌木、草丛中不断传出哭喊声和呼救声。同时,斜卧在砂石路上的失事飞机由于航空煤油泄漏,正处于猛烈燃烧状态。

11. 作为现场指挥部指挥员,针对现场情况,如何开展搜救工作?

12. 作为中队指挥员,应选择何种灭火剂进行灭火,并总结此类灭火剂的优缺点?

13. 根据现在情况,分析如何保证供水问题?

(五)

25 日 8 时,为查明失事客机事故原因,寻找飞机黑匣子,根据指挥部命令,配合有关救援部门特勤一中队消防官兵分为 4 个搜救组,在飞机坠机地点展开搜索,经过 8 个小时的搜索,终于在公园人工湖中,打捞起飞机黑匣子,同时,打捞出一具遇难者遗体。

14. 请分析水下救援应注意哪些问题?

(六)

25 日 18 时,机场消防队留守,现役消防队全部返回中队,圆满完成救援任务。

15. 此类事故消防部队的清场撤离工作应包括哪些?

16. 应急救援结束后,信息发布有哪些要求?

第四章 建筑物坍塌事故应急救援想定作业

【学习目标】

1. 熟悉不同类型建筑物坍塌事故的特点。
2. 熟悉建筑物坍塌事故处置的程序。
3. 熟悉各种车辆器材装备在建筑物坍塌事故处置中的运用。
4. 掌握建筑物坍塌事故的处置措施。
5. 培养建筑物坍塌事故应急救援处置的指挥能力。

建(构)筑物坍塌事故应急救援是基层公安消防部队承担的重要任务之一,建(构)筑物坍塌事故应急救援处置过程中,营救被困人员的难度较大,救援操作的技术要求较高,基层指挥员作为此类事故处置的骨干,应当积极研究建(构)筑物坍塌事故应急救援的技战术,不断提高救援效率。本章编写的想定作业是以近年来我国发生的一些有代表意义的建筑物坍塌事故处置案例为实际背景,对提升指挥员的判断处置能力,具有很强的指导意义。

第一节 居民住宅坍塌事故应急救援想定作业

一、基本想定

认真阅读本材料,熟悉整个救援过程。

(一)

某日 8 时 52 分,某市居民小区一居民楼发生坍塌,导致 1 人被困,6 人被埋压,埋压人员主要分布在 3、4 单元两个楼梯间和 307、508 室内。

(二)

该居民楼为五层砖混结构民用住宅,底下为车棚,每单元 2 户,共计 40 户,占地面积约 1 000 m²;坍塌部位为该楼 3、4 单元,现场自北向南形成约 600 m² 的废墟堆积体,最高点达 8 m。

(三)

8 时 52 分,辖区大队接公安接警中心指令,迅速调派辖区一、二中队赶赴现场,并立即向支队指挥中心汇报;提请政府启动县级应急联动预案,调派公安、医疗、电力、建设等联动力量协助救援。

8 时 56 分,消防支队接辖区大队报告后,按照《公安消防支队全勤指挥部应急处置预案》,迅速启动一级响应,一次性调集 12 个抢险救援编队(2 个特勤中队、9 个普通中队及战勤保障大队)共 20 余辆消防车、200 余名官兵携带 7 台雷达生命探测仪和 20 余套重型支撑破拆工具赶赴现场。全勤指挥部遂行出动,第一时间提请市政府启动市、县两级社会应急联动预案,紧急增调 300 余名公安特警、武警参与现场秩序维护,调集 2 台挖掘机、3 台重型吊车配合救援,调集医疗、建筑等专业人员到场协助,并立即向总队指挥中心报告。9 时 05分,总队全勤指挥部接报后立即遂行响应,同时调派搜救犬中队支援,并通知战区支队做好增援准备。

(四)

9 时 01 分,首批救援力量辖区一中队到场后,随即向支队和当地政府报告现场情况。面对恐慌群众和惨烈现状,消防官兵立即分组展开救援行动:一组迅速进行疏散警戒,清除危险源,防止危楼倒塌、煤气爆炸和触电伤人;一组对现场进行全面侦察,迅速了解被困人员信息。

通过侦察,消防官兵在靠近坍塌废墟的危楼北侧 205 室发现一名被困老人(司徒某),并立即架设拉梯破拆防盗窗进行营救。9 时 10 分,被困者被成功救出。救援人员在废墟北侧又发现了第二个人员被困点,有 3 人被埋压,被困者位置距地面 5 m,上方被大块楼板和横梁压盖。辖区大队立即集中力量展开救援。

现场作战指挥部成立后,组织社区工作人员对住户进行排查,排查后得知此次事故还有6 人被困或失联:307 室 2 人(1 人已发现),505 室 1 人,507 室 2 人(已发现),508 室 1 人。通过雷达生命探测仪、搜救犬逐点探测,结合周边同类建筑的比对分析和手机信号定位,指挥部综合研判信息,快速确定了被埋压人员位置。10 时许,在废墟东北角成功定位 505 室住户单某某;12 时 05 分,在废墟最南面成功定位 508 室住户王某某;13 时 10 分,在废墟中部成功定位 307 室住户沈某某。

(五)

排查定位人员的同时,北区前沿指挥迅速组织力量开展搜救,对第二救援点增派力量。在对倾斜墙体保护支撑、起重吊机固定横梁构件后,救援人员通过人工清理、机械破拆逐步扩大作业空间。10 时 44 分,成功将第 2 名被困人员(507 室王某某)救出。11 时 39 分,第3 名被困人员救出(507 室吕某某)。11 时 49 分,第 4 名被困人员救出(307 室陈某某,68岁,后因抢救无效死亡),如图 4-1 所示。

(六)

南区搜救也在紧张进行。前沿指挥根据现场情况,组织精干力量积极营救 505 室住户单某某。同时分组对划定区域进行地毯式搜索。通过喊话和仪器侦测,及时发现了 307 室住户沈某某的埋压位置,并迅速展开营救。

在北区被困人员成功获救后,现场作战指挥部迅速调整救援重点,转移至南区,集中力量营救其他被困人员。12 时 45 分,成功救出第 5 名被困人员(508 室王某某)。

(七)

505 室住户单某某埋压在坍塌废墟和残余危房的连接缝,西面完全坍塌,东面危楼摇摇欲坠,上方又被一个钢筋混凝土水箱死死压住,大型机械无法作业。指挥部立即指定建筑专家和 2 名消防官兵担任观察员,并调集挖掘机在作业平台上方进行遮挡保护。通过救援人员的单手挖掘,在清理被困者大腿以上部位的废墟后,采取民用气动碎石机对其身后的水塔进行破拆,以扩大救援空间。经过救援人员的艰苦作业,15 时 43 分,被埋压了 7 个小时的

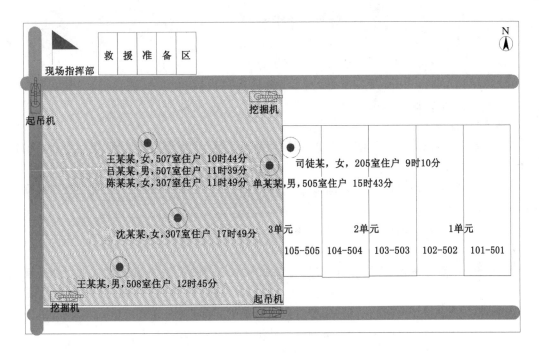

图 4-1 救援力量部署图

单某某被成功救出。

（八）

307 室住户沈某某被困在废墟中心，上方有一重达 5、6 t 的水塔，周围被圈梁埋压。指挥部紧急会商后，确定"支撑固定与逐层清理相结合、人工清理与机械吊离相结合"的战术措施，果断吊离水塔，局部破拆圈梁，用枕木加固废墟上部，人工同步清理，不断扩大作业空间。16 时许，露出了被困者身体，被困者背部朝上，呈跪式蜷卧状，一整张席梦思床垫压住下身，上方被北侧的横梁等为大量构件死死压住，一度出现短暂昏迷。现场各级领导要求务必确保被困者安全。在对其输液和输氧后，救援人员用起吊机牵引固定，对席梦思周边进行徒手清理，并尝试利用起重气垫救出。由于作业空间狭小，席梦思牵引不受力，现场指挥部果断调整救援方案，由垂直救援改为垂直与横向救援同步进行。利用第二台起吊机将南侧圈梁进行牵引固定，从圈梁底部进行破拆清理，逐步扩展作业空间。17 时 49 分，被埋压 9 个小时的 21 岁女孩沈某某被成功救出。

（九）

在最后一名被困者救出后，本着对生命负责的态度，现场作战指挥部将救援任务的重心调整为"反复搜索，不留死角"，调集所有生命探测仪、搜救犬对整个废墟现场进行地毯式反复搜索。经过连夜搜索，5 日 10 时许，结合社区居委会的外围排查结果，确定无其他人员被困后，救援力量陆续返回；18 时，救援行动圆满结束，部队全部归队。

（十）

要求执行事项：

1. 熟悉本想定内容，了解该救援过程。

2. 以各级指挥员的身份理解任务，分析判断情况，回答问题。

（十一）

力量编成：

总队全勤指挥部：指挥车 1 辆，官兵 5 人；

支队全勤指挥部：指挥车 1 辆，官兵 10 人；

特勤一中队：抢险救援消防车 2 辆、水罐消防车 2 辆、雷达生命探测仪 1 台、重型支撑破拆工具 2 套，官兵 32 人；

特勤二中队：抢险救援消防车 1 辆、照明消防车 1 辆、水罐消防车 2 辆、雷达生命探测仪 1 台、重型支撑破拆工具 2 套，官兵 30 人；

一中队：抢险救援消防车 1 辆、水罐消防车 2 辆、雷达生命探测仪 1 台、重型支撑破拆工具 2 套，官兵 24 人；

二中队：抢险救援消防车 1 辆、水罐消防车 1 辆、雷达生命探测仪 1 台、重型支撑破拆工具 1 套，官兵 14 人；

三中队：抢险救援消防车 1 辆、雷达生命探测仪 1 台、重型支撑破拆工具 1 套，官兵 8 人；

四中队：抢险救援消防车 1 辆、重型支撑破拆工具 1 套，官兵 8 人；

五中队：抢险救援消防车 1 辆、重型支撑破拆工具 1 套，官兵 8 人；

六中队：抢险救援消防车 1 辆、重型支撑破拆工具 1 套，官兵 8 人；

七中队：抢险救援消防车 1 辆、重型支撑破拆工具 1 套，官兵 8 人；

八中队：抢险救援消防车 1 辆、重型支撑破拆工具 1 套，官兵 8 人；

九中队：抢险救援消防车 1 辆、重型支撑破拆工具 1 套，官兵 8 人；

战勤保障大队：空气呼吸器气瓶车 1 辆、抢险救援消防车 1 辆、水罐消防车辆 1 辆、雷达生命探测仪 2 台、重型支撑破拆工具 7 套，官兵 24 人；

搜救犬中队：官兵 10 人，搜救犬 2 条。

二、补充想定

请根据基本想定内容，结合补充想定材料，完成相应问题。

（一）

9 时 01 分，首批救援力量辖区大队、一中队到场，发现事故建筑从 3 单元楼梯间（含）以西部分自北向南呈粉碎性坍塌，建筑构件堆积深埋、交错复杂，形成大体量废墟堆。未坍塌建筑连接部分已明显倾斜，墙体、构件摇摇欲坠。部分人员未能逃离事故区域，被埋压的人员数量、位置不确定。楼内大量煤气罐散落、电气线路断裂，并伴有多处着火点，随时可能引发次生灾害。

事故发生后，楼内部分被困群众主动通过手机传递求救信号，微信、微博等媒体迅速传播，引发了社会各界高度关注，各级党委政府和社会各界对消防部队救援行动寄予很大的希望。中央电视台全程直播，浙江卫视、网易、凤凰网等数十家主流媒体跟踪报道，社会焦点自始至终聚焦于救援现场，给救援人员造成极大的心理压力。

1. 此次事故救援有哪些特点？

2. 根据判断的结论，你的初步决策是什么？

3. 辨识本案例中的危险源有哪些？

（二）

事故发生后,支队第一时间启动相关预案,快速调派 9 个抢险救援编队共 20 余辆消防车、200 余名官兵携带 7 台雷达生命探测仪和 20 余套重型支撑破拆工具赶赴现场。全勤指挥部遂行出动,第一时间提请市政府启动市、县两级社会应急联动预案,紧急增调 300 余名公安特警、武警参与现场秩序维护,调集 2 台挖掘机、3 台重型吊车配合救援,调集医疗、建筑等专业人员到场协助,为救援提供了人员、装备保障。

4. 针对建筑坍塌事故救援,公安消防部队接警后应调集哪些器材装备? 为什么?

5. 针对建筑坍塌事故救援,应调集哪些社会联动力量? 分别承担什么任务?

（三）

辖区大队、一中队到场后,面对恐慌群众和惨烈现状,迅速进行疏散警戒,清除危险源,防止危楼倒塌、煤气爆炸和触电伤人。但由于警力有限,尽管已经设置了警戒,但力量相对薄弱,无法阻止大量群众围观,不仅造成了安全隐患,还对初期使用仪器侦察形成了干扰。救援过程中,大范围救助转为单个定点救助,各参战力量(含社会力量)急于表现,导致场面比较混乱。救援指挥部紧急增调 300 余名公安特警、武警参与现场秩序维护。

6. 面对现场混乱情况,应如何设置警戒?

7. 在建筑坍塌事故救援现场,如何进行安全防护,确保救援人员安全?

（四）

现场作战指挥部成立后,通过社区工作人员对住户的排查,了解到此次事故还有 6 人被困或失联:307 室 2 人(1 人已发现),505 室 1 人,507 室 2 人(已发现),508 室 1 人。通过雷达生命探测仪、搜救犬逐点探测搜寻,快速确定了被埋压人员位置。10 时许,在废墟东北角成功定位 505 室住户单某某;12 时 05 分,在废墟最南面成功定位 508 室住户王某某;结合周边同类建筑的比对分析和手机信号定位,13 时 10 分,在废墟中部成功定位 307 室住户沈某某。

8. 人员搜救的方法有哪些?

9. 人员搜救的器材有哪些? 有何优缺点?

10. 针对大规模坍塌现场,如何组织人员搜救?

（五）

一中队到场后,在靠近坍塌废墟的危楼北侧 205 室发现一名被困老人,消防官兵立即架设拉梯破拆防盗窗进行营救。9 时 10 分,被困者被成功救出。这是救援行动中第一个成功救出的被困人员,距消防官兵到场仅过去 9 分钟。在排查定位埋压人员后,首先救出 507、307 室的 3 名埋压人员,然后再集中力量营救救援难度较大的 508、505、307 室的 3 名埋压人员。

11. 在被困人员较多的情况下,救人时应遵循什么原则?

12. 对浅表层被困人员应采取什么方式和措施进行营救? 应注意哪些事项?

（六）

307 室住户沈某某被困在废墟中心,上方有一重达 5、6 t 的水塔,周围被圈梁埋压。指挥部紧急会商后,确定“支撑固定与逐层清理相结合、人工清理与机械吊离相结合”的战术措施,果断吊离水塔,局部破拆圈梁,用枕木加固废墟上部,人工同步清理,不断扩大作业空间。在对其输液和输氧后,救援人员用起吊机牵引固定,对席梦思周边进行徒手清理,并尝试利用起重气垫救出。利用第二台起吊机将南侧圈梁进行牵引固定,从圈梁底部进行破拆清理,逐步扩展作业空间。17 时 49 分,被埋压 9 个小时的 21 岁女孩沈某某被成功救出。

13. 对于深层埋压人员,可采取哪些救援方法?

14. 破拆器材有哪些?破拆该类事故的坍塌构件应选择什么破拆器具最有效?

15. 为了避免二次坍塌的发生,救援人员在破拆时应注意哪些问题?

16. 在进行被埋压人员救援时,应如何防止其二次伤害?

（七）

次日 10 时许,结合社区居委会的外围排查结果,确定无其他人员被困后,向指挥部报告,根据指挥部命令撤离。18 时,救援行动圆满结束,救援力量陆续返回归建。

17. 事故处置完毕后,作为指挥员,如何组织清场撤离?

（八）

此次救援,调用了 7 台雷达生命探测仪和 20 余套重型支撑破拆工具赶赴现场,同时调派搜救犬中队支援。采用雷达生命探测仪逐点探测、搜救犬搜寻和手机信号定位等多种手段,为快速确定被困人员位置提供了保障。在救援中使用了 2 台挖掘机、3 台重型吊车及民用气动碎石机,大型机械为救援顺利开展提供了装备保障。

18. 建筑坍塌事故救援中战勤保障的难点是什么?如何保障?

（九）

事故发生后,支队第一时间提请市委、市政府迅速启动联动预案,调集公安、武警、建设、医疗等部门和相关技术专家、大型工程车辆到场救援;及时组织力量实行交通管制,维护现场秩序。指挥部组建建筑结构、医疗救助等专家组,为救援行动实时提供现场技术支持;及时启动部队和社会两级战勤保障,为抢抓救援"黄金时间"和持续作战提供了人员、技术和装备的保障。但由于到场救援力量较多,加上其他参战部门急于表现,一度影响了救援工作的进展;加之由于消防部门对其他到场力量无直接指挥权,导致救援工作需要多方协调后才可实施。

19. 在此次救援中,社会联动存在哪些问题,作为指挥员如何协调?

（十）

此次居民坍塌事故救援,中央电视台全程直播,浙江卫视、网易、凤凰网等数十家主流媒体跟踪报道,社会焦点自始至终聚焦于救援现场。微信、微博等媒体迅速传播,社会关注度大。

20. 如何做好信息发布工作?

第二节　施工建筑坍塌事故应急救援想定作业

一、基本想定

认真阅读本材料,熟悉整个救援过程。

（一）

某日 17 时 55 分左右,M 市一在建厂房突然发生瞬间整体坍塌,两层高的厂房瞬间变为一片废墟,80 多人全被埋压在钢筋、水泥、砖块、楼板中。该在建厂房占地面积 2 664 m²,

单层建筑面积 1 850 m²，总建筑面积 3 700 m²。建筑物结构为砖混结构，总施工人数 80 多名。其中 70 多名工人正在二层楼顶灌注混凝土，12 名泥水工在底层装修粉刷。该建筑施工属无证施工。建筑基本情况如表 4-1 所列，建筑结构如图 4-2 所示。

表 4-1 建筑基本情况表

建筑名称	厂房（名称未取）	地址	M 市湖里区禾山镇高林村
建筑性质	村民自建	层数	2 层
占地面积	2 664 m²	长×宽×高/m	50×40×8
单层建筑面积	1 850 m²	总建筑面积	3 700 m²
建筑结构	砖混	施工进度	二层倒板
施工人数	80 多人	施工情况	无证施工
人员分布		二层 70 多人（浇灌水泥），一层 12 人粉刷内墙	

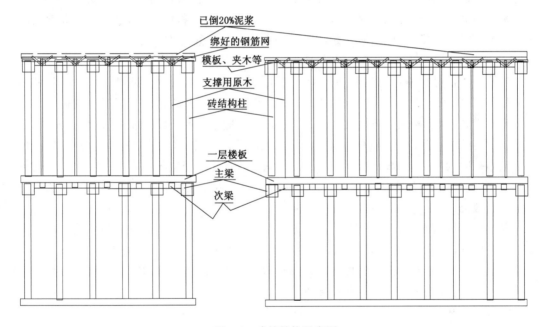

图 4-2 建筑结构示意图

（二）

18 时 02 分，市 119 指挥中心接到报警后，立即启动了《重大房屋坍塌事故救援预案》。支队指挥中心及时调动特勤一中队、特勤二中队、特勤三中队、五中队、六中队、七中队共 6 个中队及机关人员、17 辆以多功能抢险车和大功率照明消防车为主的消防战斗车、185 名官兵赶赴事故现场进行救援。并向市政府报告，M 市政府接到灾情后启动了突发公共事件应急预案。公安、120 医疗急救中心、市政工程抢险、交警、武警、警备区以及预备役部队等单位接到指令后也先后到达了事故现场。

（三）

省委领导接到灾情报告后也立即赶到了现场，迅速成立事故现场指挥部，在听取消防支队长的情况汇报后,市委书记做出四条指示:一是现场由消防支队用生命探测仪和公安警犬队进行搜索,具体确定被困人员的位置,组织力量抢救;二是公安民警和武警等其他人员撤出现场,在外围待命和维持秩序;三是通过现场被救人员,进一步了解事发前现场情况;四是把工程施工负责人带到现场,具体核实现场到底有多少人被困,已经救出来送医院的有多少人,用剩余法判断还有多少人被困。书记的指示,确立了现场救援工作的指导、决策。副书记当即拿起扩音喇叭果断下达命令,决定现场救援工作由消防支队长任现场救援总指挥,消防部队为抢险主力队伍,其余人员暂时撤离现场待命。警备区政委毅然下令将所带部队撤出现场,在外围负责大型抢险车辆的道路清障等工作。市领导的科学决策,为消防官兵全身心投入搜索救人作业,取得最后的全面胜利奠定了坚实的基础。

(四)

支队长受命后根据现场的情况,立即召集参战官兵进行简要的思想动员,并把2 000多平方米的废墟分成6个区域,将参战官兵分成6个搜救小组,每个小组分别指定一名到场的消防支队、大队领导进行现场指挥。并再次强调要凸显生命救助,注意自身法律保护,对被困人员伤情先由120鉴定后,确认有生命迹象的要严格按照程序救助,严防二次伤害,没有生命迹象的按一般常规处理,确保足够时间和精力去救援其他被困人员。

(五)

特勤二中队是接警后第一出动力量。18时17分抵达事故发生地时,由于现场缺乏组织而显得慌乱,中队指挥员果断采取措施:一是在派出所民警的协助下,把围观群众和受困者的家属带离现场,避免废墟再次坍塌;二是在事故现场出入口设置警戒线,禁止无关人员涌入;三是向支队指挥中心和有关领导汇报现场情况;四是根据建筑物整体垮塌的情况和建筑物倒塌抢险的特点,在派出所民警及当地知情群众的配合下,分成7个小组,利用液压剪、长臂钢筋剪、液压顶杆、高压气垫等装备迅速将埋压在事故现场上层的35名被困工人救出,交由120救治。

通过现场询问得知,还有9名工人被压埋在底层,副中队长立即下达任务,分成5个小组对现场展开深层次搜索,并很快发现在事故现场1号点、2号点和3号点各有一名人员被埋压在水泥板下,救人行动迅速展开。并及时向先期到场的副参谋长和增援单位通报现场情况,及时为抢险工作提供信息和指挥决策。官兵们利用液压剪、机动链锯、千斤顶和现场木柱等器材顺利将1号点、2号点的2名被埋压人员救出。

(六)

18时33分,特勤一中队到场,根据现场救援总指挥的命令,主要负责事故现场的照明和东北一侧的搜索救人工作。在副政委带领下,官兵们利用生命探测仪、机动链锯、切割机、高压气垫、千斤顶、液压顶杆、镐、链、挖掘工具和特勤器材,与增援中队协同救出底层被困工人4名(其中1人存活,3人死亡)。

(七)

18时38分,五中队到场,根据指挥部命令,兵分两组,一组由副支队长带领负责对经被救伤员指认有人被压的西南角处展开搜索施救,另一组由指导员带领,协同特勤二中队在西面成功地解救出一名被困人员。

(八)

18时45分,七中队到场,配合特勤二中队在西北角救出一名工人。该男工获救后,提供了他做小工的妻子被困在离他 3 m 处的地方的信息。得知这一情况后,指挥员迅速组织官兵用消防斧在指认地点附近的水泥板上的 3 个不同点分别砸开一个洞口,通过喊话,提醒其用砖头敲击身边的水泥板,确认位置后,即利用液压剪、钢筋剪和切割机切断钢筋和混凝土板块后,用手扒开障碍物,19 时 40 分,耐心细致地救出了该男工的妻子。

（九）

18 时 48 分,六中队到场,经过搜索,在东南侧发现一名上身被埋,腰部被水泥板压住的受困人员。在市政建设工程指挥部大型铲车操作手和警备区、民兵预备役官兵的共同协作下,将路面的障碍物和压在被困人员身体上的残垣断壁进行清理,21 时 50 分,受困人员被救出。

（十）

大面积的房屋坍塌救援,必须有持久作战的准备,要按打攻坚战、持久战准备,采取轮番上阵方法,安排官兵的战斗和休息,保持旺盛的战斗力,保证在关键时刻以充沛的体力完成救援任务。特勤三中队赶到现场后,作为增援力量,他们主要配合特勤一中队和特勤二中队的救援任务,为兄弟中队保存体力,做好长时间作战准备。

（十一）

要求执行事项:

1. 熟悉本想定内容,了解该救援过程。

2. 以各级指挥员的身份理解任务,分析判断情况,回答问题。

（十二）

力量编成:

支队机关:官兵 40 人;

特勤一中队:抢险救援消防车 3 辆、水罐消防车 2 辆,官兵 30 人;

特勤二中队:抢险救援消防车 3 辆、水罐消防车 2 辆,官兵 25 人;

特勤三中队:抢险救援消防车 3 辆、大功率照明消防车 1 辆,官兵 25 人;

五中队:抢险救援消防车 1 辆,官兵 20 人;

六中队:抢险救援消防车 1 辆,官兵 20 人;

七中队:抢险救援消防车 1 辆,官兵 20 人。

二、补充想定

请根据基本想定内容,结合补充想定材料,完成相应问题。

（一）

某日 17 时 55 分左右,M 市 A 区一幢在建厂房突然发生坍塌,两层高的厂房瞬间变为一片废墟,80 多名正在施工的人员被埋压在废墟中。

事故发生后,天色渐渐变暗,救援行动受到影响。在第一时间,用好部队照明装备的同时,命令辖区消防大队长负责协调,充分利用施工工地周围厂房架设临时照明设备对现场进行照明,确保了参战部队救援工作的顺利开展。

1. 此次建筑物坍塌事故的危险源有哪些?

2. 接警出动时需考虑携带、调集哪些救援器材装备?

3. 在此次事故救援中如何保障救援行动的照明工作?

（二）

此事故共有 44 名被埋压人员,其中 35 名为上层被困人员,9 名为被埋压在底层人员,(9 人当中生还 5 人,不幸遇难者 4 人)。官兵们采取对知情人核实,排查确认等方法,利用视频生命探测仪、音频生命探测仪以及搜救犬等工具,采用以柱为界,逐步推进,深入现场的战术方法,定人、定位、分片包干认真细致地在废墟中搜索被困者。各参战单位在执行总指挥的统一指挥下,按照各自的分工,根据房屋坍塌灾害事故处置预案要求,分别找出 9 名被埋压的受困人员。

4. 在搜寻被埋压人员过程中可以采取哪些方法进行?

5. 搜救时如何做到有条不紊,一人不漏?

（三）

各联动救援队伍的到来,在给抢险工作提供有力保障的同时,也给抢险现场组织指挥带来困难。因为房屋坍塌现场,特别是有活人被埋压的事故现场,要体现珍惜生命、科学救援的原则,就必须摒弃"人海战术",一方面防止因大批人马涌上倒塌废墟,踩压引起新的坍塌,造成被埋压生命的二次伤害,另一方面防止嘈杂的人群严重干扰生命探测仪和警犬的搜索救人,这也是影响抢险救援成功与否的关键。

6. 在搜寻过程中应如何设置警戒,避免干扰?

7. 作为特勤中队中队长如何解决与其他救援力量协调配合的问题,保证快速救援?

（四）

这次事故受困人员较多,现场坍塌情况复杂,为提高救援效率,特勤中队指挥员提出对已经作业过的楼板,应使用记号笔进行标记,防止重复搜寻和作业;施工工地坍塌现场的材料、工具成为这次救援的重要补充器材。例如:利用工地长臂钢筋剪剪切直径 10 mm 以下的钢筋比国产电锯要快,利用工地木柱现场制作支撑顶杆不比专业不锈钢顶杆逊色。

8. 请绘制搜救标志和作业标志。

（五）

特勤二中队在清理埋压在西南角被困工人身上的障碍物时,发现其左脚被坍塌的钢筋混凝土梁压得不能动弹。副支队长经过侦察后,命令中队官兵以人性化、程序化、装备合理应用的救助原则,组织官兵实施救援工作,注意心理安慰,以尽可能减少他们的体能消耗。救援人员作业时,避开可能伤害到伤员的楼板,消防官兵一边救助,一边与被困人对话、送水,稳定被困人员的思想情绪,宁愿多费力气,也不使用会产生大噪声,产生火花、火焰的金属切割机、气体焊烧器等救援设备。避免生拉硬拽,以免造成二次伤害。脊椎受伤者,搬运时,在 120 医务人员的指导下,用救护担架搬运。经过近 3 个小时奋战,21 时 35 分左右,在市政工程铲车的配合下成功将这名受困工人救出并及时送往医院救助。

9. 如何防止对被困人员的二次伤害?

（六）

在救援被埋压在底层的受困人员时,抢险小组利用救援顶杆或现场的木梁等对建筑构件进行支撑固定,防止二次坍塌。使用大型组合式液压破拆工具、救援气垫等救援工具,配合人工作业,将伤员救出。在事故现场抢险时,辨清方向,循原先进入的路线返回,若发现有再次坍塌危险时,应对建筑构件进行加固、支撑等。要求进行楼板吊移时,起重臂下严禁站人;在钻孔作业时,缓慢推进,防止意外伤害。

10. 在救援埋压人员时,如何做好自身的安全防护?

(七)

搜寻小组发现伤员后,抢险小组立即携带救援顶杆、救援气垫、液压剪、扩张器、斧头、铁锹、铁铤等器材进入伤员位置,采取破拆、扩张、挖掘等方法,将伤员救出,发现伤员骨折,先进行包扎固定,用担架移送到安全地带。在救人时以准确、快捷而轻巧的动作,首先暴露伤员的头部,清除口鼻内灰土和异物;其次暴露胸腹部,保持呼吸畅通,如窒息,应立即进行人工呼吸。由于施救时间较长,考虑到被困者伤势较严重,官兵及时通知 120 急救中心医生为其止血、止痛和输液、供氧处理;对于需急救、止血、包扎的伤员,及时通知 120 医务人员处理后再运送。

11. 在救援被困人员时如何进行初期的救护?

12. 救援过程中如何体现人道主义精神?

(八)

特勤一中队根据现场救援总指挥的命令,他们主要负责事故现场的照明和东北一侧的搜索救人工作。在副政委带领下,官兵们利用生命探测仪、机动链锯、切割机、高压气垫、千斤顶、液压顶杆、镐、铤、挖掘工具和特勤器材,与兄弟中队协同救出被困工人 4 名(其中 1 人存活,3 人死亡)。

13. 当发现被救人员已无明显存活迹象时应该怎么办?

(九)

特勤三中队赶到现场,作为增援力量,他们主要配合特勤一中队和特勤二中队的救援任务,为兄弟中队保存体力,做好长时间作战准备。20 时 05 分,公安警犬队队长带领队员,牵着搜索犬前来增援。他们陪着警犬在黑压压的水泥板下,钻来钻去搜寻生命迹象,终于在废墟的西南部和东北部搜索到 2 名受压埋工人。

14. 对埋压位置不明、无明显生命迹象的被困人员如何进行搜救?

(十)

21 时 35 分,在市政大型破碎机操作手和铲车操作手的协助下将被困者救出。

15. 在采用大型机械设备救援时应注意哪些问题?

(十一)

次日凌晨 1 时,原先确定的 8 名受困工人已全部被救出。消防官兵刚想松一口气,事故调查询问组传来尚有一名工人失踪的信息,大家的神经又紧绷起来。根据现场救援总指挥的指令,特勤一中队中队长带领侦察小组,利用生命探测仪探测,经过一番艰难的搜索终于在现场东北角倒塌的围墙下面发现最后一名被压埋者。

16. 清场撤离前应考虑哪些问题?

(十二)

这起由于违章建筑导致大面积坍塌的重大安全生产事故,造成 80 多人受困(其中 9 人被压埋在废墟底层)。但在相关救援队伍的支持配合下,经过消防官兵的科学抢救,成功将受困和被压埋工人悉数救出,且没有人受到二次伤害。

17. 大面积的房屋坍塌救援,如何保持持续的战斗力?

18. 信息发布应注意哪些问题?

19. 在图 4-3 上画出支队指挥员到场后各救援力量部署。

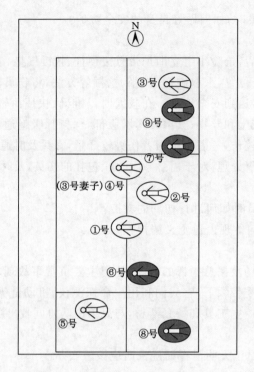

图 4-3　施工建筑坍塌事故救援示意图

第三节　大跨度厂房坍塌事故应急救援想定作业

一、基本想定

认真阅读本材料,熟悉整个救援过程。

（一）

某日 7 时 43 分,某市服装厂缝纫车间厂房发生坍塌,消防支队指挥中心接到报警后,立即启动《支队重特大灾害事故应急救援预案》,迅速调集战勤保障大队、6 个消防中队、120 名官兵、19 辆执勤车赶赴事故现场进行救援。经过近 5 个小时的奋力抢救,救援行动于 12 时 15 分全部结束,成功救出 47 名被埋压人员,其中 37 人生还,10 人不幸遇难。

（二）

该服装厂是一家刚刚投入生产的服装加工厂,该厂租用村原木材加工厂厂房,厂址位于市西外环某村内。厂区西侧是 3 个东西走向大跨度生产车间,由南至北分别为 1 号和 2 号缝纫车间、3 号成衣车间;厂区东南侧是一个材料和成品仓库;厂区东北侧是办公区,如图 4-4 所示。三个大跨度生产车间均为长 80 m、宽 20 m、高 4.5 m 的砖混、轻质钢架结构单层建筑,仓库和办公用房也均为砖混单层建筑。

发生坍塌事故的是 2 号缝纫车间,该车间顶部整体坍塌,坍塌面积为 1 600 m²,车间东面是厂院,南北两侧是厂区内道路,分别距离 1 号缝纫车间和 3 号成衣车间约 10 m,东南侧约 25 m 是材料和成品仓库。车间共有 3 个疏散门,1 个是连接成衣车间的北门、2 个是进出

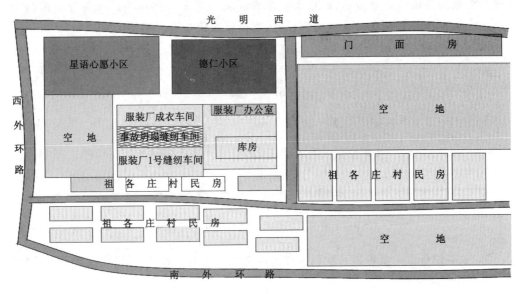

图 4-4　服装厂总平面图

车间的南门。

（三）

7时43分,市公安消防支队119指挥中心接到服装厂缝纫车间厂房发生坍塌事故报警后,迅速调集辖区特勤一中队及就近的特勤二中队、消防二中队赶赴事故现场实施应急救援,当日支队值班首长副支队长带领机关全勤指挥部赶赴现场实施救援指挥,并立即将情况报告支队长。根据支队长的命令,支队指挥中心迅即启动支队重特大灾害事故应急救援预案,调集三、四、五中队和战勤保障大队到场增援,共计6个中队、120名官兵、19辆执勤车赶赴事故现场进行救援。同时向市政府、市公安局及总队指挥中心报告事故情况。接到报告后,市政府立即启动了全市重特大灾害事故应急救援预案,紧急调集市公安、武警、医疗救护、供电、市政、安监等相关部门共计300余人赶赴事故现场参加救援。

7时58分,特勤二中队3辆执勤车、18名官兵到场;8时整,二中队3辆执勤车、18名官兵到场。

（四）

7时50分,辖区特勤一中队4辆执勤车、24名官兵首先到达事故现场。到场时现场局面混乱,大量群众拥入坍塌区域挖掘救人。通过询问该厂负责人和员工,对现场情况进行初步侦察后,了解到事故车间房顶是在瞬间整体坍塌下来的,初步估计,约有近50人被埋压。

中队指挥员迅速组织官兵实施警戒,在坍塌厂房内东部展开救人行动,同时通过询问该厂负责人和员工,对现场情况进行初步侦察。

（五）

7时55分,副支队长带领全勤指挥部人员到达事故现场后,迅速了解事故现场基本情况,及时成立了现场指挥部。

现场指挥部根据当时情况,迅速下达作战命令:

第一,划分区域,分班编组,科学施救。为了便于疏散和转移伤员,将坍塌现场按照车间疏散门由东向西依次划分为 A、B、C 3 个作战区域。对 3 个到场中队人员分班编组,设立 6 个救援小组,每个区域分 2 个小组,分别负责搜寻定位和破拆施救,如图 4-5 所示。

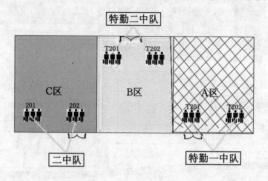

图 4-5　服装厂坍塌事故救援战斗力量部署(1)

第二,单位负责人负责进一步核实和清点坍塌车间工作人员数量,明确被困人员具体数量和被埋压位置等情况。

第三,由公安派出所民警和单位负责人负责组织疏散现场无关人员,实施现场警戒,并组织职工、村民编成 3 个小队,负责在 3 个救援区域协助消防官兵清理建筑废墟和建筑构件。

第四,由到场的区公安分局民警组织部分群众利用大绳、木棍固定支撑没有倒塌的高墙,防止造成二次倒塌,每个救援区域设立安全员,负责坍塌厂房四周危墙的观察、警戒和发出紧急撤离信号。

8 时 23 分,市委书记、市长、公安局局长等领导也相继赶到事故现场,指挥救援工作。支队长简要汇报事故救援进展情况后,市委市政府迅速成立了以市委书记为总指挥、市长为副总指挥的事故救援总指挥部,下设前沿指挥组、医疗救护组、外围警戒组、清理搬运组、事故调查组、新闻发布组。总指挥部明确了"以消防专业救援力量为主,其他政府职能部门和相关单位协同,公安武警配合搬运清理"的救援方针,确定前沿指挥组由消防支队组成,负责一线组织指挥,救援群众全部撤离现场,改由公安民警和武警官兵负责搬运被救人员和建筑构件。

（六）

8 时 05 分,支队长、政委带领支队其他党委成员和部分机关干部到达事故现场,副支队长迅速汇报现场情况并移交指挥权,现场指挥部由支队长、政委担任总指挥和副总指挥。现场指挥部召集各区域指挥员分析研究现场情况,进一步明确人员职责分工,确定了 3 个区域分指挥员,并将随后于 8 时 08 分赶到的四中队 3 辆执勤车、18 名官兵,分编为 3 个破拆救人小组,分别充实到已划定的 3 个救援区域,与先前的 6 个破拆救人小组共同开展救援行动,每个区域达到 3 个破拆救人小组,副支队长、副参谋长、战训科长分别负责 3 个区域的前沿指挥。

（七）

8 时 17 分,三中队 2 辆执勤车、17 名官兵;8 时 20 分,五中队 2 辆执勤车、15 名官兵也分别到达事故现场,各组成 2 个破拆救人小组,分别增援 A、C 两个救援区域,由东西两端向中央方向展开救援行动,3 个救援区域共有 13 个破拆救人小组,如图 4-6 所示。

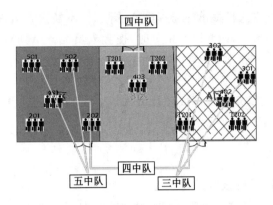

图 4-6　服装厂坍塌事故救援战斗力量部署图(2)

8 时 26 分,支队战勤保障大队战勤保障车携带破拆工具、锯片、铁锹、维修工具、机动油料及手套、口罩、防毒面具等防护装备到达灾害现场。

(八)

8 时 25 分,根据现场面积大、埋压人员多、埋压点分散且不确定,而参战力量先后到场并均已投入了救援行动等情况,前沿指挥组决定将到达现场的 6 辆抢险救援车和战勤保障车携行的 2 套蛇眼生命探测仪、3 套红外生命探测仪、3 套音频生命探测仪、6 台机动链锯、7 台无齿锯、6 套液压破拆工具组、6 套起重气垫等生命探测和破拆器材,按照每个救援区域生命探测器材不少于 3 套,机动链锯、无齿锯、液压破拆工具组、起重气垫各不少于 2 台(套),立即对 13 个破拆救人小组统一调配了救援器材。3 个救援区域的各破拆救人小组相互配合,密切协同,对埋压人员进行定位侦检,分层分段进行破拆和施救,对事故现场进行全面地毯式搜索救援。

截至 9 时 15 分,已有 37 人被成功救出,其中 A 区救出 16 人,B 区救出 9 人,C 区救出 12 人,33 人生还。

(九)

9 时 20 分许,杂乱的钢梁和檩木等主要坍塌建筑构件已基本破拆清理完毕,废墟失去了主要支撑物,剩余的坍塌层是由厚重的苇箔、土坯、瓦片、砖头等细小杂物层层覆盖,尤其是废墟中的苇箔与乱石瓦块相互交叉缠绕,难以拉出、割断和清理。而此时剩余的被埋压人员在废墟下已近 2 个小时,活动空间更为狭小、呼吸更加困难。针对这一情况,前沿指挥组调整和明确了"精确搜索、定点清理、协同配合、加快进度"的战术原则,将 3 个救援区域各破拆救人小组生命探测和破拆人员适当减少,对已确定的可能有人员被埋压点,重点加强挖掘和清理废墟人员力量,一层层地将废墟清理掉,公安民警和武警官兵加快废墟转运速度。

截至 11 时,已有 46 人被成功救出,其中 A 区救出 19 人,B 区救出 11 人,C 区救出 16 人,共有 37 人生还。

(十)

据该厂有关负责人再次核实,确定还有 1 人未找到。前沿指挥组针对这一情况,表示不管多么困难,都要与时间赛跑,竭尽全力挽救被困者生命。经与总指挥部会商,迅速做出了最后的战斗部署:消防支队专业抢险救援队利用各种救援探测仪器,对整个厂房再次展开地毯式排查搜索;消防、武警、公安组成梯队,全面清理现场废墟,彻底搜寻所剩唯一一名被埋压人员。在搜寻过程中,支队长提出在清理废墟的同时,不断拨打被埋压者手机,搜索其手机声音。当清理和搜索到北门西侧贴墙根处时,搜救人员突然听到从土层下传来的微弱手机铃声,12 时 15 分,经过参战官兵 1 个多小时的奋力搜救,最后一名遇难人员被成功找到。救援行动全部结束。

至此,被埋压的 47 名群众已全部成功救出(43 名女性,4 名男性),其中 37 人生还(生还的人中有 35 名女性,2 名男性,其中 7 人重伤),10 人不幸遇难。

(十一)

要求执行事项:

1. 熟悉本想定内容,了解该救援过程。

2. 以各级指挥员的身份理解任务,分析判断情况,回答问题。

(十二)

力量编成:

支队机关:1 辆执勤车,5 名官兵;

特勤一中队:抢险救援消防车 3 辆、水罐消防车 1 辆,官兵 24 人;

特勤二中队:抢险救援消防车 3 辆,官兵 18 人;

二中队:抢险救援消防车 3 辆,官兵 18 人;

三中队:抢险救援消防车 1 辆、大功率照明消防车 1 辆,官兵 17 人;

四中队:抢险救援消防车 2 辆、水罐消防车 1 辆,官兵 18 人;

五中队:抢险救援消防车 1 辆、水罐消防车 1 辆,官兵 15 人;

战勤保障大队:1 辆战勤保障车,5 名官兵,携带破拆工具、锯片、铁锹、维修工具、机动油料及手套、口罩、防毒面具等防护装备,共 2 套蛇眼生命探测仪、3 套红外生命探测仪、3 套音频生命探测仪、6 台机动链锯、7 台无齿锯、6 套液压破拆工具组、6 套起重气垫等生命探测和破拆器材。

二、补充想定

请根据基本想定内容,结合补充想定材料,完成相应问题。

(一)

某日 7 时 43 分,某市服装厂缝纫车间厂房发生坍塌,消防支队指挥中心接到报警后,立即启动支队重特大灾害事故应急救援预案,迅速调集战勤保障大队、6 个中队、120 名官兵、19 辆执勤车赶赴事故现场进行救援。经过近 5 个小时的奋力抢救,救援行动于 12 时 15 分全部结束,成功救出 47 名被埋压人员,其中 37 人生还,10 人不幸遇难。

作为消防中队的中队长,此时:

1. 你对现场判断的结论是什么?

2. 此次事故救援有哪些特点?

(二)

支队指挥中心接到报警后,立即按照支队重特大灾害事故应急救援预案调集支队机关全勤指挥部、特勤一中队、特勤二中队、二中队赶赴事故现场实施救援,并及时增调市区 3 个中队增援;迅速报告和提请政府启动全市重特大灾害事故应急救援预案,公安、武警、医疗救护、供电、市政、安监等社会联动部门共计 300 余人及时到场参加救援,为营救被埋压人员赢得了宝贵时间。

3．如何合理调集出动的消防车辆？

4．第一出动应重点调集哪些器材装备？

（三）

7时50分，辖区特勤一中队首先到达事故现场，中队指挥员迅速组织官兵实施警戒，在坍塌厂房内东部展开救人行动，同时通过询问该厂负责人和员工，对现场情况进行初步侦察后，了解到事故车间房顶是在瞬间整体坍塌下来的，初步估计，约有近50人被埋压。

指挥部成立后，要求单位负责人负责进一步核实和清点坍塌车间工作人员数量，明确被困人员具体数量和被埋压位置等情况。截至8时05分，经厂方负责人清点核实确认，共有47人被坍塌建筑埋压，其中已有16人被成功救出，分别从A区救出7人，B区救出4人，C区救出5人，全部生还。

5．建筑坍塌事故中人员搜救的方法有哪些？

6．建筑坍塌事故中人员搜救有哪些器材？

7．大范围建筑坍塌事故现场如何组织人员搜救？

8．如何绘制搜救标记？

9．简述搬运重伤伤员时的注意事项。

（四）

救援官兵按照由上至下，逐层推进的顺序，采用仪器定位、分组施救等方法，首先利用手刨搬运的方法将埋压较浅的人员营救出来，逐层清理废墟，再利用无齿锯、机动链锯、双轮异向切割机等破拆器材，对纵横交错的钢架和木梁进行破拆，为营救被埋压较深的人员拓展了施救作业空间。

10．救助被埋压人员应遵循什么原则？

11．使用破拆器应注意哪些事项？

12．常用的顶撑工具及顶撑方法有哪些？

（五）

在救援现场，消防员采取常规个人防护，每个救援区域设立安全员，负责坍塌厂房四周危墙的观察、警戒和发出紧急撤离信号。由到场的区公安分局民警组织部分群众利用大绳、木棍固定支撑没有倒塌的高墙，防止造成二次倒塌。

13．建筑坍塌事故中，如何防止二次坍塌？

14．安全哨的哨音分几种？如何区分？

（六）

所有参战力量到场后，前沿指挥组将到达现场的6部抢险救援车和战勤保障车携行的2套蛇眼生命探测仪、3套红外生命探测仪、3套音频生命探测仪、6台机动链锯、7台无齿锯、6套液压破拆工具组、6套起重气垫等生命探测和破拆器材，按照每个救援区域生命探测器材不少于3套，机动链锯、无齿锯、液压破拆工具组、起重气垫各不少于2台（套），立即对13个破拆救人小组统一调配了救援器材。

15．简述音频生命探测仪、视频生命探测仪、雷达生命探测仪的使用条件及优缺点。

（七）

面对大片废墟和随时都有二次倒塌危险的围墙，全体参战官兵克服了现场情况复杂、空气污染大、清理坍塌物工作量大、搜救难度大等问题,连续奋战近 5 个小时,破拆钢梁及木梁 10 余吨,挖掘和搬运土坯、瓦片、砖头等废墟共 400 余立方米。参战官兵在救援行动中不畏艰险、顽强奋战,有力地确保了各项救援决策迅速有效落实,为成功营救被埋压人员打开了一扇扇通向生命的大门。参战官兵舍生忘死、作风顽强是救援成功的关键要素。

16. 长时间大范围的建筑坍塌救援中,如何调动官兵的积极性?

第四节 模架支撑体系坍塌事故应急救援想定作业

一、基本想定

认真阅读本材料,熟悉整个救援过程。

(一)

某日 14 时 20 分,K 市新机场建设工地航站楼配套引桥工程东引桥在浇筑混凝土施工作业过程中突发模架垮塌事故,40 余名工人被埋压在废墟中。公安消防支队接到报警后,立即启动全勤指挥程序,先后调动 6 个消防中队、28 辆消防车、106 名官兵、3 只搜救犬赶赴事故现场展开救援行动。经救援官兵长达 7 个小时的英勇奋战,共成功营救出 41 名被困群众,有力保障了人民群众的生命和财产安全。

(二)

该新机场航站楼建筑面积共 54.83 万 m^2,站坪停机位 84 个。配套引桥工程为机场高速与航站楼各功能区衔接的道路系统,设计范围为机场高速终点至航站楼,直线距离为 940 m。发生坍塌的为 F2 线桥中的 9~10 跨,本跨桥长约 38.5 m,宽约 13.2 m,浇灌高度约 8 m,混凝土约为 400 m^3,钢筋约为 72 t。

(三)

14 时 54 分,该市公安消防支队指挥中心接到报警后,立即调派消防一中队、特勤二中队和搜救犬中队赶往现场,随即启动一级全勤指挥程序和《重大灾害事故应急抢险救援预案》,调派支队全勤指挥部、特勤一中队、消防二中队、消防三中队和战勤保障大队 106 名官兵、28 辆消防车火速奔赴事故现场增援。指挥中心向市政府和省消防总队报告了灾情,相关联动单位接到指令后先后到达事故现场,同时现场指挥部及时启动了《建筑垮塌抢险救援预案》,现场指挥员将事故现场划分 7 个战区,由支队、大队指挥员分片负责,实施内部独立指挥,展开营救。

(四)

15 时 21 分,消防一中队到达事故现场,在公安民警和施工方的配合下,对在坍塌面上施救的工人进行了合理分配和疏散,对埋压不深的人员实施营救。

(五)

15 时 38 分,支队二级指挥长、特勤二中队、搜救犬中队到达事故现场,消防一中队指挥员向支队二级指挥长报告了情况,按照指挥长的统一部署,3 个中队根据分工协作,共组成了 6 个搜索救援小组,分点展开搜索救援工作。

(六)

15 时 45 分,救援官兵使用各种破拆器材,清除钢模板水泥块,剪断钢筋支撑架,将第一个被困工人救出。15 时 53 分、16 时 13 分、16 时 15 分,又连续救出 3 名被困人员。

16 时 38 分,特勤一中队、消防二中队、消防三中队、战勤保障大队也先后到达事故现场,在指挥部的统一指挥下,各项救援保障工作有条不紊地开展。

(七)

16 时 41 分,副市长到达事故现场,成立了政府现场指挥部,在听取了消防救援进展情况汇报后,授权消防支队支队长担任现场搜救总指挥,全权负责现场的组织指挥工作。

17 时 05 分,省消防总队副政委、防火部副部长也随后到达事故现场指导救援工作。

22 时 05 分,副省长到达现场看望救援官兵,了解救援情况并召开指挥部会议,会上对消防部队参加抢险救援给予了充分肯定。

(八)

截至 20 时 10 分,消防官兵共疏散轻伤员 26 人,搜索营救出埋压群众 15 人,6 人经 120 急救中心鉴定已死亡,1 人在送往医院途中死亡。

在指挥部的统一组织指挥下,搜索小组利用搜救犬和生命探测仪对事故现场再次进行全面仔细搜索,确认垮塌区没有新的生命迹象,救援工作于 22 时 17 分结束。

(九)

要求执行事项:

1. 熟悉本想定内容,了解该救援过程。

2. 以各级指挥员的身份理解任务,分析判断情况,回答问题。

(十)

力量编成:

支队全勤指挥部:指挥车 1 辆,官兵 5 人;

特勤一中队:空气呼吸器气瓶车 1 辆、抢险救援消防车 2 辆、水罐消防车 2 辆,官兵 25 人;

特勤二中队:抢险救援消防车 1 辆、照明消防车 1 辆、水罐消防车 2 辆,官兵 15 人;

一中队:抢险救援消防车 1 辆、水罐消防车 2 辆,官兵 15 人;

二中队:水罐消防车 1 辆,官兵 10 人;

三中队:水罐消防车 1 辆,官兵 10 人;

战勤保障大队:抢险救援消防车 3 辆、水罐消防车 6 辆、照明消防车 4 辆,官兵 16 人;

搜救犬中队:官兵 10 人,搜救犬 2 条。

二、补充想定

请根据基本想定内容,结合补充想定材料,完成相应问题。

(一)

15 时 21 分,消防一中队到达事故现场,此时,有多名工人被埋压在废墟下,坍塌桥面长约 38.5 m,宽约 13.2 m,大量模板、钢筋水泥纵横,将大批施工人员埋压在钢筋搭建的网状箍筋内,部分现浇的混凝土还未凝固,大部分模架还相互连接,随时都有可能发生再次垮塌,同时坍塌现场建筑杂物凌乱,人员众多,哭喊声一片,情况混乱。

作为消防一中队的中队长,此时:

1. 你对现场判断的结论是什么?

2. 面对现场的复杂情况,你的初步决策是什么?

3. 模架支撑体系坍塌有哪些特点?

4. 针对大量模架支撑体系坍塌,应调集哪些器材装备?

5. 在使用破拆器具破拆坍塌模架进行救援时,应注意哪些问题?

(二)

15 时 38 分,支队二级指挥长、特勤二中队、搜救犬中队到达事故现场,消防一中队指挥员向支队二级指挥长报告了情况,按照指挥长的统一部署,3 个中队根据分工协作,共组成了 6 个搜索救援小组,分点展开搜索救援工作。

6. 对浅表层被困人员应采取何种方式和措施进行营救?

7. 针对模架坍塌事故,营救表层被困人员时救援人员要注意哪些问题?

8. 作为消防一中队指挥员,你应该给指挥长报告的情况内容是什么?

9. 作为增援的特勤二中队指挥员,你此时的具体救援行动部署是什么?

10. 作为搜救犬中队的指挥员,为了发挥搜救犬的作用,你应如何部署救援力量?

(三)

15 时 45 分,救援官兵使用各种破拆器材,清除钢模板水泥块,剪断钢筋支撑架,将第一个被困工人救出。15 时 53 分、16 时 13 分、16 时 15 分,又连续救出 3 名被困人员。

16 时 38 分,特勤一中队、消防二中队、消防三中队、战勤保障大队也先后到达事故现场,在指挥部的统一指挥下,各项救援保障工作有条不紊地开展。

11. 破拆该类事故的坍塌构件应选择什么破拆器具最有效? 为什么?

12. 为了避免二次坍塌的发生,救援人员在破拆时应注意哪些问题?

13. 在进行被埋压人员救援时,应如何防止其二次伤害?

14. 如果救出人员下肢出现大量流血,应如何进行包扎止血?

15. 如果救出人员上肢发生骨折,应如何进行急救?

(四)

截至 20 时 10 分,消防官兵共疏散轻伤员 26 人,搜索营救出埋压群众 15 人,6 人经 120 急救中心鉴定已死亡,1 人在送往医院途中死亡。

在指挥部的统一组织指挥下,搜索小组对事故现场再次进行全面仔细搜索,确认垮塌区没有新的生命迹象,救援工作于 22 时 17 分结束。

16. 该类事故有没有二次坍塌的可能? 为什么?

17. 若该类事故会发生二次坍塌,应采取哪些措施防止二次坍塌的发生?

18. 应采取哪些措施来侦检现场被埋压人员?

19. 在进行全面仔细搜索时,应使用哪些装备器材?

20. 如何实施搜索行动才能确认垮塌区没有新的生命迹象?

第五节 高架桥坍塌事故应急救援想定作业

一、基本想定

认真阅读本材料,熟悉整个救援过程。

（一）

某日16时24分,M市东风路一段准备爆破拆除的高架桥发生坍塌,造成部分人员和车辆被埋压。事故发生后,消防支队迅速调集7个中队和机关共123名消防官兵、各类救援车辆12辆,赶赴现场全力施救。市政府接到报告后,立即启动《突发公共事件应急预案》,调集公安、建设、卫生、电力、民政、当地驻军及民兵预备役等部门共2 100余人、社会救援车辆31辆全力开展抢险救援行动。总队接到增援报告后,第一时间启动《省消防部队重大事故应急救援预案》,相继调集6个支队和总队医院共300名消防官兵,各类救援车辆35辆增援。救援官兵和社会联动力量经过26个小时的连续战斗,成功救出3名幸存者,挖掘出9具遇难者遗体和24辆被埋压车辆,圆满完成了抢险救援任务。

（二）

M市高架桥为钢筋混凝土结构,全长约2 750 m(其中两引桥为400 m),桥面宽16.5 m,净高8 m,共121个桥墩,桥上双向四车道,桥下双向六车道。3月,该桥由省交通厅批准拆除。5月初,高架桥拆除工程进入爆破拆除施工阶段。5月15日13时,施工单位对66～68号桥墩进行试爆,原计划于5月20日对整桥实施爆破,不料部分桥体提前3天坍塌。5月17日16时24分,79～87号桥体发生坍塌,导致12名群众、24台车辆被埋压(其中,79～80号桥墩有5辆,80～81号桥墩有5辆,81～82号桥墩有3辆,82～83号桥墩有5辆,83～84号桥墩有4辆,84～85号桥墩有2辆)。

（三）

事故发生时,几十辆车在桥下等待交警放行,等待放行的时间有15分钟左右,大多数车内人员已经下车。桥体坍塌形成150 m长、20 m宽的灾害现场,桥底大多数车辆来不及反应,造成人员和车辆被埋压,现场施救难度大。

（四）

150 m长的桥梁整体坍塌后,形成了高达8 m的废墟,构件纵横交错、堆积如山,20多辆车和被困人员被埋压在密实的桥体废墟和巨大的桥墩底部。由于部分坍塌的桥体几乎没有缝隙,难以判断被埋压人员、车辆的具体数量和准确方位,也没有任何人了解当时整个现场情况。

坍塌的桥体为空心板梁构造,两桥墩之间由12块桥板组成,单块重120 t。桥面主梁重200 t,桥墩基础采用扇形落地墩,重350 t,整个坍塌区域的废墟重达20 000多吨,消防救援常用的起重、顶升和破拆等器材装备无法发挥作用。79～87号桥墩坍塌后,78号、88号桥墩发生较大倾斜,随时都可能倒塌并造成78～69号桥墩和88～121号桥墩的坍塌;被埋压车辆油料大量发生泄漏和现场一辆装有16个乙炔钢瓶的货车被砸坏,如遇明火和火花,随时可能造成二次灾害。事故地点地处闹市,人流、车流量大,桥梁的突然坍塌,大量群众涌入事故现场,围观人群惶恐不安,受伤群众哭喊声、求救声等一片狼藉,现场秩序极度混乱。

通往事故现场的救援通道只能途经桥下由南往北、面临坍塌且部分被堵的唯一一条单行线,交通严重堵塞,救援力量难以迅速到场,人员疏散和施救工作展开困难。事故发生后,多个部门救援力量无序到场,各自为战,相互缺乏沟通协调,社会联动通信难以畅通,组织指挥纷繁复杂,对救援工作难以实施有效掌控,增大了救援难度。此外,第二天的救援和现场清理过程中下起了大雨,影响了整个救援工作的进度。

（五）

事故共造成 9 人死亡，16 人受伤，24 辆车被埋压，11 辆车受损，直接财产损失 968 万元。该起事故发生在周末下午，发生的时间和地点都十分敏感，且由于拆除施工前期的宣传，受到人们的广泛关注。事故发生后不到 10 分钟，高架桥坍塌的消息迅速传播。不到 30 分钟，网络即登载了相关事故图片和文字，并以惊人的速度不断刷新，迅速吸引了全国网民的高度关注。中央和各省市媒体迅速赶到现场，对事故情况特别是救援工作进行了连续跟踪报道。

（六）

要求执行事项：

1. 熟悉本想定内容，了解该救援过程。
2. 以各级指挥员的身份理解任务，分析判断情况，回答问题。

（七）

力量编成：

责任区主管中队：水罐消防车 1 辆、抢险救援消防车 1 辆，官兵 18 名；

特勤一中队：水罐消防车 1 辆、抢险救援消防车 1 辆，官兵 15 名；

特勤二中队：水罐消防车 1 辆、空气呼吸器气瓶车 1 辆，官兵 15 名；

增援一中队：水罐消防车 1 辆、抢险救援消防车 1 辆，官兵 12 名；

增援二中队：水罐消防车 1 辆、照明消防车 1 辆，官兵 10 名；

增援三中队：抢险救援消防车 1 辆、器材消防车 1 辆，官兵 10 名；

邻近支队第一批增援力量：车辆 15 辆，官兵 104 名；

邻近支队第二批增援力量：车辆 8 辆，官兵 73 名。

二、补充想定

请根据基本想定内容，结合补充想定材料，完成相应问题。

（一）

5 月 17 日 16 时 24 分，M 市 119 指挥中心接到报警：东风路高架桥发生大面积坍塌，大量人员和车辆被埋压。指挥中心立即向值班首长报告，值班首长意识到事态的严重性，命令指挥中心按照一级出动进行调度，调集了 6 个中队共计 100 余名官兵、12 辆救援车辆，迅速赶赴现场展开救援工作。16 时 29 分，责任区中队首先到达事故现场，发现大段桥梁完全坍塌，大量车辆和人员被埋压，围观群众很多，秩序十分混乱。

作为责任区中队的执勤中队长，此时：

1. 高架桥坍塌事故有哪些特点？
2. 根据判读的结论，你的初步决策是什么？
3. 你对支队指挥中心应报告的内容有哪些？

（二）

16 时 31 分至 16 时 55 分，支队全勤指挥部、特勤及其他增援中队先后到场。支队全勤指挥部第一时间组织侦察，发现坍塌桥面长约 150 m，宽 20 m，埋压车辆、人员数量不详，现场四处弥漫着刺鼻的汽油味，未被埋压的车辆严重堵塞了救援车道。根据现场情况，支队迅速协调交警部门疏散和转移了占道车辆，成立了以支队长为总指挥、全勤指挥部人员为成员的现场救援指挥部,及时组织各参战中队队长召开会议,明确了战术思想和战术措施,进行现场救援。

4. 高架桥坍塌事故存在哪些危险源?

5. 在进行现场救援时,要用到的救援装备器材有哪些?

6. 现场如何进行被困人员的搜索?

7. 现场需要警戒吗? 如何安排警戒?

(三)

16 时 55 分至 17 时,救援官兵先后成功救出 2 名幸存者,转移出 16 个乙炔钢瓶,并对困在坍塌的 81 号、82 号桥墩下的第 3 名幸存者展开救援。

16 时 31 分至 17 时,交警、救护、公安、建设、交通、电力、防疫、当地驻军及民兵预备役等社会联动力量先后到场。

参战部队按指挥部部署分 4 个施救小组展开救援工作:第一组由 C 支队组织,携带液压破拆工具、双轮异动切割刀、起重气垫、生命探测仪等,由北至南负责 4 个桥墩内 11 辆被埋压车辆的施救工作;第二组由 X 支队组织,携带液压破拆工具、等离子切割机、起重气垫、生命探测仪等,由南至北对 4 个桥墩内 13 辆被埋压车辆展开施救工作;第三组由 Z 支队组织,继续使用可燃气体探测仪对现场实施不间断的检测,对第 3 名幸存者抓紧施救,并利用水、泡沫对现场进行不间断稀释、覆盖;现场救援车辆全部停靠在路边人行道上,照明车对现场进行照明;第四组安全防护组,由 Z 支队组织,在救援现场划定警戒范围,禁止无关车辆人员进入,在断桥的两头利用经纬仪对坍塌桥头实施监测,设立 5 个观察哨,调整现场救援车辆停车位置和作业范围,确定各施救组安全员,全力做好现场安全防护工作。

8. 应采取哪些措施确保救援及被困人员的安全?

9. 在转移乙炔钢瓶时,要如何进行才科学合理?

10. 对困在坍塌的桥墩下的幸存者应用什么装备、什么方法进行救援?

(四)

17 时 15 分,总队全勤指挥部接到 M 市支队指挥中心的报告后,由副总队长率总队全勤指挥部成员火速赶赴现场,总队政委在总队指挥中心根据支队指挥车传回的卫星视频图像,果断命令启动《消防部队重大事故应急预案》,调集邻近 5 个支队特勤力量携带装备支援 M 市,随后亲自赶赴救援现场。副总队长等领导在总队指挥中心连线现场,坐镇指挥,总队另集结教导大队、特勤支队等其他增援力量共 300 名官兵在教导大队待命增援。

18 时 20 分左右,总队全勤指挥部以及邻近支队增援力量(车辆 15 台,人员 104 人)相继到达现场。救援现场立即成立了以总队政委为指挥长的消防部队抢险救援指挥部,下设侦检、搜救、安全防护、通信、保障、宣传、政治发动等 7 个小组全力展开救援工作。19 时 30 分,省委副书记、副省长率省公安厅、建设厅、交通厅有关领导到场,并在 M 市支队消防指挥车上组织到场的市委、市政府主要领导及公安、消防等部门负责人召开了事故救援总指挥部协调会议,研究部署抢险救援工作。

11. 对现场桥墩内的被埋压车辆如何进行施救?

12. 若现场有可燃气体泄漏应如何进行防护及处理?

13. 该现场需要设立观察哨吗? 如需设立,观察哨的任务是什么?

14. 公安消防部队现场作战指挥部由哪些人员组成?

（五）

在全力搜寻生还者的同时,救援官兵继续对第 3 名幸存者实施营救。幸存者腰部被一块巨大的桥墩牢牢卡住,双脚被卡在车内无法动弹,时间已经长达 3 个多小时。救援官兵一边稳定其情绪,一边组织医护人员输氧、输液、输血,维持其生命体征。由于卡在幸存者身上的桥墩重达 350 t,现有的救援顶升设备无法将桥墩顶起,救援官兵利用各种工具和方法进行救援。20 时 15 分,经过近 4 个小时的不懈努力,救援官兵终于将第 3 名幸存者成功救出。

15. 如何对被困人员进行安慰疏导?

16. 常用的顶撑工具及顶撑方法有哪些?

17. 搬运重伤伤员时的注意事项有哪些?

18. 使用大型机械设备救援时的注意事项有哪些?

（六）

21 时至 22 时 30 分,邻近支队第二批增援力量先后到场(车辆 8 辆,人员 73 人),按指挥部部署,开展救援工作。

22 时 48 分,经生命探测仪、热成像仪等设备反复侦检后,前沿指挥部向总指挥部报告现场无生命迹象。

19. 消防部队在救援结束后应做哪些工作?

20. 本次救援行动的组织指挥应按照什么程序进行?

第六节　冷库货架坍塌事故应急救援想定作业

一、基本想定

认真阅读本材料,熟悉整个救援过程。

（一）

某日 11 时 13 分,A 市消防支队调度指挥中心接到报警,位于人民路与东风路交叉口的某冷库由于钢货架堆放货物过高过重,3 m 多高的钢货架发生坍塌,34 名工人被埋压。指挥中心调集 10 个中队、30 辆消防车及抢险器材和 208 名消防官兵赶到现场,对被困人员实施救助。经过 15 个小时生死营救,被困人员全部被救出。其中 19 人生还,15 人死亡。

（二）

11 时 13 分,市公安局 110 指挥中心、消防支队 119 调度指挥中心接到报警后,立即调出辖区主管中队特勤二中队,同时向支队值班领导和支队主要领导汇报情况,支队领导得知灾情后,立即带领支队值班人员赶往现场,同时命令调度指挥中心调出市区 9 个消防中队和机关部分干部赶往现场进行增援。110 指挥中心调交警、巡警到场协同救援。支队长接到报告后,立即指示先期到场指挥员关闭冷气设备,防止氨气扩散,救助被困人员,同时,向市委、市政府、市公安局报告情况,调出 120 急救车到场配合救援行动。市公安局领导得知灾情后,迅速调集 500 名公安民警赶赴现场救援。12 时 30 分左右,省、市级领导相继赶到现场,成立了抢险救援总指挥部,总指挥部决定紧急调用挖掘机和推土机加快破拆和疏散速度,开辟救生通道。16 时左右决定调集驻地武警到现场增援。

（三）

11 时 17 分,特勤二中队到达现场,中队指挥员立即对现场进行侦察。由副中队长带队,搜寻组主要寻找被困人员的位置,在事故现场利用生命探测仪和通过喊话、敲击、静听等方法寻找被困人员;救助组由中队长带队,对确定有人员的位置,采取重点拆货架、疏散埋压物的措施进行施救;破拆组由指导员带队,对大门左侧的墙体进行破拆,为救助靠近墙壁的被困人员开辟救生通道。

（四）

11 时 23 分,搜寻组在现场南侧中部发现一名男子,迅速将其救出,并从该男子口中得知在冷库中部和大门左侧分别有 5 人和 4 人被困。搜寻组在库房东侧救出 2 人。

（五）

11 时 28 分,支队长、政委、参谋长和特勤大队及增援中队相继赶到现场,立即成立救援指挥部。支队长任总指挥,听取汇报后,随即命令通讯参谋立即向市委、市政府、市公安局报告。命令 119 调度指挥中心调 120 急救车到场配合救援行动。根据现场情况,制订了具体方案:一是要求参战官兵贯彻"全面搜寻、定位营救、破拆、疏散物资"的战术措施;二是要求把到达现场的力量分为 5 个抢险组,第一组为搜寻组,第二组为营救组,第三组为破拆组,第四组为物资疏散组,第五组为后勤保障组,每组明确有具体负责人;三是命令指挥中心调集支队仓库所有备用救援器材到现场,保证救援的顺利进行。

（六）

11 时 30 分,市公安局调集的 500 名公安民警也陆续赶到现场,对现场进行警戒,分 4 条疏散线路,分别从原有的 1 个出入口和破拆出的 3 个墙壁缺口,边扒挖、边破拆、边疏散,营救速度逐步加快。

（七）

指挥员要求救助人员要谨慎操作,确保不造成被困者二次伤害。参战官兵用切割机切断钢质货架,用手斧砍断竹笆,用菜刀切断编织物,用手抓、用肩扛,快速地疏散障碍物。12 时 40 分,9 名被困人员相继被救出。这时外围破拆组已在北墙、东墙、西墙开辟了 6 个疏散通道,为抢救进度赢得了时间。

（八）

随后,省市各级领导相继赶到了现场,成立了总指挥部,按照总指挥部的要求,市消防支队通过发挥装备与人员的优势,进行破拆、搜寻被困人员和现场照明。支队长对力量再一次调整部署,分为现场破拆、搜寻疏散、后勤保障、现场照明 4 个组,且明确有专人负责,配合公安民警疏散坍塌物,搜救被埋压人员。

（九）

13 时 10 分,1 台大型挖掘机和 1 台推土机赶到了现场。挖掘机开始对四周的墙体进行破拆,打通了疏散物资通道,加快了扒、疏速度,但由于时间过长,被埋压人员生命迹象较难寻找,搜救行动只能在茫然中进行。

（十）

18 时,600 名武警官兵奉命赶来,组成庞大的营救队伍,对现场进行疏散和营救工作。

（十一）

由于破拆的任务重,救援时间长,历经 15 个小时的抢救过程中,换了 18 个火花塞,112

片锯片,器材维修 165 台次。保证了切割、破拆、搜救、疏散工作不间断,为抢险救援赢得了宝贵的时间。在 4 辆照明消防车和 2 辆移动照明灯 9 个小时的连续工作下,保证了救助现场照明的需要。除完成切割、破拆、照明任务外,消防官兵始终处于搜救被困者的第一线。本次事故共有 19 名被困者生还,15 名遇难。

(十二)

要求执行事项:

1. 熟悉本想定内容,了解救援过程。

2. 以各级指挥员的身份理解任务,分析判断情况,回答问题。

(十三)

力量编成:

特勤一中队:抢险救援消防车 2 辆、水罐消防车 5 辆、照明消防车 1 辆,官兵 20 人;

特勤二中队:抢险救援消防车 2 辆、水罐消防车 5 辆、照明消防车 1 辆、通讯指挥车 1 辆,官兵 35 人;

Y 市一至八中队:抢险救援消防车 8 辆、水罐消防车 8 辆、照明消防车 3 辆,官兵 150 人;

支队机关:通信指挥车 1 辆,官兵 5 人。

二、补充想定

请根据基本想定内容,结合补充想定材料,完成相应问题。

(一)

A 市冷库位于人民路与东风路交叉口东南角,该冷库占地面积为 60 余亩,共有 6 排冷冻库,每栋冷冻库分为若干间,每间冷冻库摆满了装有各种物资的货架。由于钢货架堆放货物过高过重,3 m 多高的钢货架发生坍塌,34 名工人被埋压。发生事故的库房,高 5 m,单层面积 600 m^2,库内除有一条宽 1.43 m 的通道外,其他地方每隔 80 cm 两排货架,货架高 3.5 m,钢质货架分 5 层,每层以竹笆和编织布为铺垫,上边堆放货物。共存放货物 370 t。事故发生时有 34 名工人正在库内作业。

1. 简述该事故的特点。

(二)

某日 11 时 13 分,市公安局 110 指挥中心、消防支队 119 调度指挥中心接到报警后,立即调出辖区主管中队特勤二中队,同时向支队值班领导和支队主要领导汇报情况,支队领导得知灾情后,立即带领支队值班人员赶往现场,同时命令调度指挥中心调出市区 9 个消防中队和机关部分干部赶往现场进行增援。110 指挥中心调交警、巡警到场协同抢救。

2. 作为辖区中队,应调集哪些车辆及器材装备?

(三)

支队长接到报告后,立即指示先期到场指挥员停止冷气设施工作,防止氨气扩散,立即设法救人,同时向市委领导、市政府、市公安局报告情况,调出 120 急救车到场配合救援行动。

3. 简述氨气的理化性质。

4. 该坍塌事故中,可能存在哪些危险源?

（四）

11 时 17 分，辖区主管特勤二中队到达现场。发生倒塌的建筑为冷库内的货架，库内物资多，空间小，出入口少。由于内部环境封闭，被埋压人员的位置不清。

5. 辖区中队到场后，指挥员应如何进行力量部署？

6. 现场情况复杂，救援人员和器材装备有限，应该如何展开救援行动？

7. 可以采用哪些方式对被困人员进行定位？

（五）

指挥员将到场力量分成 3 个小组，在较短的时间里准确地找到了 9 人被困的位置，为救援赢得了时间。支队指挥员到场后，提出了具体的救援方案，并针对现场情况，不断调整救援方案，实施科学救助，最大限度地减少了人员伤亡。

8. 现场警戒应注意哪些问题？

9. 对浅表层被困人员应采取什么方式和措施进行营救？

（六）

由于冷库库内温度较低，被困人员在低温环境下，生存时间有限。如果制冷设施损坏，有可能造成氨气泄漏，受困人员面临着多重危险，抢险救援工作刻不容缓。根据现场情况，中队指挥员要求单位人员切断了冷气供给。利用有毒气体探测仪侦检，在确定没有氨气泄漏后，本着"救人第一"的指导思想，组成搜寻组、救助组、破拆组 3 个救援小组，迅速展开救援行动。

10. 此次事故中，如果氨气泄漏，会对救援行动造成哪些影响？

11. 在救援过程中如果危险化学品泄漏造成了二次伤害，应如何应对？

（七）

经侦察发现，库房出口狭窄，坍塌物堵塞密实，货架由西向东倾倒，编织物、竹笆、钢货架和 370 t 货物交错重叠在一起，把整个库房不留死角地填满 3 m 多高，库内寒气逼人。并了解到被困者一般 3～5 人为一个工作点。在整个救援过程中，各类器材装备历经 15 个小时的高强度超负荷的运转，部分器材出现故障。

12. 请分析该事故的救援难点有哪些？

13. 面对破拆任务重、救援时间长的情况，应如何做好后勤保障工作？

14. 在使用破拆器具破拆坍塌货架进行救援时，应注意哪些问题？

（八）

11 时 50 分，在冷库中部和大门左侧发现了被困人员，由于压住被困人员的物质太多太杂，有变形的钢货架、竹笆、编织物等，机械已无法操作，完全靠人刨挖，救援工作十分困难。

15. 该案例中，如何防止二次坍塌？

16. 救助被埋压人员时，应如何防止其受到二次伤害？

17. 伤员搬运的方法及注意事项有哪些？

（九）

紧张艰苦的 15 个小时大营救，消防官兵体力已严重透支，手、胳膊、腿被铁块、木板、竹板划破，鲜血直流，但官兵们毫无怨言，体现了特别能吃苦、特别能战斗的良好精神风貌，受到省委、省政府、市委、市政府领导的高度赞扬，树立了公安消防部队的良好形象。

18. 建筑坍塌事故救援中，应如何做好安全防护工作？

19. 在救援现场,作为中队指挥员怎样调动官兵的积极性,保持良好的精神风貌?

（十）

救援行动于次日凌晨 2 时 10 分结束。抢险救援行动在省、市领导的统一指挥下,在公安、消防、武警等 2 000 多人的努力下,历经 15 个小时,34 名被困工人全部找到,其中 19 人生还,有 15 人因埋压时间过长,伤势过重而未能幸存。

20. 如何判断坍塌区是否有生命迹象?

（十一）

地方政府领导重视,固然是取得抢险救援工作胜利的保障,但是领导层次多,往往会使令出多头,指挥效率降低。特别对于有大量人员被困的灾害现场,急于救人的迫切心情与科学施救方法不能很好结合,也会降低救援效率。

21. 作为中队指挥员,应如何提高指挥效率?

22. 进行信息发布时,应注意哪些问题?

第七节　隧道塌方事故应急救援想定作业

一、基本想定

认真阅读本材料,熟悉整个救援过程。

（一）

某日 23 时 20 分 S 市绕城公路隧道工地发生塌方,有 8 名工人被困,生死未卜。塌方隧道为在建的绕城高速公路 2 号标段一号隧道,该隧道为双线设计,左线长 1 170 m,右线长 1 225 m,宽 10.5 m,高 5 m。发生塌方的为左线隧道。如图 4-7 所示。

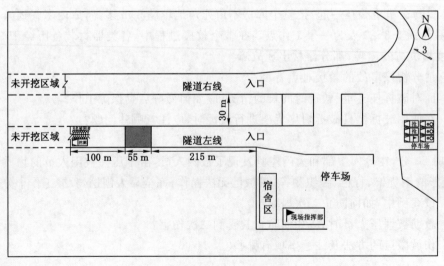

图 4-7　隧道塌方事故平面图

（二）

23 时 29 分,市消防支队 119 指挥中心接到报警后,立即启动《消防支队重大灾害事故应急救援预案》，迅速调派 3 个中队及支队全勤指挥部共 10 辆消防车、75 名指战员赶赴现场。支队长、政委等支队领导遂行出动，第一时间赶到现场指挥作战。同时，向市政府、省消防总队和市公安局报告灾情，并提请市政府启动《重大灾害事故应急救援处置预案》，先后调集公安、安监、交通、卫生、电信及武警、地矿、中铁三局等相关单位 800 余人，以及大型挖掘机、推土机、工程运输车、侦探设备、医疗救护器材、通信设施等有效装备到场协助救援。此次救援战斗中，消防部队始终坚持"救人第一，科学施救"的指导思想，按照"五个第一时间"的要求，在当地政府的统一领导和省消防总队、市公安局的直接指挥下，连续奋战 65 个小时，成功救出 8 名被困人员。

（三）

23 时 51 分，第一力量责任区消防二中队到达现场后，迅速成立支队救援指挥部，设立侦检、警戒、救生、照明等 4 个小组，迅速展开救援工作。通过询问知情人和查阅资料，了解隧道基本情况和被困人员的数量及所处位置的内部环境；通过内部侦察，掌握塌方隧道内部的地形、结构和塌方的情况；通过雷达生命探测仪检测生命迹象；通过敲打通风管道，得到被困人员回应，判定被困人员仍有人幸存；通过外部侦察，发现该段山体地质松软，部分呈沟谷洼地，塌方口呈漏斗状且持续坍塌，塌方口直径约 5 m，随时都可能发生二次塌方。

（四）

次日 0 时 30 分至 1 时，市长、常务副市长、公安局局长等领导先后到达现场，迅速成立现场总指挥部，统一指挥救援工作。消防分指挥部在总指挥部领导下负责侦察、警戒、救生等任务。省消防总队对这次救援战斗高度重视，上午 10 时，总队长、副总队长赶到事故现场，全面参与现场组织指挥工作。

（五）

根据现场情况和现有装备，支队指挥员向总指挥部建议采用"保持通风供氧，纵向挖掘土方，打开救生通道"的救援方法。得到采纳后，立即调集施工单位的挖掘机、推土机、工程运输车等大型装备，进入隧道实施作业。同时，支队挑选精干力量组成攻坚组进入隧道，随时做好营救人员的准备。利用车载和移动照明设备，为开辟救生通道作业提供照明。

（六）

次日凌晨 1 时展开的"纵向挖掘土方，打开救生通道"的救援工作，由于边挖掘边塌方，成效甚微。面对重重困难，当务之急是要以最快速度开辟"两个通道"，即保障通道和救生通道，提出了"两套方案四个办法"的建议，即在竖向和横向两个方向，同时开辟"两个通道"，为被困人员输送氧气、食物、水等必需物，并取得与被困人员的联系，掌握具体信息，稳定被困人员情绪。同时还建议：由于山体土质疏松，竖向挖掘时要形成梯形结构，严防二次塌方。

（七）

现场总指挥部在综合各方意见后，决定采纳消防部队的建议，并对相关的救援任务进行了分工。竖向的保障通道由市地矿局利用钻探机开辟，救生通道由路桥公司利用大型挖掘机开辟；横向的保障通道和救生通道由中铁三局和路桥公司共同负责开辟。消防部队的主要任务有三个：一是在开辟"两个通道"的过程中，负责内线警戒；二是保障通道打通后，负责输送食物、水等必需物品，了解被困人员内部情况；三是救生通道打通后，负责进入隧道内部实施救人。

（八）

第 3 日 12 时 36 分,隧道顶部竖向"保障通道"顺利打通,总队政委立即下达命令:第一救援小组利用有毒气体探测仪,对隧道内的气体进行检测,并向被困人员喊话,稳定他们的情绪;第二救援小组用"输送带"向隧道内输送食物;第三救援小组做好现场警戒,杜绝无关人员进入救援现场。很快,被困人员传递出的重要信息反馈到了现场指挥部,总指挥部根据信息决定:采用爆破手段,加快横向"救生通道"的挖掘进度,消防部队全面做好救人准备。

（九）

为确保在爆破中不发生二次塌方,总指挥部严格控制爆破的药量和频次,每次将爆破进度控制在 2.5～4 m 的范围内,爆破周期控制在 3～4 小时。第 4 日 15 时 46 分,爆破成功,救生通道终于打通。突击队员冒着生命危险深入硝烟弥漫的隧道,按计划展开救援行动。15 时 56 分,8 名被困人员全部被安全救出,顺利送上救护车。至此,隧道塌方救援任务取得圆满成功。第 5 日 17 时 10 分,部队清点人数、整理器材,撤离现场。

（十）

要求执行事项:

1. 熟悉本想定内容,了解救援过程。

2. 以各级指挥员的身份理解任务,分析判断情况,回答问题。

（十一）

力量编成:

支队全勤指挥部:通信指挥车 1 辆,官兵 8 人;

特勤中队:抢险救援消防车 1 辆、水罐消防车 2 辆、防化车 1 辆,官兵 28 人;

一中队:水罐消防车 2 辆,官兵 16 人;

二中队:水罐消防车 2 辆、抢险救援消防车 1 辆,官兵 23 人;

三中队:水罐消防车 2 辆、抢险救援消防车 1 辆、器材消防车 1 辆,官兵 20 人;

四中队:水罐消防车 2 辆,官兵 15 人。

二、补充想定

请根据基本想定内容,结合补充想定材料,完成相应问题。

（一）

隧道塌方位置距隧道口 215 m,塌方体长度约 55 m,塌方口直径约 5 m,塌方时 8 名工人正在距离隧道口 370 m 处作业,未能及时逃脱,生死不明。隧道塌方处与山顶形成漏斗状,"漏斗内"不断有大量的泥土涌入,总塌方量达 3 500 多立米。隧道塌方突发性强,疏散出口少,在建隧道无自然采光和通风,一旦发生塌方,内部漆黑一片,施工人员猝不及防,难以逃生,随时受到缺氧、中毒、埋压、饥渴的威胁,极易造成大量人员伤亡。

1. 简述本事故的特点。

2. 针对该事故,应调集哪些车辆与器材装备?

（二）

塌方点在水系交叉的山脉内,山体松软,地形地貌复杂,加之在建隧道尚未采取凝固等安全措施,随时可能发生二次塌方,直接威胁救援人员的生命安全。隧道塌方后,被困人员与外界完全隔绝,被困在一个密闭的空间内,氧气稀薄,水和食物等生命必需品难以在短时间内送达,救援时间过长,被困人员生命安全难以保证。而且隧道内部作业条件受限,大型机械只能轮流作业,救援速度缓慢,难度大。

3. 隧道塌方事故救援中有哪些难点?

4. 救援人员在进入隧道内部救援时,应注意哪些安全问题?

（三）

天气情况:雷阵雨,风力 3 级,最高气温 34 ℃,最低气温 22 ℃。

5. 雷阵雨天气会对救援行动造成怎样的影响?

（四）

二中队到场后迅速疏散隧道内无关人员和车辆,在隧道口设立警戒线,禁止无关人员进入隧道和山顶塌方区域,尽量减少隧道内的救援人员。同时,由施工单位技术专家和全勤指挥部作战助理担任安全观察员,负责救援现场的安全观测和事故预警。

6. 现场安全观察员的职责是什么?

（五）

“两套方案四个办法”在具体实施中,由于横向保障通道打钻过程中遇到坚硬岩石进度缓慢,竖向救生通道挖掘山体出现裂缝,都被迫中止,总指挥部命令加快顶部竖向“保障通道”打钻进度。竖向“保障通道”的直径只有 13 cm,但深度却有 27 m。

7. 该案例中,可以通过什么方式与被困人员取得联系?

8. 如何向被困人员输送食物?

9. 如果被困人员出现受伤或晕迷,应采取怎样的救援措施?

（六）

次日 8 时,根据救援需要,支队又调集三、四中队共 6 辆消防车、45 名指战员赶赴现场增援。

10. 作为增援力量,到达现场后应主要负责哪些救援工作?

（七）

为确保营救工作万无一失,官兵们认真做好各项救援准备。一是挑选 22 名精干力量组成突击队,分成 1 个内攻搜救小组和 8 个接应小组,携带救生、破拆、侦检、照明等救援器材,负责进入内部实施救人。二是细化救援方案,明确任务分工,对营救的战术战法和注意事项进行周密细致的部署,并组织了模拟训练。三是利用保障通道,向被困人员输送耳塞、墨镜、防毒面具等个人防护装备,并指导被困人采取正确的防护措施,防止受到爆破冲击波和有毒烟气的伤害。

11. 在实施爆破过程中,如何保证被困人员的安全,不造成二次伤害?

（八）

此类事故救援需要多种救援力量协同作战,参战人员多,指挥协调困难。救援行动往往需要很长时间,少则十几小时,多则几天、十几天,救援人员在极其艰苦的环境条件下实施救援,其体力消耗大,加上灾情复杂,远离市区,交通不畅,各种战斗保障很难及时到位。加之参战官兵在救援战斗中对装备器材管理不到位,造成部分器材丢失。由于还没有配备战勤保障车辆,作战官兵的饮食、休息和装备器材的补给都出现供给不及时、保障不到位的现象。

12. 怎样做好长时间救援战斗的保障工作?

13. 作为指挥员应怎样在做好救援工作的同时,兼顾好器材管理问题?

14. 中队指挥员在救援过程中应如何做好信息的发布?

第八节　火灾致建筑坍塌事故应急救援想定作业

一、基本想定

认真阅读本材料，熟悉整个救援过程。

（一）

某日凌晨 5 时许，Y 市一幢大厦发生特大火灾。Y 市消防支队 5 时 39 分 25 秒接到报警后，先后调集 4 个公安消防中队、4 个专职消防队共 16 台消防车和市环卫局 2 台洒水车，150 余名消防指战员赶赴现场进行灭火救援。8 时许大火基本控制，大楼内 94 户 412 人及周边楼宇居民全部疏散撤离到安全地带。8 时 33 分，大楼西北部分（约占整个建筑的五分之二）在没有任何迹象的情况下，突然坍塌，现场立即由火灾扑救转为灭火与建筑坍塌事故救援同步进行。这次特大火灾坍塌事故，造成 36 人伤亡，其中 20 名消防官兵壮烈牺牲，11 名消防官兵、4 名记者、1 名保安不同程度受伤。

（二）

该大厦位于 Y 市 32～54 号地段，东、北面与一杂货市场相邻，南接一商住楼，西临一住宅楼。占地面积 1 740 m²，总建筑面积 9 300 m²，共 8 层，局部 9 层，高 28.5 m。该建筑历时一年半建成并投入使用。一层为框架结构门面，后改作仓库使用；二层以上为砖混结构，均为居民住宅，建筑属"回"字形平台单元式商住楼，只有东面 1 个楼梯口从一层上到二楼平台，再从二楼平台分为 5 个居住单元。

（三）

凌晨 5 时许，大厦保安值班员发现大厦一楼仓库有浓烟冒出，过了大约 10 分钟，又发现明火，于是提了干粉灭火器去扑救，但没有扑灭，随即开启室内消火栓，却没有水枪水带。因而延误了报警时间，导致火势越烧越大。5 时 39 分 25 秒，119 指挥中心接到报警。

（四）

5 时 40 分 25 秒，一中队接到出警命令，出动 3 辆消防车、20 名官兵，于 5 时 43 分赶到现场。当时，现场浓烟弥漫，能见度非常低，烟气中还夹带着很浓的辣椒、硫黄味，十分呛人。火势主要从西北方向东南方蔓延。副中队长根据现场情况及时部署灭火作战力量，一班占领大厦东北角消火栓，在大厦东面出 2 支水枪灭火；二班将水罐消防车停靠在杂货市场南大门入口消火栓处，利用吸水管吸水，向停靠在大厦东南角的三班 153 水罐消防车供水，并在大厦东面出 3 支水枪灭火；同时利用喊话器疏散楼上群众，并向 119 指挥调度中心报告火场情况，请求增援。

（五）

5 时 58 分，支队指挥中心接到增援请求后，当即按一级灭火救援调度方案实施调度，先后调集特勤中队和支队机关共 130 余名官兵赶赴火灾现场。

（六）

增援力量到达现场后，发现浓烟滚滚，烈火熊熊，西北面火势正处于猛烈燃烧阶段，并向二楼蔓延。此时许多居民还在熟睡中，生命安全受到严重威胁。支队当即成立了由支队长任总指挥的火场指挥部，按照"救人第一"和控制火势、消灭火灾的指导思想，疏散解救被困群众的同时,全力控制和扑灭火灾。

(七)

根据火场指挥部的决定,支队参谋长率 10 人分成 5 个小组,佩戴空气呼吸器、携带破拆工具分别进入 5 个单元,采取挨家挨户敲门、喊话、搀扶、背抬的方法,逐层依次有序地疏散解救被困群众。因该楼属"回"字形平台单元式商住楼,5 个单元居住群众的疏散都必须经二楼平台,才能从东面唯一的楼梯口疏散下来,加之一层仓库在大面积燃烧,平台上的温度很高,楼上疏散下来的群众一时难以从东面的楼梯口快速疏散到地面,被滞留在平台上的群众,"像热锅上的蚂蚁",抱怨声、谩骂声、哭喊声、呼救声,加之烟火的呼啸声混杂在一起,乱成一片。

(八)

有的群众因顾及自家财产而不愿离开,有的被疏散下来的群众再次跑上楼去,认为上面比下面安全等等,疏散解救工作十分困难。救援人员一边积极做好思想疏导工作,一边采取强制措施组织疏散。对体弱多病、行动不便的老人以及儿童,救援人员采取搀扶、背抱的办法,逐一将其疏散解救到安全地带。8 时左右,大楼内 94 户 412 名群众及附近的居民被全部疏散到安全地带,无一伤亡。

(九)

首先疏散解救下来的群众,慌乱中相继将自家经营门面的卷闸门打开,人为地造成空气对流,风助火势,造成整个火场迅速蔓延,变成一片火海。指挥部及时调整作战力量,果断采取四面夹击、围攻堵截的灭火战术。一是由一中队出 4 支水枪向东南面灭火(其中 2 支水枪由南面向西南面推进灭火);二是由二中队出 2 支水枪负责西南面灭火;三是由特勤中队出 4 支水枪在北面控制火势向二楼蔓延;四是由三中队出 2 支水枪进行灭火,对火场形成了四面夹攻的态势;五是火场后方指挥员组织特勤中队 1 号车、一中队 1 号车、二中队 2 号车、三中队 2 号车、专职队 1 辆车和市环卫局 2 辆洒水车占据水源分别向东南西北面的主战车进行不间断供水。

(十)

8 时 33 分,大楼西北部分突然坍塌,在灭火一线的 31 名消防官兵、4 名记者、1 名保安来不及撤离被埋压在废墟中,现场立即由火灾扑救转为灭火与建筑坍塌事故救援同步进行。9 时许,仍有 19 名消防官兵被埋压在废墟中,生死不明。

(十一)

公安部、省、市各级领导接到大楼坍塌、消防官兵伤亡严重的报告后,相继赶赴现场组织指挥抢险救援工作。H 市市长、总队参谋长立即集中参战人员进行了简短的战前动员,果断地采取了 5 条措施:一是积极稳定官兵情绪,清点人员,核实被废墟埋压消防官兵的具体人数、姓名和确定被埋压消防官兵的大致方位;二是公安民警、武警官兵扩大警戒范围,实施现场警戒;三是迅速调派市政工程公司的铲车、吊车、挖掘机、运输车到现场协助救援;四是迅速调集医疗专家,实施现场紧急救治;五是安排部分力量灭火,并向坍塌物进行冷却降温。同时,调集其他支队、特勤中队增援。

(十二)

迅速成立了由省委常委、省委政法委书记、省公安厅厅长牵头的灭火救援总指挥部。下设 5 个行动小组:一是抢险救援组;二是火灾事故调查组;三是善后处理组;四是医疗救护组;五是灾民安置组。灭火救援总指挥部经过充分论证,迅速制定了 6 条救援措施:一是用吊车将楼板、墙体、梁、柱等坍塌重物清离现场;二是用生命探测仪探测和搜救犬搜索埋压在废墟中的被困官兵,在保证绝对没有生命的前提下,配合挖掘机在废墟西北面的两个救援作业面实施作业;三是做好打持久战的准备,将参战官兵整编成 8 个搜索救援小组,由干部带领,轮番作业,全力搞好后勤保障,确保救援人员体力跟得上;四是利用直流水枪成扇形不间断向坍塌废墟洒水,以防尘、冷却降温、稀释排毒和扑灭余火;五是调集城建部门的专家,在事故现场的西北角、北面、西南角设立 3 个观察点,实行 24 小时监测未塌部分建筑的变化情况,每隔 10 分钟向现场指挥员报告一次监测情况,严防大楼二次坍塌,确保抢险救援人员的绝对安全;六是电力部门提供现场照明,为救援人员昼夜作战创造条件。

（十三）

22 时 15 分在北侧门面转角处找到了第一具遗体。时间一分一秒地过去,抢险救援工作在紧张有序地进行。一具具遗体被搜救出来,次日 10 时 12 分,废墟中传来微弱的求救声。救援人员通过与其对话,确定了被困人员在紧靠大梁的狭小空间里。指挥员根据现场情况采取了紧急措施:一是救援官兵不间断与其对话,进行安慰和鼓励,以稳定其情绪;二是医务人员准备好氧气袋、遮光布和担架,及时送来生理盐水,实行口服输液;三是为防止被困者受到二次伤害,小心翼翼地将埋压在洞口上的混凝土逐一挖去,让其头部和双手露出,慢慢将其从狭缝中移出。最终将其成功救出。

（十四）

为加快工作速度,次日中午,灭火救援总指挥部作出了拓宽第二作业面的决策,决定拆除现场西边一栋长约 30 m 的 2 层小楼,由西往东向坍塌现场深处挺进,以加快抢险救援进程。截至第 3 日 12 时,救援工作已持续了 50 多个小时,被埋压的 19 名官兵有 18 名被搜救出来(其中 1 人生还),还有一名干部下落不明。指挥部当即采取了两条措施:一是在大梁的四周及下方搜寻;二是继续向坍塌现场纵深挺进。为了防止大楼二次倒塌造成救援人员伤亡,指挥部又果断作出决定,开辟第三个救援作业面,同时三个建筑监测点实行随时监控,第 4 日 10 时 05 分,最后一名埋压在废墟中的干部的遗体被搜救出来。

（十五）

至此,经过 70 多个小时的连续奋战,埋压在废墟下的 19 名消防官兵全部被搜救出来。在整个搜救过程中,始终坚持了"以坍塌的二楼承重梁为界,以灭火水带干线为线索,由上往下,由表及里,由外围向纵深,循序渐进,定位搜索"的战术和各战斗段密切配合、互通情况的措施,利用生命探测仪和警犬进行搜索定位。在搜救过程中,注重发挥相关联动单位的积极性,利用公安、武警、民工等人力资源优势,进行表层废墟的清障;利用市政工程吊车、铲车、挖掘机、运输车等机械设备配合人工挖掘,为救援工作的开展赢得了时间、创造了条件。

（十六）

要求执行事项:

1. 熟悉本想定内容,了解救援过程。

2. 以各级指挥员的身份理解任务,分析判断情况,回答问题。

（十七）

力量编成:

特勤中队:水罐消防车 3 辆、举高车 1 辆、抢险救援消防车 1 辆,官兵 30 人;

一中队：水罐消防车 2 辆、抢险救援消防车 1 辆，官兵 20 人；

二中队：水罐消防车 2 辆，官兵 11 人；

三中队：水罐消防车 2 辆，官兵 10 人。

二、补充想定

请根据基本想定内容，结合补充想定材料，完成相应问题。

（一）

某日凌晨 5 时许，H 省 Y 市一幢大厦发生特大火灾。Y 市消防支队先后调集 4 个公安消防中队、4 个专职消防队，共 16 辆消防车 150 余名消防指战员赶赴现场进行灭火救援。8 时许大火基本控制。8 时 33 分，大楼西北部分（约占整个建筑的五分之二）在没有任何迹象的情况下，突然坍塌，造成 20 名消防官兵壮烈牺牲，11 名消防官兵、4 名记者、1 名保安不同程度受伤。

1. 接到报警后，辖区中队应调集哪些器材装备？

2. 到达现场后，中队指挥员应如何进行任务分工？

3. 火灾高温会对建筑造成哪些影响？

（二）

9 时许，仍有 19 名消防官兵被埋压在废墟中，生死不明。公安部、省、市各级领导接到大楼坍塌、消防官兵伤亡严重的报告后，相继赶赴现场组织指挥抢险救援工作。H 市市长、总队参谋长立即集中参战人员进行了简短的战前动员，果断地采取了 5 条措施：一是积极稳定官兵情绪，清点人员，核实被废墟埋压消防官兵的具体人数、姓名和确定被埋压消防官兵的大致方位；二是公安民警、武警官兵扩大警戒范围，实施现场警戒；三是迅速调派市政工程公司的铲车、吊车、挖掘机、运输车到现场协助救援；四是迅速调集医疗专家，实施现场紧急救治；五是安排部分力量灭火，并向坍塌物进行冷却降温。同时，调集其他支队、特勤中队增援。

4. 请分析该案例中的事故特点。

5. 着火建筑突然发生坍塌，并导致多名消防官兵被埋压，指挥员该如何进行战斗动员？

6. 针对被埋压的消防官兵，可以采取什么方式确定其埋压位置？

（三）

灭火救援总指挥部经过充分论证，迅速制定了 6 条救援措施：一是用吊车将楼板、墙体、梁、柱等坍塌重物清离现场；二是用生命探测仪和搜救犬搜索埋压在废墟中的被困官兵，在保证绝对没有生命的前提下，配合挖掘机在废墟西北面的两个救援作业面实施作业；三是做好打持久战的准备，将参战官兵整编成 8 个搜索救援小组，由干部带领，轮番作业，全力搞好后勤保障，确保救援人员体力跟得上；四是利用直流水枪成扇形不间断向坍塌废墟洒水，以防尘、冷却降温、稀释排毒和扑灭余火；五是调集城建部门的专家，在事故现场的西北角、北面、西南角设立 3 个观察点，实行 24 h 监测未塌部分建筑的变化情况，每隔 10 分钟向现场指挥员报告一次监测情况，严防大楼二次坍塌，确保抢险救援人员的绝对安全；六是电力部门提供现场照明，为救援人员昼夜作战创造条件。

7. 坍塌现场对救援存在哪些不利因素？

8. 建筑发生坍塌后，常见的生存空间有哪些？

9. 若救援行动历时较长,应注意哪些问题?

(四)

22 时 15 分在北侧门面转角处找到了第一具遗体。次日 10 时 12 分,废墟中传来微弱的求救声。救援人员通过与其对话,确定了被困人员在紧靠大梁的狭小空间里。指挥员根据现场情况采取了紧急措施:一是救援官兵不间断与其对话,进行安慰和鼓励,以稳定其情绪;二是医务人员向被困人员喂服生理盐水,并准备好氧气袋、遮光布和担架;三是挖去埋在洞口的混凝土,暴露其头部和双手。最终将其成功救出。

10. 伤员搬运应注意哪些问题?

11. 简述雷达生命探测仪、视频生命探测仪、音频生命探测仪的优缺点。

12. 使被困人员情绪稳定的关键因素是什么?

13. 对于埋压时间较长的被困者,救援过程中应注意哪些问题?

(五)

次日中午,为加快工作速度,拓宽第二作业面,灭火救援总指挥部决定拆除现场西边一栋长约 30 m 的 2 层小楼,由西往东向坍塌现场深处挺进,以加快抢险救援进程。截至第 3 日12 时,救援工作已持续了 50 多个小时,被埋压的 19 名官兵有 18 名被搜救出来(其中 1 人生还),还有一名干部下落不明。

14. 对于埋压位置较深的被困人员,可以采取何种措施施救?

15. 针对该名下落不明的被埋压人员,你认为可以采取哪些搜寻方式?

(六)

第 4 日 10 时 05 分,最后一名埋压在废墟中的干部的遗体被搜救出来。至此,经过 70 多个小时的连续奋战,埋压在废墟下的 19 名消防官兵全部被搜救出来。在搜救过程中,利用生命探测仪和警犬进行搜索定位,注重发挥相关联动单位的积极性,各战斗段密切配合、互通情况,利用公安、武警、民工等人力资源优势,进行表层废墟的清障;利用市政工程吊车、铲车、挖掘机、运输车等机械设备配合人工挖掘,为救援工作的开展赢得了时间、创造了条件。

16. 救援现场涉及多部门联动,应如何做好协调工作?

17. 使用搜救犬进行搜救,有哪些优缺点?

18. 进行信息发布时,应注意哪些问题?

第九节　山体滑坡致居民楼坍塌事故应急救援想定作业

一、基本想定

认真阅读本材料,熟悉整个救援过程。

(一)

某日 11 点 29 分,因连续降雨发生山体滑坡,导致 G 市某小区居民楼内第 3、4 单元发生垮塌,共造成 35 户、114 人直接受灾,16 人失联。省消防总队接报后,立即启动《处置重大灾害事故应急救援预案》,迅速调集 26 辆救援车辆、173 名官兵、5 条搜救犬、2 台雷达生命探测仪、270 套救援装备赶赴现场开展抢险救援。经过 75 个小时的艰苦奋战,成功救出 14 名被困者(生还),搜救出 16 名被埋压者(遇难),圆满完成了抢险救援任务。

（二）

该小区建于 2003 年,周边人口密集,交通流量大,发生垮塌的第 21 栋居民住宅楼为 9 层砖混结构建筑。因连续降雨,导致 3 000 余立方米滑坡土石猛烈冲击楼体,并涌入该楼中下部,造成 21 栋第 3、4 单元楼体粉碎性垮塌,涉及 35 户、114 人直接受灾,16 人失联。现场滑坡山体和建筑垮塌物堆积,形成由东北向西南倾斜、垂直高度 10 余米、坡度近 90° 的 6 000 余立方米废墟。

（三）

据视频监控显示和现场实际查看,该建筑为砖混多层单元住宅建筑,由于连日降雨冲刷,山体塌方,混凝土挡墙顺坡滚落,拦腰砸中垮塌楼体二至三楼承重墙,造成建筑受力分布瞬时巨大改变,3、4 单元楼体粉碎性垮塌,内部人员几乎没有逃生的时间和空间,滑坡山体与垮塌建筑构件交叉堆积,现场情况复杂,人员数量、位置确定难度大。

（四）

事发地点位于居民区内,通往搜救面的道路狭窄,垮塌后楼内大量电气线路断裂、燃气管道破损泄漏,存在触电、燃气爆炸危险。据现场相关部门监测,滑坡山体发现 8 条裂缝且纵横交错,有的裂缝以 1 mm/min 的速度扩大,300 余立方米的山体随时可能垮塌;比邻单位未完全垮塌的部分大型建筑构件悬于救援作业面上方,有随时掉落的危险;垮塌建筑物与滑坡山体堆积密实、犬牙交错,几乎没有缝隙,无法对大量垮塌建筑物进行人工清理,作业空间狭小,加之救援过程中时有降雨,救援难度大。施救过程中的清障作业,随时改变事故现场的预应力分布,造成现场极不稳定,次生灾害随时发生。

（五）

灾害发生在省会城市中心城区,各级媒体高度关注,纷纷到场,使用航拍、连线、走访等方式进行直播报道;周边住户及围观群众通过微博、微信等迅速传播现场情况,救援的科学性、规范性、有效性受到极大关注,加之当时已进入汛期,处于类似环境的建筑还有许多,社会影响较大。

（六）

11 时 35 分,支队接到报警后立即调派辖区一中队前往救援,并一次性调集 7 个抢险救援编队(特勤一中队、特勤二中队、二中队、三中队、四中队、五中队、搜救犬分队)共 26 辆救援消防车、173 名官兵、5 条搜救犬、270 余件(套)救援装备赶赴现场,同时向市人民政府及总队报告。

（七）

接报后,G 市人民政府立即启动《G 市重大灾害事故应急联动预案》,迅速调集燃气、供水、供电、地质、建筑、民政、医疗、交通等社会应急联动力量到场协同处置。总队全勤指挥部立即出动,并启动《省重大灾害事故跨区域抢险救援应急预案》,命令其他支队的地震救援队集结做好增援准备。

（八）

11 时 45 分,Y 大队救援力量到达现场,经侦察发现已垮塌的 3、4 单元楼东侧危楼内仍有人员被困。大队指挥员将救援力量分成三个小组,第一组对周边群众进行有序疏散,防止发生二次坍塌造成更大伤亡;第二组携带破拆工具在合适位置打通救援逃生通道,对楼内的被困人员进行救助;第三组严密观察周边未倒塌的墙体以及附近山体,便于发生险情及时发出撤离信号。

（九）

12时02分,救援二组利用切割、破拆等方法对一楼铁丝网护窗进行局部破拆,成功将1单元一楼的3名被困群众救出。随后进入楼内,逐层逐户敲门喊话、破门搜寻,于12时09分,在1、2单元先后成功救出9名被困人员。12时11分,救援一组在对受损极为严重的3单元与2单元连接危楼进行排查搜救时,发现2名被困老人在5楼窗户进行呼救,通往楼上的楼梯被大量的坠落物体堵塞。救援小组立即携带破拆工具沿墙体边缘进入楼体通道内,对堵塞坠落物进行清除,开辟救援通道顺利达到5楼,于12时20分成功将2名老人安全救出。至此,救援现场周边危楼内被困群众14人全部安全救出。

（十）

12时25分至40分,总、支队两级全勤指挥部,G市燃气、供水、供电、地质、建筑、民政、医疗、交通等社会应急联动力量等相继到场。成立了以省委常委、市委书记为组长的现场总指挥部。同时,按照副省长指示,成立了以总队长为总指挥的现场救援指挥部,下设搜索组、营救组、侦察组、安全警戒组、通信保障组、政工宣传组、战勤保障组,并明确武警部队救援队、武警水电部队、蓝天救援队等力量由现场救援指挥部统一指挥。

（十一）

经反复勘察和充分听取专家意见,现场指挥部确定了以"排障探测、精准定位、全力搜救"的救援总体方案和"统一指挥、分片组织、精确定位、突出重点"的战术方法。通过多种手段,现场救援指挥部基本确定被埋人员数量为16人,其中西面坍塌部分13人,东面坍塌部分3人。根据人员定位情况,指挥部研究确定了"二区、八组"的分区分组方式,将作业区域分为东、西两个战区,将参战官兵分成8个攻坚组,东面安排3个攻坚组,西面安排5个攻坚组,分段轮换作业,由外向内,由上向下逐步推进施救。

（十二）

根据指挥部统一部署,救援官兵对每个作业点采取人工、搜救犬、生命探测仪等进行地毯式反复搜索,即使是在经搜索确定无生命迹象的情况下,指挥部仍本着"生命至上"的原则,没有盲目使用大型机械,始终坚持救援人员轮流分组"剥洋葱"的方式,采取人工刨挖、破拆撑顶、滑轮移动等方法扩大作业面积,并利用挖掘机等大型机械对废墟实施起吊、牵引移除障碍物,打通救援通道。每清理一层,官兵们就用雷达生命探测仪和搜救犬搜索一次,最大限度确保被埋压者生还的可能。

（十三）

次日1时19分,救援人员发现1名男性被困人员被大块建筑残体埋压,指挥部立即采取顶撑保护、破拆构件、起重吊升的方法将大块建筑残体移出,并使用手刨的形式开辟出救援空间,于1时40分,将其成功救出。经过近60个小时艰苦救援,截至第4日6时25分,消防官兵共搜救出13名被埋压人员和2只宠物狗(存活)。

（十四）

第3日起,救援现场持续出现阴雨天气,垮塌现场二次垮塌危险增加,救援难度增大,至第4日6时许,现场还有3名被埋压者仍未搜索到。指挥部集中骨干、专家再次对照建筑图纸反复研看录像(现场监控拍到的倒塌录像),综合听取知情人提供的情况以及手机信号定位信息,最终准确研判出最后3名人员就在202室。位置确定后,指挥部组织攻坚力量使用打孔确认、破拆分解、起吊移出的方式进行全力攻坚。经过近 7 个小时连续作战,14 时 21 分将最后一名被埋压者救出。

（十五）

14 时 45 分,指挥部本着对生命高度负责的态度,调集所有搜救犬和生命探测仪,对现场再次进行地毯式搜索,确定再无人员被困后才组织洗消撤离。本次救援行动,消防官兵共营救出 30 名被困者,其中 14 人生还,16 人经医疗部门确认死亡。

（十六）

要求执行事项:

1. 熟悉本想定内容,了解救援过程。

2. 以各级指挥员的身份理解任务,分析判断情况,回答问题。

（十七）

力量编成:

特勤一中队:水罐消防车 2 辆、举高车 1 辆、抢险救援消防车 3 辆,官兵 36 人;

特勤二中队:水罐消防车 2 辆、抢险救援消防车 2 辆、照明车 1 辆、后勤保障消防车 1 辆,官兵 32 人;

一中队:水罐消防车 2 辆、抢险救援消防车 3 辆,官兵 25 人;

二中队:水罐消防车 2 辆、抢险救援消防车 2 辆,官兵 24 人;

三中队:水罐消防车 1 辆、抢险救援消防车 2 辆,官兵 21 人;

四中队:水罐消防车 1 辆、抢险救援消防车 2 辆,官兵 20 人;

五中队:水罐消防车 2 辆、抢险救援消防车 2 辆,官兵 25 人;

搜救犬分队:搜救犬 5 条,官兵 15 人。

二、补充想定

请根据基本想定内容,结合补充想定材料,完成相应问题。

（一）

某日 11 点 29 分,因连续降雨发生山体滑坡,3 000 余立方米滑坡土石涌入 G 市某小区居民楼,导致第 3、4 单元楼体粉碎性垮塌,共造成 35 户、114 人直接受灾,16 人失联。该小区建于 2003 年,周边人口密集,交通流量大,发生垮塌的第 21 栋居民住宅楼为 9 层砖混结构建筑。现场滑坡山体和建筑垮塌物堆积,形成由东北向西南倾斜、垂直高度 10 余米、坡度近 90°的 6 000 余立方米废墟。

1. 分析此次事故有哪些特点?

（二）

11 时 35 分,支队接到报警后立即调派辖区一中队前往救援,并一次性调集 7 个抢险救援编队(特勤一中队、特勤二中队、二中队、三中队、四中队、五中队、搜救犬分队)共 26 辆救援消防车、173 名官兵、5 条搜救犬、270 余件(套)救援装备赶赴现场,同时向市人民政府及总队报告。

2. 接到出动命令后,辖区中队应调集哪些器材装备?

3. 力量调集的原则有哪些?

（三）

11 时 45 分，Y 大队救援力量到达现场，经侦察发现已垮塌的 3、4 单元楼东侧危楼内仍有人员被困。大队指挥员将救援力量分成三个小组，第一组对周边群众进行有序疏散；第二组携带破拆工具打通救援逃生通道；第三组对未倒墙体及附近山体进行监测。

4. 作为辖区中队指挥员，到场后应如何进行力量部署？

5. 针对该起事故，应对哪些部位进行重点侦察？

6. 设置警戒应注意哪些问题？

（四）

12 时 02 分，救援二组成功救出 3 名被困群众。12 时 09 分，在 1、2 单元先后成功救出 9 名被困人员。12 时 11 分，救援一组在对受损极为严重的 3 单元与 2 单元连接危楼进行排查搜救时，发现 2 名被困老人在 5 楼窗户进行呼救，通往楼上的楼梯被大量的坠落物体堵塞。

7. 建筑坍塌事故中，对被埋压人员的救援顺序是什么？

8. 上述 2 名被困 5 楼的老人，可以通过哪些方式进行施救？

9. 救援过程中，如何做好个人安全防护？

（五）

12 时 25 分至 40 分，总、支队两级全勤指挥部及社会应急联动力量等相继到场。成立了以省委常委、市委书记为组长的现场总指挥部。同时，按照副省长指示，成立了以总队长为总指挥的现场救援指挥部，下设搜索组、营救组、侦察组、安全警戒组、通信保障组、政工宣传组、战勤保障组，并明确武警部队救援队、武警水电部队、蓝天救援队等力量由现场救援指挥部统一指挥。

10. 消防部队在建筑坍塌事故中应承担哪些任务？

（六）

20 日 18 时 41 分，现场安全监测专家发现滑坡山体裂缝扩大至 80 cm，山体有随时再次塌方的可能，随即发出撤离信号，现场官兵全部有序安全撤离。根据现场专家建议，总指挥部通过微差定向爆破的方式对不稳定山体进行爆破卸载，消除了救援现场的安全隐患。

11. 如何用哨音表达紧急撤离信号？

12. 听到紧急撤离信号时应如何做？

13. 紧急撤离后，指挥员应如何部署下一步救援任务？

（七）

通过多种手段，现场救援指挥部基本确定被埋人员数量为 16 人，其中西面坍塌部分 13 人，东面坍塌部分 3 人。根据人员定位情况，指挥部研究确定了"二区、八组"的分区分组方式，将作业区域分为东、西两个战区，将参战官兵分成 8 个攻坚组，东面安排 3 个攻坚组，西面安排 5 个攻坚组，分段轮换作业，由外向内、由上向下逐步推进施救。

14. 可以采取哪些手段对被困人员进行定位？

（八）

根据指挥部统一部署，救援官兵对每个作业点采取人工、搜救犬、生命探测仪等进行地毯式反复搜索，采取人工刨挖、破拆撑顶、滑轮移动等方法扩大作业面积，并利用挖掘机等大型机械对废墟实施起吊、牵引移除障碍物，打通救援通道。每清理一层，官兵们就用雷达生命探测仪和搜救犬搜索一次，最大限度确保被埋压者生还的可能。

15. 简述人工搜索、搜救犬搜索、生命探测仪搜索的优缺点。

16. 如何确定坍塌现场已无生命迹象？

（九）

次日 1 时 19 分，救援人员发现 1 名男性被困人员被大块建筑残体埋压，指挥部立即采取顶撑保护、破拆构件、起重吊升的方法将大块建筑残体移出，并使用手刨的形式开辟出救援空间，于 1 时 40 分，将其成功救出。

17. 对于埋压较深的被困人员应如何施救？

（十）

第 3 日起，救援现场持续出现阴雨天气。第 4 日 6 时许，现场还有 3 名被埋压者仍未搜索到。指挥部进行仔细分析研判，最终断定 3 名人员就在 202 室。位置确定后，指挥部组织攻坚力量使用打孔确认、破拆分解、起吊移出的方式进行全力攻坚。经过近 7 个小时连续作战，14 时 21 分将最后一名被埋压者救出。

18. 坍塌现场出现降雨时，应注意哪些问题？

19. 救援时间历时较长，应如何做好后勤保障工作？

（十一）

14 时 45 分，指挥部本着对生命高度负责的态度，调集所有搜救犬和生命探测仪，对现场再次进行地毯式搜索，确定再无人员被困后才组织洗消撤离。本次救援行动，消防官兵共营救出 30 名被困者，其中 14 人生还，16 人经医疗部门确认死亡。

20. 清场撤离时应注意哪些问题？

21. 信息发布应注意哪些问题？

第十节　山体滑坡致建筑坍塌事故应急救援想定作业

一、基本想定

认真阅读本材料，熟悉整个救援过程。

（一）

某月 20 日 11 时 40 分，S 消防支队指挥中心接 110 警情称，S 市一山体发生滑坡。滑坡事故现场，东面为东林路，南面为山体，西面为东五路，北面为长凤路，距离一中队（辖区中队）一分队 200 m，一中队 4.5 km，G 大队（辖区大队）13 km，灾害现场有 1 条西气东输管线横跨东西两面。

（二）

滑坡山土近 270 万 m³，覆盖面积近 28 万 m²，埋压最厚处达 3 层楼高，事故造成 73 人遇难，4 人失联，A、B 两个工业园 30 多栋（间）建筑物被掩埋或受损。紧急疏散周边群众 900 余人，救出遇险受困群众 14 人，救出被埋压人员 1 人。20 日 S 消防支队共调派 10 个大队、350 名官兵、43 辆消防车、37 台生命探测仪、3 条搜救犬前往现场救援。整个救援过程，支队先后调集 2 637 人，11 类 4 000 余件（套）装备。事故区当日阴转多云，气温 13～19 ℃，相对湿度 45%～70%，东北风 2～3 级。救援期间雨天共 11 天。

（三）

20 日 11 时 45 分，一中队一分队快速到场，在东区 A7 厂房后面围墙边救出一名左腿受伤、无法自行逃生的群众，随后 5 分钟，该建筑物瞬间坍塌。11 时 59 分，一中队到达现场后，搜救组在东区滑坡面发现 3 名被泥土半埋压着的群众，此时泥土仍在下滑，该 3 名群众随时可能被泥土完全掩埋，中队指挥员迅速带领 3 名战斗员冲上滑动的泥土，将 3 名被困群众挖出。同时紧急疏散附近建筑内 10 名遇险群众。

（四）

12 时 04 分，G 大队到场侦察发现事故现场的 1 条西气东输管线爆裂，迅速通知管理部门关阀排险。12 时 10 分，调派 2 个灭火编队，扑救现场两处火情。13 时，支队长率领支队全勤指挥部到达现场，立即成立现场指挥部，第一时间开展侦察、救人、灭火、破拆等救援工作。根据灾情，决定采取"全面探测、分片作业、重点施救"措施，将到场增援的 10 个大队划分为 5 个战区 19 个网格，每个战区分成 4 个搜救小组，分别从 5 条救援通道利用生命探测仪、搜救犬和人工搜索，开展第一轮"拉网式"搜救。

（五）

15 时 50 分，总队领导率总队全勤指挥部到场，在全面掌握灾情后，迅速对增援到场的 9 个支队下达作战任务。在原有的 5 个战区 19 个网格的基础上，扩大至 11 个战区 36 个网格，开展第二轮搜救。21 日 10 时 30 分，为整合各救援队伍，发挥最大作战效能，联合指挥部决定将某集团军等 13 支救援力量交给支队统一指挥、统一作战，共同完成探测、搜救、破拆、观察等作战任务。22 时，总队现场指挥部进行第二次力量调整部署，决定将现场 36 个网格扩大至 45 个网格，开展第三轮搜救。22 日 5 时 45 分，发现第 1 名遇难者。

（六）

22 日 10 时，现场指挥部决定开展重点搜救，采取"定位、探测、挖掘"的搜救措施，由消防支队、住建委组成 3 个小组，利用定位仪，对被埋压建筑进行定位，历经 4 个小时，共探测和标注 14 栋建筑物。22 日 20 时 50 分，在挖掘机配合下，对挖掘出被掩埋的建筑体，利用人工观察、生命探测仪和搜救犬相结合，开展第四轮"上、中、下"立体式搜救。对标注的 14 栋建筑勘测近 450 余次，发现 4 处疑似生命迹象地点。

（七）

23 日 0 时，联合指挥部决定工程机械停工 1 个小时，现场设置半径 50 m 的警戒区，按照"通信静默、人员禁足、设备停转"的要求，关闭所有电子设备，禁止人员走动，再次对疑似存在生命迹象的区域开展第五轮搜救。联合 6 名地质结构专家，分成 4 个小组对存在有生命迹象的位置和数据，进行精密分析、研判。0 时 15 分，在武警水电部队大型机械设备配合下，利用 2 台雷达生命探测仪搜寻时，再次探测到较强信号的生命迹象。

（八）

3 时 30 分，F 大队利用 2 台凿岩机对挖掘露出的建筑楼板进行破拆，在倒塌楼体西南侧一处房间破拆一个 30 cm×30 cm 的观察孔，发现被困人员伸手求救，救援人员迅速利用消防救援头盔对被救者进行防护，并通知医护人员到场。6 时 30 分，在武警水电部队、山地救援队、蓝天救援队、矿山救援队及建筑结构、地质专家等的配合下，集中力量对地下埋压建筑进行挖掘和安全破拆，固定支撑断墙残柱，克服操作空间狭窄的困难，开辟出一个 80 cm×80 cm 的生命通道，经过官兵近 3 个小时不懈奋战，成功营救出一名被埋压 67 个小时的幸存者。

（九）

24 日开始,联合指挥部为保证有序救援、合力救援、安全救援,实行"领导包干负责制、分段巡查制、会议制",按照省市领导区域包干,每 5 小时巡查 1 次,每日召开 1 次联合会议;支队同样实行"巡查制、会议制、轮换制、指挥长负责制"。在灾害现场,10 个消防支队共同肩负灾情侦察、人员搜救、灭火处危、搜寻观察、破拆清障、防火巡查、清底验收等 7 项作战任务。

（十）

24 日 16 时,继续利用生命探测仪、搜救犬对新挖掘出的"露脸、露角"建筑,开展第六轮搜救。27 日 10 时开始,利用人体搜寻仪、警犬开展第七轮搜寻,同时与片区企业、测量单位、监理单位,按照"探测、标识、拍照、确认"的步骤,对每个区域开展联合验收,做到探测清埋一个、验收确认一个。

（十一）

大型作业机器全面进场后,救援人员与挖掘机捆绑作业,每个挖掘机作业区配备 3 名消防员,其中 2 人负责地面巡查、1 人跟车监控,盯紧盯牢"推土、挖土、倒土"三个环节,做到及时发现、及时处置。对发现到的遇难者做出现场标识和登记,并上报指挥部,及时调派刑警、卫生防疫到场处置。

（十二）

在救援过程中,联合某集团军等 13 支救援力量,先后采取"关阀断料、填充氮气、清空余气",处置爆裂的西气东输管线,监护 7 t 液氨倒罐转移,监护汽车报废场乙炔、汽油等危化品转移,扑灭明火 12 起。联合指挥部对可能发生二次滑坡、爆炸、洪涝等次生灾害,提前预警研判,设置防空警报、撤离信号弹、"光启"紧急撤离警报、气动喇叭等紧急撤离信号,明确撤离路线。

（十三）

在 30 个昼夜救援中,各宣传人员随警作战,深入一线,挖掘典型事例,用主旋律占领主阵地、用正形象传递正能量,利用新媒体、新手段进行全面宣传、全程宣传,鼓舞士气、激发斗志。为确保不间断救援,各作战保障人员全力保障,突出做好调拨物资装备、抢修装备、采购装备三项应急工作。在现场器材消耗大的情况下,27 日 S 市政府启动应急救援装备紧急采购程序,投入 1 097 万元紧急购置人体搜寻仪、凿岩机、大型破拆工具组等 10 大类 184 套(件)供救援现场使用。

（十四）

要求执行事项:

1. 熟悉本想定内容,了解救援过程。

2. 以各级指挥员的身份理解任务,分析判断情况,回答问题。

（十五）

力量编成:

特勤一中队:水罐消防车 1 辆、抢险救援消防车 3 辆,官兵 20 人;

特勤二中队:水罐消防车 2 辆、抢险救援消防车 2 辆、照明车 1 辆,官兵 26 人;

特勤三中队:水罐消防车 1 辆、抢险救援消防车 2 辆、后勤保障车 1 辆,官兵 22 人;

一中队:水罐消防车 2 辆、抢险救援消防车 2 辆,官兵 20 人;

二中队:抢险救援消防车 3 辆,官兵 15 人;

三中队:水罐消防车 1 辆、抢险救援消防车 2 辆,官兵 15 人;

搜救犬分队:搜救犬 3 条,官兵 8 人。

二、补充想定

请根据基本想定内容,结合补充想定材料,完成相应问题。

(一)

某月 20 日 11 时 40 分,S 市一山体发生滑坡。滑坡山土近 270 万 m³,覆盖面积近 28 万 m²,埋压最厚处达 3 层楼高,事故造成 73 人遇难、4 人失联,A、B 两个工业园 30 多栋 (间)建筑物被掩埋或受损。当日 S 消防支队共调派 10 个大队、350 名官兵、43 辆消防车、37 台生命探测仪、3 条搜救犬前往现场救援。事故区当日阴转多云,气温 13~19 ℃,相对湿度 45%~70%,东北风 2~3 级。救援期间雨天共 11 天。

1. 该起事故的特点有哪些?

2. 降雨会对救援工作带来哪些影响?

(二)

20 日 11 时 45 分,一中队一分队到达现场,在一厂房后面围墙边救出一名左腿受伤、无法自行逃生的群众,随后 5 分钟,该建筑物瞬间坍塌。11 时 59 分,一中队到达现场后,及时救出 3 名被泥土半埋压着的群众,同时紧急疏散附近建筑内 10 名遇险群众。

3. 赶赴现场应注意哪些问题?

4. 辖区中队需携带哪些器材装备?

5. 针对左腿受伤的伤员,可以进行哪些救治措施?

6. 建筑物坍塌前有哪些征兆?

(三)

12 时 04 分,G 大队到场侦察发现事故现场的 1 条西气东输管线爆裂,迅速通知管理部门关阀排险。12 时 10 分,调派 2 个灭火编队,扑救现场 2 处火情。21 日 10 时 30 分,为整合各救援队伍,发挥最大作战效能,联合指挥部决定将某集团军等 13 支救援力量交给支队统一指挥、统一作战,共同完成探测、搜救、破拆、观察等作战任务。22 日 5 时 45 分,发现第 1 名遇难者。

7. 现场有哪些危险源?

8. 针对事故现场西气东输管线爆裂,可以采取哪些措施?

(四)

22 日 20 时 50 分,在挖掘机配合下,对挖掘出被掩埋的建筑体,利用人工观察、生命探测仪和搜救犬相结合,开展第四轮"上、中、下"立体式搜救。对标注的 14 栋建筑勘测近 450 余次,发现 4 处疑似生命迹象地点。

9. 建筑坍塌事故中,常用的搜索方法有哪些?

10. 简述搜救犬搜索的优缺点。

11. 发现疑似生命迹象时,应采取什么措施?

（五）

23日0时,联合指挥部决定工程机械停工1个小时,现场设置半径50 m的警戒区,关闭所有电子设备,禁止人员走动,再次对疑似存在生命迹象的区域开展搜救。0时15分,在武警水电部队大型机械设备配合下,利用2台雷达生命探测仪搜寻时,再次探测到较强信号的生命迹象。

12. 使用音频生命探测仪的条件是什么?

13. 雷达生命探测仪的优缺点有哪些?

（六）

3时30分,F大队在倒塌楼体西南侧一处房间破拆的30 cm×30 cm观察孔,发现被困人员伸手求救。6时30分,在武警水电部队、山地救援队、蓝天救援队、矿山救援队及建筑结构、地质专家等的配合下,经过近3个小时不懈奋战,成功营救出一名被埋压67个小时的幸存者。

14. 发现幸存者后,应采取哪些措施?

15. 若被困者埋压位置较深,应如何开展救援?

16. 若救助被困人员历时较长,应注意哪些事项?

（七）

24日16时,继续利用生命探测仪、搜救犬对新挖掘出的"露脸、露角"建筑,开展第六轮搜救。27日10时开始,利用人体搜寻仪、警犬开展第七轮搜寻,同时与片区企业、测量单位、监理单位,按照"探测、标识、拍照、确认"的步骤,对每个区域开展联合验收,做到探测清理一个、验收确认一个。

17. 对于较大范围的建筑坍塌事故现场,如何做到搜索不留死角?

18. 清场撤离时应注意什么问题?

（八）

在救援过程中,联合某集团军等13支救援力量,先后采取"关阀断料、填充氮气、清空余气",处置爆裂的西气东输管线,监护7 t液氨倒罐转移,监护汽车报废场乙炔、汽油等危化品转移,扑灭明火12起。联合指挥部对可能发生二次滑坡、爆炸、洪涝等次生灾害,提前预警研判,设置防空警报、撤离信号弹、"光启"紧急撤离警报、气动喇叭等紧急撤离信号,明确撤离路线。

19. 若现场发生氨气泄漏,应如何处置?

（九）

救援过程中,各宣传人员随警作战,深入一线,利用新媒体、新手段进行全面宣传、全程宣传,鼓舞士气、激发斗志。为确保不间断救援,各作战保障人员全力保障,突出做好调拨物资装备、抢修装备、采购装备三项应急工作。

20. 该起事故中,如何做好后勤保障工作?

第五章　自然灾害事故应急救援想定作业

【学习目标】

1. 熟悉不同类型自然灾害事故的特点。
2. 熟悉自然灾害事故处置的程序。
3. 熟悉车辆装备器材在自然灾害事故处置中的运用。
4. 掌握自然灾害事故的处置措施。
5. 培养指挥员自然灾害事故应急救援处置的思考能力。

我国地域辽阔、地质结构复杂、气象条件多变,因此自然灾害频发,且灾害类型繁多。统计数据显示,我国是世界上自然灾害最多、危害最严重的国家之一,人民群众的生命财产安全和社会财富受到严重威胁,消防部队作为我国一支重要的应急救援力量,依法承担着重大灾害事故的应急救援工作。本章所编写的想定作业列举了几类常见的自然灾害事故应急救援处置案例,针对消防部队在救援中的处置程序及常见的一些问题进行想定。通过本章的学习,可以引导指挥员对自然灾害事故处置过程进行深入思考,掌握事故特点及处置对策,提高组织指挥能力,增强协同作战整体效能,提高救援效率。

第一节　地震应急救援想定作业一

一、基本想定

认真阅读本材料,熟悉整个救援过程。

(一)

某月 26 日 8 时 49 分,S 市发生 7.1 级地震,震中位于该市市郊,距市中心区 35 km。地震发生后,S 市消防支队值班首长经请示总队同意后,当即命令全市消防部队进入一级战备,并迅速与市政府取得联系,主动请战,领受救灾任务。与此同时,支队领导向总队首长和市局指挥中心详细汇报了地震灾情。省消防总队第一时间启动跨区域地震救援预案,紧急部署,先后调集 8 个支队的 960 名官兵、8 条搜救犬、102 辆消防车投入抗震救灾。26 日 9 时 20 分,S 市政府启动《S 市破坏性地震应急救援预案》。26 日 10 时 40 分,省政府根据 S 市地震情况,启动了省地震救援一级响应预案。

(二)

9 时 30 分,支队除留出部分力量应付 S 市主城区突发灾害外,命令特勤一中队 20 名官兵赶赴主震区 A 县、20 名官兵赶往 B 县主要受灾的乡镇。同时从各消防大队抽调 30 名官兵在特勤中队集中,组成机动力量由参谋长带队随时准备增援。S市消防支队地震应急救援力量第一时间赶到灾区,在震区成立抗震救灾前沿指挥部。在10天的救援过程中,消防官兵共搜救出147人,其中45人生还,安全疏散转移被困群众4 120人,发挥了应急救援主力军和突击队作用。

(三)

此次地震属主余震类型,影响面积1 800 km²,震源深度10 km,地面裂缝宽达1 m。余震发生频繁,其间有明显震感的余震多达400余次,持续近1个月。

(四)

此次地震应急救灾,共出动警力1 260人次,出动车辆380辆次,扑灭了9起火灾,处置了1起液化气泄漏事故,为灾区群众搭建帐篷800余顶,从S市区向主震区A县运送生活用水3 000余吨。配送灭火、饮水两用缸子300余口,配置灭火器330具。医疗救护分队带上药品和医疗器材到灾区群众中间,开展义务诊疗,分发防病药物,宣传防疫知识。同时,开展了地毯式消防安全大排查,严密监护帐篷密集区,广泛开展震后防火宣传,有效地预防和减少了火灾、爆炸等地震次生灾害的发生。

(五)

地震造成S市130人死亡,8 700余间房屋倒塌,损房129 000余间,重伤67人,轻伤546人,10万人失去居所,S市直接经济损失达20.3亿元。强烈地震破坏了主震区人们正常的生活秩序,造成地震中心区人们心里惊恐,纷纷外出避险,地震当天有100多万人在户外避险,第二天40万人,第三天仍有30多万人住在户外。

(六)

A县受灾的主要是城区,其城区建筑受损严重,有数十万人离开居所户外避震,救援及维稳任务较重。10时30分,支队救援力量到达A县后,立即向抗震救灾现场指挥部报告。支队在A县消防大队成立了由支队长、政委为指挥长,参谋长为副指挥长的支队抗震救灾前沿指挥部,在当地政府统一领导下开展救援行动。下设火灾扑救分队、救人疏散分队、防火督查分队、帐篷搭建分队、通信保障分队、饮用水运送分队、医疗救护分队、信息联络组、后勤保障组。每天从市区轮换一批救援力量,保证参与地震救援行动的人员有充沛的体力。为防寒保暖,给每名官兵增添了一床被褥,购置热水袋60多个。

(七)

26日15时20分,前方指挥部徒步6 km抵达震中区,立即建立现场指挥部,迅速收集灾情信息,及时调派兵力,下达救援任务。根据灾情,总队指挥部确立了重点攻坚与全面搜救相结合、搜救大面积坍塌建筑与解救疏散被困人员同时展开、搜救被埋压人员与解救被困人员同步进行的作战原则,及时划定3个战区,下达作战任务。部分居民因为担心家庭财产丢失滞留在居所附近。疏散救人分队每3人一组,对地震中心区内的每栋房屋进行清查,官兵们通过喊话、说服、引导等方式,共将130余人疏散至A县中心广场。

(八)

到达现场后,消防官兵充分发挥装备优势,展现出丰富的作战经验,坚持救人第一的原则,迅速侦察定位,全力搜救被困人员。在救援黄金72小时内,共调派救援人员2 287人次,对3个战区内的5 013户进行了搜救,搜救出114人(其中,生还32人,遇难者遗体82具),解救疏散群众6 732人,排除险情284处,充分发挥了消防部队救援的专业性。

（九）

18时，正当消防官兵们搭建帐篷、挖掘排水沟时，天空中突降暴雨，刮倒大树及房屋，屋顶瓦砾四处乱飞。晚21时许，参战消防官兵接到指挥部命令，预测当晚可能有暴雨，要求全力以赴搭建帐篷。连续奋战10多个小时，直到27日凌晨，已搭建帐篷110顶，以保障灾民得到妥善安置。某酒厂因地震致使酒坛破碎，酒四处流淌，一员工点燃蜡烛检查酒厂时引起火灾。县消防大队接到报警后，立即出动，迅速扑灭火灾，避免了该厂"火烧连营"的惨重局面。某液化气储备站的液化气罐因地震发生泄漏，指挥部立即调兵遣将，火速赶往现场，排除险情。某救灾物资仓库旁发生因地震造成下水道受损，致使救灾物资运输车压塌下水道，发生侧翻漏油事故，消防指挥部接警后，迅速出动，抢搬物资、起吊货车的方法，圆满完成了此次抢险救援任务，保住了物资仓库、大货车及其运载物资。

（十）

经探测，消防官兵发现某废墟下有2名被困者，采用手刨方式将其中一名被埋于浅表处的被困者救出，另一名埋压较深，指挥部调集大型挖掘设备，在局部挖掘的基础上，消防官兵采用破拆、切割、固定、顶撑等方式也将其顺利救出。

（十一）

指挥部每日策划宣传点，发动电视、网络、广播等媒体聚焦消防部队救援行动，积极配合公安部消防局宣传工作组开展现场采访和深度报道，抗震救援期间，在各类媒体累计上稿报道3 612条，包括中央电视台、中央人民广播电台、中央级报刊、省级主流媒体、网络、微博推送等，较好地反映了消防部队救灾行动。

（十二）

要求执行事项：

1. 熟悉想定内容，了解救援过程。

2. 以各级指挥员的身份理解任务，分析判断情况，回答问题。

（十三）

力量编成：

A县消防中队：大型水罐消防车2辆、应急救援消防车1辆，官兵20人；

B县消防中队：大型水罐消防车2辆、应急救援消防车1辆，官兵20人；

S市特勤二中队：大型水罐消防车3辆、应急救援消防车2辆，官兵34人；

S市普通中队：大型水罐消防车4辆、应急救援消防车3辆，官兵56人。

二、补充想定

请根据基本想定内容，结合补充想定材料，完成相应问题。

（一）

地震发生后，S市消防支队值班首长经请示总队同意后，当即命令全市消防部队进入一级战备，并迅速与市政府取得联系，主动请战，领受救灾任务。与此同时，支队领导向总队首长和市局指挥中心详细汇报了地震灾情。26日9时20分，S市政府启动《S市破坏性地震应急救援预案》，在震区成立S市抗震救灾前沿指挥部。26日10时40分，省政府根据S市地震情况，启动了省地震救援一级响应预案。

1. 简述消防中队地震应急响应的程序。

2．接到一级战备命令,中队指挥员应做好哪些方面的出动准备?

（二）

主震区 A 县消防大队第一时间出动 2 车 15 人赶到震中开展救援;9 时 30 分,市消防支队迅速集结 1 支轻型搜救队 12 车 35 人、2 条搜救犬赶赴灾区,并调派辖区 9 个大队的 122 名官兵赶赴震中救援。总队接到支队报告,立即启动跨区域地震救援预案,成立由总队长任总指挥、参谋长为副总指挥的抗震救灾前方指挥部,在总队作战指挥中心设立后方指挥部,由总队政委、副总队长坐镇指挥。调集特勤支队等 8 个支队的 7 个重型搜救队、3 个轻型搜救队、1 个搜救犬队及总队灭火救援指挥部共 801 名官兵,按照"建制集结,编队出动"的要求,携带 15 条搜救犬和 42 736 件(套)救援装备紧急驰援灾区。

3．作为辖区中队,应调集哪些器材装备?

4．此次地震应急救援行动有哪些难点?

（三）

此次地震属主余震类型,影响面积 1 800 km²。震源深度 10 km,地面裂缝宽达 1 m。余震发生频繁,其间有明显震感的余震多达 400 余次,持续近 1 个月。

5．简述地震的分类及特点。

6．破坏性地震事故中,可能会引发哪些次生灾害?

（四）

26 日 15 时 20 分,前方指挥部徒步 6 km 抵达震中区,立即建立现场指挥部,迅速收集灾情信息,及时调派兵力,下达救援任务。根据灾情,总队指挥部确立了重点攻坚与全面搜救相结合、搜救大面积坍塌建筑与解救疏散被困人员同时展开、搜救被埋压人员与解救被困人员同步进行的作战原则,及时划定 3 个战区,下达作战任务。

7．徒步赶赴救援现场应注意哪些问题?

8．抢救被埋压人员的基本原则是什么?

（五）

到达现场后,消防官兵充分发挥装备优势,展现出丰富的作战经验,坚持救人第一的原则,迅速侦察定位,全力搜救被困人员。在救援黄金 72 小时内,共调派救援人员 2 287 人次,对 3 个战区内的 5 013 户进行了搜救,搜救出 114 人(其中,生还 32 人,遇难者遗体 82 具),解救疏散群众 6 732 人,排除险情 284 处,充分发挥了消防部队救援的专业性。

9．地震灾害现场中,应对哪些部位进行重点搜索?

10．对伤员如何进行标签分类?

（六）

消防官兵冒着危房倒塌的危险,深入灾区危房,一方面对各家各户进行安全检查,提醒灾民注意用火,关闭液化气,熄灭炉火;一方面劝说灾民迅速离开房屋,躲避到开阔安全的地点。很多灾民因不舍自家财物不愿离开,给灾民疏散工作带来了巨大的压力,通过耐心的劝导,人们才陆续离开。

11．地震灾害现场,可能存在哪些危险源?应如何消除?

（七）

18 时,正当消防官兵们搭建帐篷、挖掘排水沟时,天空中突降暴雨,刮倒大树及房屋,屋顶瓦砾四处乱飞。晚 21 时许,参战消防官兵接到指挥部命令,预测当晚可能有暴雨,要求全力以赴搭建帐篷,连续奋战 10 多个小时,直到 27 日凌晨,已搭建帐篷 110 顶,以保障灾民得到妥善安置。

12. 面对恶劣的天气及救援环境,应如何做好部队保障工作?

(八)

某酒厂因地震致使酒坛破碎,酒四处流淌,一员工点燃蜡烛检查酒厂时引起火灾,县消防大队接到报警后,立即出动,迅速扑灭火灾,避免了该厂"火烧连营"的惨重局面。

13. 若辖区中队出动 2 车(水罐消防车)13 人,你如何进行战斗部署?

(九)

某液化气储备站的液化气罐因地震发生泄漏,指挥部立即调兵遣将,火速赶往现场,排除险情。

14. 针对该起液化气泄漏事故,可以采取哪些处置措施?

(十)

该地某救灾物资仓库旁发生因地震造成下水道受损,致使救灾物资运输车压塌下水道,发生侧翻漏油事故。消防指挥部接警后,迅速出动,抢搬物资、起吊货车的方法,圆满完成了此次抢险救援任务,保住了物资仓库、大货车及其运载物资。

15. 针对该起侧翻漏油事故,应如何处置?

(十一)

经探测,消防官兵发现某废墟下有 2 名被困者,采用手刨方式将其中一名被埋于浅表处的被困者救出,另一名埋压较深,指挥部调集大型挖掘设备,在局部挖掘的基础上,消防官兵采用破拆、切割、固定、顶撑等方式也将其顺利救出。

16. 简述音频生命探测仪、视频生命探测仪、雷达生命探测仪的使用条件及优缺点。

17. 简述如何协调好中小型救援工具和大型挖掘设备的使用。

(十二)

指挥部每日策划宣传点,发动电视、网络、广播等媒体聚焦消防部队救援行动,积极配合公安部消防局宣传工作组开展现场采访和深度报道。抗震救援期间,在各类媒体累计上稿报道 3 612 条,包括中央电视台、中央人民广播电台、中央级报刊、省级主流媒体、网络、微博推送等,较好地反映了消防部队救灾行动。

18. 现场如何做好通信保障?

19. 信息发布应注意哪些事项?

20. 请绘制建筑坍塌现场搜救标记和作业标记。

第二节 地震应急救援想定作业二

一、基本想定

认真阅读本材料,熟悉整个救援过程。

(一)

某月 22 日 9 时 10 分,A 市 Y 县 X 乡发生 6.6 级地震。地震造成 220 人死亡,108 人受伤,境内铁路多处扭曲错开,铁路运营中断,滞留列车 3 列,部分公路多处严重塌方使整个交通系统瘫痪;灾区通信、供水、供电中断,整个地震灾区陷入一片混乱之中。

9时20分,支队长、政委立即命令支队值班室,一方面向市政府、市地质局了解地震相关信息,判定地震灾害情况;一方面电话询问各县区消防大队,了解掌握大队人员、车辆、营房受灾情况,同时要求相邻大队立即做好抗震救灾和抢险救援准备工作。随后,支队将震情、救灾和战备力量部署、相关措施及存在困难等情况向总队作了报告。

（二）

此次地震震源深度仅为9 km,震中距Y县城仅14 km。灾区地处横江流域深切割地区,沟壑纵横,山高谷深,山体破碎,地质构造属多层复合堆放层。地震造成山体垮塌严重,公路沿线飞石不断。地震发生的当天,灾区又接连遭受大风、暴雨等灾害袭击,导致大量农作物和树木倒折,已搭建的部分帐篷被吹倒,并引发局部滑坡和泥石流,形成灾害叠加。灾害发生地经济基础薄弱,是历年来扶贫帮困的重点地区之一,受经济条件的制约,加上山高坡陡,建房成本高,受灾群众住房质量差,抗震能力低,地震导致民房倒塌严重,恢复重建任务艰巨。

（三）

9时40分,支队长参加了市政府抗震救灾紧急会议,受领工作任务。同时,政委在支队组织召开机关紧急会议,研究部署抗震救灾工作及抢险救援方案,当即宣布全市消防部队进入紧急备战状态,启动《A市消防支队处置灾害事故应急预案》。

（四）

地震发生后,按照市政府抗震救灾指挥部的部署,A市消防支队抽调支队机关12人、消防一中队抢险救援班8人,组成了20人的抢险救援突击队。调动Y县政府专职队16人、K县政府专职队18人分别到达X乡和L乡实施应急救援。现场应急人员分为防火检查组、应急救援组(排险组、疏散组、帐篷搭建组、保障组)。充分发挥消防特勤器材装备特长,做到人尽其力、物尽其用。

（五）

11时02分,按照市政府的统一调动,4辆携带各种抢险救援器材的车辆(其中抢险救援消防车1辆)整装待发。支队长对参加抢险救援的20名官兵进行了出征动员,随即赶往灾区。抢险救援突击队冒着40 ℃酷热高温,沿途面对随时都有可能发生的泥石流、滑坡、山石飞落危险,艰难地向地震重灾区前进,经过4个多小时的艰难跋涉,于15时10分到达一线灾区,并同Y县政府专职队会合,这也是驻A市部队中第一个赶到灾区的部队。

（六）

震区一片狼藉,房屋大量倒塌,到处是灾民、碎砖瓦砾。根据灾害现场情况,以及市政府抗震救灾指挥部的统一部署,支队长立即向抢险救援突击队和Y县政府专职消防队下达工作任务,将救援突击队分为两个小组:第一组由副参谋长带领,深入受灾最为严重的住户,对周围群众疏散和转移,劝说灾民迅速离开房屋,躲避到安全开阔的地点。同时,消防官兵对村民危房进行拆除,帮助灾民搭建临时帐篷。晚21时许,指挥部要求全力以赴投入帐篷搭建工作,保证在次日之前将大部分灾民安置进临时住所。到23日凌晨,搭建帐篷110顶。

（七）

第二组由支队防火处处长带领,对灾区住户进行防火检查,重点对灾民的用火安全进行指导,同时开展消防安全知识宣传,防止次生灾害事故发生。参战官兵冒着危房倒塌的危险,深入灾区危房,对各家各户进行安全检查,提醒灾民注意用火,关闭液化气,熄灭炉火。23 日下午,在支队长的带领下,消防官兵对帐篷区的用火、用电进行全面的检查,配置必要的灭火器材,张贴消防宣传条幅,设置防火宣传标语。消防官兵连续奋战近 24 个小时,发放宣传资料 100 余份,疏散转移群众 20 000 余人,排除危房 1 000 余户(处),检查场所和灾民住所 161 余户(处),制作宣传标语 4 幅。

(八)

经询问知情人,消防官兵得知某处坍塌居民楼废墟下有被困人员,通过雷达生命探测仪、搜救犬逐点探测,结合周边同类建筑的比对分析和手机信号定位,指挥部综合研判信息,快速确定了 3 名被埋压人员的位置。在对倾斜墙体进行保护支撑,利用起重吊机固定横梁构件后,救援人员通过人工清理、机械破拆逐步扩大作业空间。经过 3 个小时的紧张救援,成功将 3 名被困者救出。

(九)

某厂房内,一名工人埋压在坍塌废墟和残余危房的连接缝处,西面废墟完全坍塌,东面危楼摇摇欲坠,上方又被一个钢筋混凝土水箱死死压住,大型机械无法作业。指挥部立即指定建筑专家和 2 名消防官兵担任观察员,并调集挖掘机在作业平台上方进行遮挡保护。通过救援人员的徒手挖掘,在清理被困者大腿以上部位废石后,采取民用气动碎石机对其身后的水塔进行破拆,以扩大救援空间。经过 6 个小时的艰苦作业,被困者被成功救出。

(十)

要求执行事项:

1. 熟悉想定内容,了解救援过程。
2. 以各级指挥员的身份理解任务,分析判断情况,回答问题。

(十一)

力量编成:

A 市消防支队机关:官兵 12 人;

A 市消防一中队:大型水罐消防车 2 辆、应急救援消防车 1 辆,官兵 8 人;

增援力量:大型水罐消防车 4 辆、抢险救援消防车 3 辆,官兵 40 人。

二、补充想定

请根据基本想定内容,结合补充想定材料,完成相应问题。

(一)

地震造成 220 人死亡,108 人受伤,境内铁路多处扭曲错开,铁路运营中断,滞留列车 3 列,部分公路多处严重塌方使整个交通系统瘫痪;灾区通信、供水、供电中断,整个地震灾区陷入一片混乱之中。

1. 地震的分类及特点有哪些?
2. 地震建筑坍塌,人员被困类型有哪些?

(二)

此次地震震源深度仅为 9 km,震中距 Y 县城仅 14 km。灾区地处横江流域深切割地区,沟壑纵横,山高谷深,山体破碎,地质构造属多层复合堆放层。地震造成山体垮塌严重,引发局部滑坡和泥石流,形成灾害叠加,公路沿线飞石不断。

3. 辖区中队赶赴现场途中应注意哪些问题?

4. 结合灾情,简述如何做好生活保障?

(三)

9时40分,支队长参加了市政府抗震救灾紧急会议,受领工作任务。同时,政委在支队组织召开机关紧急会议,研究部署抗震救灾工作及抢险救援方案,当即宣布全市消防部队进入紧急备战状态,启动《A市消防支队处置灾害事故应急预案》。

5. 简述消防中队地震应急预案的主要内容。

6. 简述消防中队地震应急响应的程序。

7. 作为辖区中队指挥员,接到地震应急命令后,应做好哪些出动准备工作?

(四)

地震发生后,按照市政府抗震救灾指挥部的部署,A市消防支队抽调支队机关12人、消防一中队抢险救援班8人,组成了20人的抢险救援突击队。调动Y县政府专职队16人、K县政府专职队18人分别到达X乡和L乡实施应急救援。现场应急人员分为防火检查组、应急救援组(排险组、疏散组、帐篷搭建组、保障组)。充分发挥消防特勤器材装备特长,做到人尽其力、物尽其用。

8. 营救被困人员应坚持的基本原则是什么?

9. 到达现场后,开展警戒工作应注意哪些问题?

10. 地震救援行动安全注意事项有哪些?

(五)

11时02分,按照市政府的统一调动,4辆携带各种抢险救援器材的车辆(其中抢险救援消防车1辆)整装待发。支队长对参加抢险救援的20名官兵进行了出征动员,随即赶往灾区。抢险救援突击队冒着40 ℃酷热高温,沿途面对随时都有可能发生的泥石流、滑坡、山石飞落危险,艰难地向地震重灾区前进,经过4个多小时的艰难跋涉,于15时10分到达一线灾区,并同Y县政府专职队会合,这也是驻A部队中第一个赶到灾区的部队。

11. 简述地震应急救援的难点。

12. 简述破坏性地震人员伤害的特点。

(六)

震区一片狼藉,房屋大量倒塌,到处是灾民、碎砖瓦砾。根据灾害现场情况,以及市政府抗震救灾指挥部的统一部署,支队长立即向抢险救援突击队和Y县政府专职消防队下达工作任务,疏散、转移安置灾民,搭建帐篷。省消防总队党委高度关心和重视,及时批示给予10万元的救灾资金,紧急下拨救灾物资。充分发挥装备优势,做到人员与装备的有机结合。狠抓政治思想动员和战时思想鼓动,专人准备各类宣传资料,宣传设备、器材,制作专用标语。要求参战人员要发扬艰苦奋斗、连续作战的军人作风。强化灾民安全防范意识,有效防止次生灾害的发生。

13. 如何对受伤灾民安慰疏导?

14. 如何开展医疗保障工作?

(七)

针对A栋已坍塌居民楼,消防官兵通过雷达生命探测仪、搜救犬逐点探测,结合周边同类建筑的比对分析和手机信号定位,指挥部综合研判信息,快速确定了3名被埋压人员的位置。在对倾斜墙体进行保护支撑,利用起重吊机固定横梁构件后,救援人员通过人工清理、机械破拆逐步扩大作业空间。经过 3 个小时的紧张救援,成功将 3 名被困者救出。

15. 常用的顶撑工具及顶撑方法有哪些?

16. 搬运重伤伤员时,应注意哪些问题?

(八)

经侦察,一名被困者埋压在坍塌楼房废墟和残余危房的连接缝处,西面废墟完全坍塌,东面危楼摇摇欲坠,上方又被一个钢筋混凝土水箱死死压住,大型机械无法作业。指挥部立即指定建筑专家和 2 名消防官兵担任观察员,并调集挖掘机在作业平台上方进行遮挡保护。通过救援人员的单手挖掘,在清理被困者大腿以上部位废石后,采取民用气动碎石机对其身后的水塔进行破拆,以扩大救援空间。经过 6 个小时的艰苦作业,被困者被成功救出。

17. 对于上述二次坍塌危险,可以采取哪些措施?

18. 救援历时较长,应做好哪些保障工作?

(九)

纵观此次地震应急救援,用途广、使用率高的撑顶、扩张器材装备、夜间照明设备和无线通信设备缺乏,致救援技战术实施受限。支队距灾区路途遥远,官兵给养未能及时补充,致使全体参战官兵只能以两盒方便面临时充饥,造成参战官兵体力消耗过大,后勤保障工作滞后。Y 县消防部队警力少,抢险救援任务繁重,难以组织大规模的人员施救行动,致使人员始终处于连续作战的过度疲劳状态。

19. 针对地震救援,平时要重点开展哪些训练?

第三节 洪涝灾害应急救援想定作业

一、基本想定

认真阅读本材料,熟悉整个救援过程。

(一)

某月 21 日 12 时至 22 日凌晨 4 时,A 市遭遇罕见特大暴雨,一时间全市多处路段、街道、小区、村庄、堤坝频频告急。灾情就是命令,A 市公安消防总队迅速"吹响"抗洪抢险"集结号",充分发挥应急救援主力军作用,紧急动员,全力以赴,第一时间投入抗洪抢险救援战斗,昼夜奋战救灾一线。

(二)

此次强暴雨,全市平均降雨量达 190.3 mm,降雨造成 496 处积水点(主要道路 63 处积水,其中 30 处路段积水达 30 cm 以上);路面塌方 31 处,5 条运行地铁线路的 12 个站口因进水临时封闭,部分线路停运;1 个 110 kV 电站遭水淹停运,25 条 10 kV 架空线路发生故障;平房漏雨 1 105 间、楼房漏雨 191 栋、雨水进屋 736 间、地下室倒灌 70 处;城区数百辆汽车被淹;受灾面积达 1.6 万 km²;受灾人口 190 万人,其中 F 区 80 万人;直接经济损失 118.35 亿元,为 A 市近 5 年气象灾害造成直接经济损失总和的 3 倍多;因灾死亡 77 人。此次救援行动,救援人员共转移群众 56 933 人,其中 F 区转移 20 990 人。

（三）

20 日 16 时,119 作战指挥中心接到市气象局关于强降雨天气的预告后,迅速进行相关部署,并随着市气象局 21 日 5 时、10 时、12 时的灾情发展形势预警通报,通过网页、接警终端、系统短信、电话、电台等一切可利用的通信方式向民众连续发出灾情预警,并将接处警模式由三级提升至二级,密切留意全市路网视频监控。21 日 14 时 30 分,随着雨量加大及警情的陡增,指挥中心话务量已达 930 余件每小时,立即启动一级调度指挥模式应对全市逐步扩大的灾情,晚 17 时,警情已达最高峰值,话务量暴增至 19 103 次,总队再次做出战略调整,进入一级加强调度指挥模式(即春节除夕夜战备状态),全市 7 300 余名消防官兵、600 余辆消防战车已经全部出动,奔赴全市各受灾地点。一场抗大洪、抢大险、救大灾的生死大营救全面展开。

（四）

灾情发生后,总队立即启动召回机制,总队党委成员全部返回机关,召开紧急会议,研究和部署抢险救灾工作。启动防汛抢险救援预案,明确党委成员任务分工,成立应急指挥部,总队政委等领导坐镇 119 作战指挥中心,不间断向一线询问灾情,下达救援指令;总队长等领导坚守一线,靠前指挥,深入实地查看警情、指挥救援工作;调集 150 名铁军集训队攻坚组队员增援重灾区;成立 130 人的抢险救灾预备队;紧急调拨水上救援装备及后勤保障物资配发至一线参战部队;总队司、政、后、防各部门及所属各支队及时成立战时组织机构,分头负责、各把关口,分工落实抢险指挥、通信联络、信息沟通、典型挖掘、战勤保障等工作。

（五）

21 日 14 时 19 分,T 区 7 个村受局部强降雨及龙卷风影响,路边树木被连根拔起、电线杆被折断,供电线路和供水管道遭到严重破坏,部分居民的房屋倒塌,道路严重堵塞,居民生活用水、用电、通信近乎处于瘫痪状态。灾害造成 3 人死亡(其中 1 人为雷击致死,2 人被倒塌房屋埋压致死),6 人受伤,受灾形势十分严峻。了解到灾情后,总队立即调派 T 支队全勤指挥部及所属 5 个消防中队、9 辆消防车、70 余名官兵到场救援。官兵到场后,立即成立现场指挥部,组成 10 个搜救组对受灾的村庄进行大规模的搜索。与此同时,为解决当地 3 000 余居民的饮用水问题,专门成立了供水组,确保了当地居民正常饮水。在救援过程中,共营救被困人员 5 人,疏散人员 300 余人。

（六）

21 日 19 时 13 分,总队接官方微博求助,F 区 Q 镇发生险情,一学校有数百名学生和老师被山洪围困,总队迅速调派 F 支队全勤指挥部,2 个消防中队、5 辆消防车、40 余名官兵和总队 50 名铁军攻坚突击队队员(总队培训基地攻坚组培训)赶赴现场进行救援。铁军攻坚突击队在前往现场途中,由于道路受阻,攻坚突击队员背负船式担架、救生衣、500 米绳索、抛投器等装备徒步奔袭 10 km 到达现场,初步了解情况后,首先安抚被困师生情绪,并将师生转移至楼上两个安全集中点。由于当时天色已晚、河水较深、水流湍急,救援极其困难,后经请示现场指挥部区县领导和咨询建筑结构专家,指挥部决定所有师生在楼内较安全地点休息,待第二天再开展大规模转移,铁军攻坚突击队原地留守看护,随时做好突发事件的应急救援工作。22 日 8 时,救援人员利用冲锋舟分批营救被困师生,转移至安全地带。经过 15 个小时连续奋战,成功营救 68 名教职员工和 351 名学生。

(七)

21 日 21 时 51 分,F 区 D 村的一处堤坝决堤,决堤口正对着 D 村,湍急的洪水将村里几十户人家围困在低矮的屋顶,情况万分危机。119 作战指挥中心迅速调派 F 支队全勤指挥部 4 辆消防车、20 余名官兵赶赴现场救援。到场后,救援官兵成立现场指挥部,根据现场情况深入研究施救方案,科学部署救援任务,明确人员分工,迅速做好救援准备工作。在救援过程中,救援官兵密切配合,克服了被困人员分散等不利条件,利用冲锋舟往返 10 余次,成功营救出 96 名被困人员。

(八)

22 日 9 时 30 分,总队 119 作战指挥中心接到报警,出城高速一铁路桥下严重积水,造成百余辆车被淹。总队 119 作战指挥中心立即调派 T 支队全勤指挥部及 13 个消防中队、15 辆消防车、120 名指战员、2 艘冲锋舟及 4 名潜水员赶赴现场处置。经过消防官兵和社会应急联动单位近 47 个小时的通力协作,全面排除了险情,24 日 11 时,该高速公路双向全面恢复通车。

(九)

22 日上午,肆虐的大雨终于停止,A 市恢复了安宁,但消防官兵的救援行动远没有停止,各战斗小组顾不上歇息,仍然坚守奋战在救援一线,做好恢复重建保障工作。

(十)

要求执行事项:

1. 熟悉想定内容,了解救援过程。

2. 以各级指挥员的身份理解任务,分析判断情况,回答问题。

(十一)

力量编成:

A 市消防总队:消防车 600 余辆,官兵 7 300 余人;

T 支队:消防车 24 辆,冲锋舟 2 艘,官兵 190 人,潜水员 4 人;

F 支队:消防车 9 辆,官兵 110 人。

二、补充想定

请根据基本想定内容,结合补充想定材料,完成相应问题。

(一)

A 市遭遇 61 年以来罕见特大暴雨,一时间,全市多处路段、街道、小区、村庄、堤坝频频告急。灾情就是命令,A 市公安消防总队迅速"吹响"抗洪抢险"集结号",充分发挥应急救援主力军作用,紧急动员,全力以赴,第一时间投入抗洪抢险救援战斗。

1. 洪涝灾害的特点有哪些?

2. 消防部队在洪涝灾害救援中职责任务有哪些?

(二)

20 日 16 时,119 作战指挥中心接到市气象局关于强降雨天气的预警后,迅速进行相关部署,并随着市气象局 21 日 5 时、10 时、12 时的灾情发展形势预警通报,通过网页、接警终端、系统短信、电话、电台等一切可利用的通信方式连续发出灾情预警,并由三级接处警模式提升至二级。21 日 14 时 30 分,随着雨量加大及警情的陡增,立即启动一级调度指挥模式应对全市逐步扩大的灾情,晚 17 时,总队再次做出战略调整,进入一级加强调度指挥模式。

3. 自然灾害预警划分为几个等级,分别用什么颜色表示?

4. 接处警模式调整的依据有哪些?

5. 消防部队在洪涝灾害救援中接警调度应考虑哪些问题?

（三）

灾情发生后,总队立即启动召回机制,总队党委成员全部返回机关,召开紧急会议,研究和部署抢险救灾工作。启动防汛抢险救援预案,明确党委成员任务分工,成立应急指挥部。

6. 简述消防编制应急救援预案的目的。

7. 自然灾害应急救援过程中,如何理解消防应急救援"要坚持政府的统一领导"?

（四）

21 日 14 时 19 分,T 区 7 个村受局部强降雨及龙卷风影响,路边树木被连根拔起、电线杆被折断,供电线路和供水管道遭到严重破坏,部分居民的房屋倒塌,道路严重堵塞,居民生活用水、用电、通信近乎处于瘫痪状态。灾害造成 3 人死亡,6 人受伤,受灾形势十分严峻。

8. 你作为到场指挥员应做出哪些救援决策?

9. 洪涝灾害中搜寻被困人员可采用哪些方法?

（五）

21 日 19 时 13 分,总队接官方微博求助,F 区 Q 镇发生险情,一学校有数百名学生和老师被山洪围困。攻坚突击队员背负船式担架、救生衣、500 米绳索、抛投器等装备徒步奔袭 10 km 到达现场,经过 15 个小时连续奋战将 68 名教职员工和 351 名学生成功营救。

10. 在洪涝灾害救援中,应调集、携带哪些器材装备?

11. 简述救生抛投器的使用注意事项。

（六）

21 日 21 时 51 分,F 区 D 村的一处堤坝决堤,决堤口正对着 D 村,导致河水改变流向,直接威胁 D 村,村里几十户人家被 1 m 高的湍急水流困在自家房顶,情况万分危机。

12. 针对这一险情,可以采取哪些救援方法对被困群众实施营救?

13. 救援人员如何做好水上救援安全防护?

（七）

22 日 9 时 30 分,总队 119 作战指挥中心接到报警,出城高速一铁路桥下严重积水,造成百余辆车被淹,立即调派 T 支队全勤指挥部及 13 个消防中队、15 辆消防车、120 名指战员、2 艘冲锋舟及 4 名潜水员赶赴现场处置。

14. 作为到场指挥员,简述你的处置对策。

15. 分析判断该救援点救援中可能存在的安全隐患。

（八）

在这次抢险救援战斗中,全市公安消防部队 7 300 余名官兵同心协力、奋勇当先,以过硬的专业素质和顽强的战斗力,全力营救被困人员,抢救群众财产,出色完成了一个又一个的艰巨任务。特别是参战官兵奋战 40 多个小时,连夜清除出城高速一铁路桥下的严重积水,协助有关部门拖出被困车辆 127 台;安全转移 420 名被困群众;成功营救 F 区 Q 镇受洪水围困的 419 名师生和 F 区 D 村因堤坝决堤受困的 96 名被困群众等等。

16. 根据上述补充想定,假设你为消防部队新闻发言人,请列出发言提纲。

第四节　泥石流灾害应急救援想定作业

一、基本想定

认真阅读本材料,熟悉整个救援过程。

(一)

某月 8 日 23 时左右,Z 县县城东北部山区突降特大暴雨,气象观测数据显示,事故当地强降雨持续约 40 分钟,降雨量超过 90 mm。短时间的强降雨加上当地特殊的地质结构,引发了罕见的特大山洪泥石流灾害。

(二)

Z 县位于该省南部山区,东西长 99.4 km,南北宽 88.8 km,是该省最为偏远的少数民族贫困县。Z 县境内有公路总里程 906 km,两条省道穿县而过,距省会 400 km,距市府 320 km。

县城所处地区地表状况极其复杂,山地强烈隆升,沟谷急剧下切,是典型的高山峡谷地貌。发生特大泥石流的区域主要位于 A 和 B 两条沟谷内,其中,A 沟谷流域面积为 25.75 km²,沟谷总体上呈南北向,北高南低,呈"瓢"状;B 沟谷流域面积 16.60 km²,呈"葫芦"状。两条沟谷流域内支沟发育,水系平面上均呈"树枝"状。由于沟谷强烈侵蚀下切,横断面呈"V"字形或窄深的"U"字形。

(三)

此次泥石流灾害发生具有极强的突发性。8 日 23 时左右,暴雨突降,在短时间内形成了洪流,降雨和洪水渗入山体内部,导致山体崩塌、滑坡,快速引发了破坏规模巨大的泥石流。泥石流发生区域长约 5 km,平均宽度 300 m,总体量约 750 万 m³。由于事发地区沟谷众多,泥石流造成县城内一条河流堵塞,形成长 550 m、宽 70 m 的堰塞湖,河水回流 3 km 将一座大型公路桥淹没。

突发的泥石流冲击力强、毁灭性大,泥石流所到之处,道路、村庄、建筑全被夷为平地。灾害发生后,Z 县县城三分之二的区域被淹,淹水高度最高处达到 3 层楼;5 500 余间房屋被冲毁或掩埋;交通、电力、通信、供水供应全部中断;环境遭到严重破坏、城市饮用水遭到污染。此次灾害共造成 1 287 人遇难,457 人失踪,当地群众的生命财产遭受了巨大损失。

(四)

灾害发生后,总队先后调集全省 716 名官兵、92 辆消防救援车,昼夜兼程,以最快速度紧急赶赴灾区参加救援。公安部、部消防局党委审时度势,果断决策,紧急调集邻近 4 个总队 671 名官兵增援,为抢险救援工作提供了有力支持。此次作战行动调集兵力多、涉及范围广、集结速度快,为最大限度地营救群众、抢救生命赢得了极其宝贵的时间。

9 日凌晨 3 时,得到 Z 县发生泥石流灾害的信息后,总队先后分 5 个梯次调集全省消防官兵赶赴 Z 县救援:

4 时 55 分,调集 G 支队 29 人、3 辆消防车作为全省消防救援队第一梯队赶赴灾区;

7 时 30 分,调集 L、N 支队和总队机关 80 人、13 辆消防车作为第二梯队赶赴灾区;

12 时 55 分,调集 3 个支队 155 人、23 辆消防车作为第三梯队赶赴灾区;

13时30分,调集5个支队和教导大队汽训队392人、41辆消防车作为第四梯队赶赴灾区;

18时30分,调集2个支队和总队机关60人、12辆消防车作为第五梯队赶赴灾区。

（五）

9日7时许,总队召开紧急会议,专题研究部署赴Z县灾区参加灾害救援工作,宣布成立由总队政委任总指挥,副总队长、副政委任副总指挥,4个部门领导为成员的全省消防部队抢险救灾指挥部。同时,立即启动《总队跨区域增援调动预案》和《重大灾害事故处置应急预案》,命令全省消防部队进入待命状态,及时下发了加强执勤备战的紧急通知。

（六）

9日晚,公安部消防局下达了从10日开始发起搜救总攻的命令。在部消防局前线指挥部的统一部署下,总队前线指挥部根据前期救援情况,对参战的11个单位的人员和器材装备进行了合理调整和划分,组织了28个抢险救援突击队,决定将救援工作从重灾区向周边延伸,扩大搜寻范围。

全体参战官兵按照总队指挥部提出的"多挖一个生还者,拯救一条生命;多挖一具遗体,告慰一个亡灵"总要求,充分发挥专业技术和装备优势,展开拉网式搜救。搜救工作坚持不放过任何一丝线索,不放弃任何一个可能,先后在泥石流和各类建筑废墟中搜寻挖掘遇难者遗体106具,挖出现金、首饰、有价证券等物品价值达200多万元。

（七）

在救援行动中,消防部队始终坚持"生命至上、救人第一"的原则,尽最大努力抢救人的生命。

泥石流发生后,在全省、全国专业救援力量到达之前,Z县大队就成功营救出8名被困群众。Z县大队指挥员第一时间向上级汇报灾情,并利用手机拍摄现场视频报送到中央电视台,成为中央电视台播出的第一个灾区现场画面,使全国人民最早、最直观地感受到了灾情。

9日12时10分,G市支队救援官兵到达Z县县城;15时20分,N市支队救援官兵到达现场,2个支队到场后,立即利用4艘橡皮艇在水深4m的街面上搜寻被困群众,当天就在被洪水围困的宾馆、市场、居民住宅楼中营救出49名被困群众。随后到达灾区的其他支队和教导大队汽训队消防官兵先后投入到灾情最严重的S村、Y村、B村等处,迅速展开抢险救灾,争分夺秒营救被困群众。截至9日22时,消防部队救援队共疏散营救被困群众77人。

（八）

特大山洪和泥石流冲毁Z县县城供水系统,城市饮用水源受到污染,城区4万多名群众和现场数千名救援人员用水告急。

根据这一情况,指挥部在组织指挥部队救援的同时,立即决定抽出部分官兵利用消防车为群众送水。从8月10日开始,消防部队共出动35名官兵、8辆水罐消防车,分别从距灾区30km外向县城送水,并专门挑选20名官兵组成挑水队,将生活用水送到各灾民安置点,送到受灾群众家中。期间,累计送水310车、1 940余吨,极大地缓解了县城4万余人的饮水压力,为保障灾民的基本生活需求,维护灾区社会形势稳定做出了应有贡献。同时,为了帮助灾区人民战胜困难,恢复生产,重建家园,全省消防部队广大官兵踊跃捐款44.4万元,为灾区奉献了一片爱心。

(九)

要求执行事项:

1. 熟悉想定内容,了解救援过程。

2. 以各级指挥员的身份理解任务,分析判断情况,回答问题。

(十)

力量编成:

G 支队(第一梯队):消防车 3 辆,官兵 29 人;

L、N 支队和总队机关(第二梯队):消防车 30 辆,官兵 80 人;

3 个支队(第三梯队):消防车 23 辆,官兵 155 人;

5 个支队和教导大队汽训队(第四梯队):消防车 41 辆,官兵 392 人;

2 个支队和总队机关(第五梯队):消防车 12 辆,官兵 60 人。

二、补充想定

请根据基本想定内容,结合补充想定材料,完成相应问题。

(一)

某月 8 日 23 时左右,Z 县县城东北部山区突降特大暴雨,引发罕见的特大山洪泥石流灾害,县城遭到泥石流冲击破坏,造成 1 000 多人死亡,数百人失踪,给当地群众的生命财产带来了巨大损失。灾害发生后,消防部队立即在全省范围内跨区域救援,快速展开救援行动。

1. 简述消防部队在泥石流灾害应急救援中的职责任务。

2. 简述我国突发公共事件的分级。

(二)

8 日晚上,Z 县县城北面突降强暴雨,引发了特大泥石流灾害,泥石流将沿途村庄和城区夷为平地,摧毁了沿途的楼房民居,毁坏了大量的农田。泥石流还形成堰塞湖,将半个县城淹在水中。事故共造成 4 496 户、20 227 人受灾,水毁农田约 95 公顷、房屋 5 508 间,1 287 人遇难,496 人失踪,是新中国成立以来我国损失最严重的泥石流灾害之一。

3. 结合基本想定,分析泥石流灾害事故的特点有哪些?

4. 泥石流灾害应急救援的难点有哪些?

(三)

9 日凌晨 3 时,得到 Z 县发生泥石流灾害的信息后,全省共调集 716 名官兵、92 辆消防救援车,昼夜兼程,紧急赶赴灾区参加救援。7 时许,总队召开紧急会议,专题研究部署赴 Z 县灾区参加灾害救援工作,宣布成立由总队政委任总指挥,副总队长、副政委任副总指挥以及 4 个部门领导为成员的全省消防部队抢险救灾指挥部。同时,立即启动《总队跨区域增援调动预案》和《重大灾害事故处置应急预案》,命令全省消防部队进入待命状态,及时下发了加强执勤备战的紧急通知。

5. 简述消防应急救援事故响应程序的内容。

6. 简述你对总队跨区域救援的理解。

(四)

11 时 30 分,22 名消防官兵徒步进入处于泥石流重灾区的 A 村,迅速展开人员营救工作。通过用铁锹铲,用手挖,从一间被泥石流封堵的房间内,成功救出一名年逾八旬的老人,随后又救出一名少年和一名儿童。在 A 村的救援过程中,消防部队共营救生还者 77 人,挖掘遇难者遗体 106 具。

7. 到达 A 村后,灾情侦察的内容有哪些?

8. 在泥石流灾害事故中,如何快速判定搜救重点?

9. 结合上述补充想定中 A 村的灾情情况,作为指挥员,应做出哪些救援决策?

(五)

9 日晚,公安部消防局下达了从 10 日开始发起搜救总攻的命令。在部消防局前线指挥部的统一部署下,总队前线指挥部根据前期救援情况,对参战的 11 个单位的人员和器材装备进行了合理调整和划分,组织了 28 个抢险救援突击队,决定将救援工作从重灾区向周边延伸,扩大搜寻范围。

10. 如何做好此类大型灾害事故的器材保障工作?

11. 如何做好此类大型灾害事故的医疗保障工作?

(六)

9 日 12 时 10 分,G 市支队救援官兵到达 Z 县县城;15 时 20 分,N 市支队救援官兵到达现场,立即利用 4 艘橡皮艇在水深 4 m 的街面上搜寻被困群众,当天就在被洪水围困的宾馆、市场、居民住宅楼中营救出 49 名被困群众。随后到达灾区的其他支队和教导大队汽训队消防官兵先后投入到灾情最严重的 S 村、Y 村、B 村等处,迅速展开抢险救灾,争分夺秒营救被困群众。

12. 针对这一救援现场,如何做好救援人员的安全防护?

13. 面对大量被洪水围困的群众,简述你的救援对策。

(七)

特大山洪泥石流冲毁 Z 县县城供水系统,城市饮用水源受到污染,城区 4 万多名群众和现场数千名救援人员用水告急。根据这一情况,指挥部在组织指挥部队救援的同时,立即决定抽出部分官兵利用消防车为群众送水。从 8 月 10 日开始,消防部队共出动 35 名官兵、8 辆水罐消防车,分别从距灾区 30 km 外向县城送水,并专门挑选 20 名官兵组成挑水队,将生活用水送到各灾民安置点,送到受灾群众家中。期间,累计送水 310 车、1 940 余吨,极大地缓解了县城 4 万余人的饮水困难,为保障灾民的基本生活需求,维护灾区社会形势稳定做出了应有贡献。

14. 浅谈你对消防部队此类大型救援中解决群众饮水困难的理解。

15. 如何理解消防部队在应急救援中要坚持"以抢救人员生命为主"?

(八)

灾害事故发生后,总队立即启动应急宣传机制,在调集内部 15 名宣传报道人员随队出动的同时,迅速联系协调中央、省、市主流媒体,派出随队记者全程跟踪采访报道,确保了抢险救援战斗延伸到哪里,宣传工作就跟进到哪里。宣传报道人员和各类媒体记者始终与一线救援官兵并肩战斗,及时记录、收集、整理抢险救援中的生动影像和感人事迹,第一时间反映了消防救援部队抢险救援工作动态。

16. 浅谈你对此次救援宣传报道工作的看法。

第五节　山体滑坡灾害应急救援想定作业

一、基本想定

认真阅读本材料,熟悉整个救援过程。

（一）

3 月 29 日 10 时 58 分,A 市消防支队接到报警:某矿区突发特大碎屑型山体滑坡地质灾害,83 名工人被埋。总队接报后,先后调集 270 名官兵、25 辆消防车和 10 只搜救犬、15 台生命探测仪及 4 664 件(套)救援器材紧急前往救援。参战消防官兵在现场指挥部的统一指挥下,克服重重困难,连续奋战 8 个昼夜,搜索挖掘出 66 名遇难者遗体。

（二）

灾害地点位于 A 市 M 县的一"V"字形狭长沟谷内,距县城 30 km,距市区约 100 km,平均海拔 1 600 m。由于冰雪冻融等因素造成海拔 2 300 m 的山坡约 30 万 m³ 碎石山体失稳滑坡,带动下游沟道松散堆积物下滑,形成整体碎屑型山体滑坡。滑坡在沟谷内形成长约 1 980 m、宽约 100 m,体积约 200 万 m³ 的沙石堆积区,堆积高度在 10～25 m,83 名工人及所住帐篷、板房被大深度、全覆盖埋压,并在冲击过程中造成约 70 m 的位移。滑坡源头后缘海拔 2 259 m,前缘海拔 1 535 m,高差 824 m。救援期间日均气温为 -7～8 ℃,主导风向为西北风,风力 4～7 级,每日均有小到中雪。

（三）

3 月 29 日 10 时 58 分,A 市消防支队 M 县大队接到出动命令后,立即派出 2 辆消防车 18 名官兵赶赴现场,到场后迅速向 A 支队指挥中心报告。11 时 46 分,A 市消防支队指挥中心调派支队机关、特勤大队、D 县消防大队以及新兵集训队 163 人、11 台各型车辆赶赴增援,支队全勤指挥部遂行出动。11 时 54 分,总队接报后,立即启动跨区域应急救援预案,调集总队全勤指挥部和总队直属特勤大队 55 人、12 辆消防车、6 只搜救犬紧急赶赴现场。同时命令 A 市消防部队进入一级战备,其他地区消防部队进入二级战备,组织 276 名官兵组成第二梯队,做好随时增援的准备。同时,总队立即成立了由总队长任指挥长,副总队长等机关领导为成员的总指挥部;由总队政委任现场指挥长,参谋长和 A 支队支队长、政委为成员的现场指挥部。

（四）

3 月 29 日 14 时 40 分到达现场后,现场指挥部命令救援力量立即分成 18 个搜救小组,利用 10 只搜救犬、15 台生命探测仪,会同机械化施工力量,对灾害现场进行地毯式搜索。并主动与有关部门和矿区工程技术专家沟通,锁定被埋压人员位置,确定东西长 150 m、南北宽 150 m 为核心的搜索区,争分夺秒拉网式搜索。由于滑坡现场塌方量大、冲击力强、埋压较深且无生存空隙,加之高海拔、严寒等因素,经过救援官兵 27 个小时的全力搜救,截至 3 月 30 日 9 时,现场始终未发现有生命迹象。在搜救组官兵全力以赴救援的同时,通信保障组立即寻找有利地形,实现现场无线通信组网和 3G 图传;安全警戒组在制高点设立警戒哨,时刻关注被压迫的山体;后勤保障组调集 20 台移动照明设备、100 具强光照明灯、200 套保暖防寒服、200 床被褥、1.2 t 主副食品、干粮及药品等战勤保障物资增援现场,并协调 A

市政府和 M 县政府调集挖掘机和铁锹、十字镐等挖掘工具赶赴现场,全力做好战勤保障工作。

<h3 style="text-align:center">(五)</h3>

3 月 30 日 9 时,总队现场指挥部再次对知情人描述情况和现场土石方及机械残骸走向情况进行了认真分析和研判,决定再扩大搜寻区域 5 000 m²,并与武警水电部队协同救援,采取大型机械深度开挖、消防搜救犬跟班搜索和消防官兵徒手挖掘相结合的模式,昼夜不间断作业。同时,派出 2 支医疗救护小组,随时开展医疗救护,防止战斗减员。同时配合有关部门对现场撤出人员进行洗消作业,划定固定区域供救援人员大小便并随时覆盖,防止发生传染疫病。

<h3 style="text-align:center">(六)</h3>

3 月 30 日 15 时左右,救援官兵相继发现 2 名被埋压者,立即采取徒手挖掘方式,于 18 时 20 分成功将其救出,经检查已无生命迹象。现场指挥部在得知埋压者身份后,确定其为最远端埋压点,并以其为起始点,集中救援力量与滑坡方向进行反向挖掘,连续奋战 4 天,共搜救出遇难者遗体 66 具。

<h3 style="text-align:center">(七)</h3>

4 月 6 日,在完成对被埋压人员遗体搜索和挖掘任务后,根据现场救援指挥部命令,参战力量立即调整工作重点,积极协助做好卫生防疫、社会维稳等工作。一是配合卫生防疫部门在遇难者遗体发现区域及周边喷洒药剂,对现场撤出人员和装备进行洗消,并划定救援人员固定生活区域,及时清理生活垃圾,防止发生传染病;二是派出官兵协助公安、武警做好现场安全警戒;三是派驻消防监督人员,排查救援力量帐篷区、矿区建筑物火灾隐患,开展防火常识宣传,落实火灾防范措施。

<h3 style="text-align:center">(八)</h3>

4 月 7 日凌晨,根据现场救援指挥部命令,参战消防部队全部安全撤离归建。

<h3 style="text-align:center">(九)</h3>

要求执行事项:

1. 熟悉想定内容,了解救援过程。

2. 以各级指挥员的身份理解任务,分析判断情况,回答问题。

<h3 style="text-align:center">(十)</h3>

力量编成:

支队机关、特勤大队、县消防大队:消防车 11 辆,官兵 163 余人;

总队全勤指挥部和总队直属特勤大队:消防车 12 辆,官兵 55 人,搜救犬 6 只。

二、补充想定

请根据基本想定内容,结合补充想定材料,完成相应问题。

<h3 style="text-align:center">(一)</h3>

3 月 29 日 10 时 58 分,A 市消防支队接到报警:某矿区突发特大碎屑型山体滑坡地质灾害,83 名工人被埋。灾害地点位于 A 市 M 县的一"V"字形狭长沟谷内,距县城 30 km,距市区约 100 km,平均海拔 1 600 m。灾害现场海拔较高,昼夜温差大。

1. 简述消防部队在山体滑坡灾害应急救援中的职责任务。

2. 结合基本想定,分析山体滑坡灾害的事故特点有哪些?

3. 我国灾害事故的分类有哪些?

(二)

滑坡在沟谷内形成长约 1 980 m、宽约 100 m,体积约 200 万 m^3 的沙石堆积区,堆积高度在 10~25 m,83 名工人及所住帐篷、板房被大深度、全覆盖埋压,并在冲击过程中造成约 70 m 的位移。滑坡源头后缘海拔 2 259 m,前缘海拔 1 535 m,高差 824 m。救援期间日均气温-7~8 ℃,主导风向为西北风,风力 4~7 级,每日均有小到中雪。

4. 分析此次山体滑坡灾害救援的难点有哪些?

(三)

3 月 29 日 10 时 58 分,A 市消防支队 M 县大队接到出动命令后,立即派出 2 辆消防车 18 名官兵赶赴现场,到场后迅速向 A 支队指挥中心报告。灾害发生后,距离现场 4 km 的交通一度中断,救援车辆、装备一时难以运抵现场,大量装备全靠救援人员人力搬运;同时,现场地形沟深曲折,空间开放区域狭小,通信设备组网、图传困难。

5. 山体滑坡灾害的接警调度应考虑哪些问题?

6. 作为指挥员,如何应对事故现场交通、通信存在的困难?

(四)

在搜救组官兵全力以赴救援的同时,通信保障组立即寻找有利地形,实现现场无线通信组网和 3G 图传;后勤保障组调集移动照明设备、保暖防寒服、食品及药品等战勤保障物资增援现场,并协调 A 市政府和 M 县政府调集挖掘机和铁锹、十字镐等挖掘工具赶赴现场,全力做好战勤保障工作。

7. 大型地质灾害救援现场,战勤保障的内容有哪些?

8. 请结合此次灾害救援现场气象、地形、地质、交通等综合因素,分析战勤保障工作的难点有哪些?

(五)

3 月 29 日 14 时 40 分到达现场后,现场指挥部命令救援力量立即分 18 个搜救小组,利用 10 只搜救犬、15 台生命探测仪,会同机械化施工力量,对灾害现场进行地毯式搜索。由于现场滑坡面积广、碎屑流量大,工友埋压深,并随滑坡碎屑流产生位移,现有生命探测设备和搜救犬不能准确判断埋压人员位置。

9. 列举消防部队在该类事故救援中的被困人员搜寻定位方法。

10. 分析各类搜寻定位方法的优缺点。

(六)

经与有关部门和矿区工程技术专家沟通,锁定被埋压人员位置,确定东西长 150 m、南北宽 150 m 为核心的搜索区,争分夺秒拉网式搜索。由于滑坡产生的巨量碎石、沙土全覆盖、大深度埋压工友,用铁锹、十字镐等工具挖掘犹如杯水车薪,大型机械挖掘又极易对被埋压人员造成二次破坏。3 月 30 日 15 时左右,相继发现 2 名被埋压者,救援官兵采取徒手挖掘方式,于 18 时 20 分成功将其救出,经检查已无生命迹象。

11. 如何处理挖掘营救被困人员现场存在的问题?

(七)

被上游山体压迫的 350 余万立方米土石,随时有滑坡的可能,威胁救援官兵生命。同时,该区域属鼠疫重灾区,救援后期遇难者遗体开始腐烂,一旦消毒工作不到位,发生疫情,造成扩散的可能性很大。30 日 9 时,总队现场指挥部再次对知情人告知情况和现场土石方及机械残骸走向情况进行了认真分析和研判,决定再扩大搜寻区域 5 000 m²,并与武警水电部队协同救援,同时配合有关部门对现场撤出人员进行洗消作业,划定固定区域供救援人员大小便并随时覆盖,防止发生传染疫病。

12. 在救援中如何做好与其他部门的协调配合工作?

13. 请分析现场的主要危险源有哪些?

14. 如何做好消防部队救援人员的个人安全防护?

(八)

4 月 6 日,在完成对被埋压人员遗体搜索和挖掘任务后,根据现场救援指挥部命令,参战力量立即调整工作重点,积极协助做好卫生防疫、社会维稳等工作。4 月 7 日凌晨,根据现场救援指挥部命令,参战消防部队全部安全撤离归建。面对恶劣的环境、坚决的任务,全体参战消防官兵充分发扬不怕苦、不怕累、不怕流血牺牲、连续作战、英勇顽强的战斗作风,不抛弃、不放弃的精神,时刻严守救援纪律、讲究救援方法,坚决圆满完成救援任务,赢得了各级领导和社会各界的一致好评。

15. 大型灾害事故现场,清场撤离工作包括哪些内容?

第六节　台风灾害应急救援想定作业

一、基本想定

认真阅读本材料,熟悉整个救援过程。

(一)

某月 9 日,第 14 号台风在 A 市登陆,A 市消防支队在市委、市政府、市公安局和省消防总队的统一指挥下,紧急动员,迅速成立"抗台"指挥部,调动全支队一切可以调动的警力、装备和器材,全力以赴投入到抗击台风的各项抢险救灾工作中,为最大限度地减少国家和人民生命财产损失作出了重要的贡献。

(二)

第 14 号台风风力强,持续时间长,影响范围广,中心风力达到 14 级以上,降雨量为 200 mm 左右,是 A 市 40 多年来遭受损失最为惨重的一次自然灾害。这次台风造成 13 人死亡,727 人受伤,直接财产损失 20 亿元。台风导致全市停电、停水、停气,机场关闭,铁路停运,部分交通中断,海上船只受困,国家和人民生命财产遭受重大损失,市民生产、生活秩序受到严重影响。

(三)

8 日,支队领导根据市委、市政府和市公安局关于抗击第 14 号台风的紧急会议精神,立即召开支队党委会议,成立了"抗台"指挥部,随后召集支队各部门领导及相关人员进行全面的动员部署,并向支队所属各单位下发《抗台紧急通知》,提出六项要求:一是全体官兵停止一切休假,正在休假的干部立即归队待命,禁止官兵外出,保证全体官兵在职在位;二是做好抢险救灾准备,检查各类抢险设备、器材,特别是电动链锯、电动切割机、手抬泵、强光照明灯具、通信设施、照明车辆、绳索等装备器材，备足车辆油料；三是强化抢险救灾意识，各中队除接受 119 指挥中心调度外，对群众上门求助要主动援助，再报告支队 119 指挥中心；四是加强内部安全防范工作，所有车辆于 8 日晚一律进车库，所有门窗要关紧关牢，花盆要固定好；五是各中队要全面排查营区是否存在坠落物等影响安全的隐患；六是各单位要准备 3 天的干粮、蔬菜、点心、红糖、生姜等，保证急需。

（四）

9 日 7 时 04 分，随着台风登陆，119 指挥中心报警电话开始频频响起，险情不断地传到 119 指挥中心。面对不断增多的险情，支队政委、副支队长和其他部门领导忙而不乱，镇定指挥，果断采取以下措施：一是先急后缓，确保重点，对涉及人身安全、重点单位、重点部位、重要物资的险情，立即出动，立即排险；二是实行动态执勤，动态抢险，把 56 辆战斗车分别编成 56 支抢险分队，机关干部、战士组成 4 个机动分队，并指定一名干部负责指挥一辆车一个电台，实施不间断巡逻排查工作，遇到险情及时报告、及时处置，做到动态中展开抢险；三是领导干部身先士卒亲赴一线指挥，支队迅速抽调机关有抢险指挥经验的干部充实到抢险第一线，加强一线抢险救灾指挥；四是主动请缨，服务上门，支队与重点单位、重点企业和外资企业主动保持联系，提供安全保障和救援服务。

总队党委、总队领导时刻关注支队抗台风抢险工作，总队长多次来电询问救灾情况，指示支队要全力以赴投入抢险救灾，并派总队参谋长火速赶到 A 市，加强抗台风指挥工作指导。

（五）

在抗台风准备工作中，支队监督处和各消防科（大队）电话通知 300 多家重点单位、易燃易爆生产储存场所，尤其是遇水产生化学反应的危险品生产储存单位加强防范措施，注意防火安全。台风登陆当天，支队监督处和各消防科（大队）主动通过电话向消防安全重点单位，特别是易燃易爆生产储存单位、重点工程工地等了解受灾受损情况，及时提供应急救援服务。据统计，台风当天共与 370 个消防安全重点单位取得联系，根据支队的要求，认真落实消防安全措施，加强值班巡查，确保安全。与此同时，支队监督处还组织 5 个突击检查小组，深入 56 个消防重点单位进行检查指导抗台风救灾工作。

（六）

面对灾后恢复生产和生活工作秩序的艰巨任务，支队要求全体官兵发扬连续作战的作风，积极主动协助地方单位的灾后恢复重建工作。要求机关各部门、科、大队主动与七个区、十几个系统和多家大中型国有企业、外资企业联系以及时提供帮助，通过各种渠道与市交通、通信、能源以及机关、学校、企事业单位联系，提供排除积水，切割倒塌金属广告牌、树木，清除路障，恢复市容，恢复交通等方面的服务。

（七）

在 9 日 7 时至 15 日 7 时为期一周的抗台风救灾期间，A 市消防支队共出警 334 次，出动官兵 4 272 人次，车辆 518 台次，设备 1 676 台套，动用机械次数约 11 150 次。期间，共计抢救疏散群众 367 人，清理路障 151 起，搬移树木 5 546 棵，为学校、居民送水 35 次，加固飞机 7 架，拆除危及行人安全的广告牌 77 处，排除积水 26 起，扑灭火灾 45 起，保护国家和人民财产价值 40 多亿元。

此次救灾行动，既锻炼了队伍，又检验了部队的综合战斗力。消防部队坚持做到台风来时第一个出动抢险的队伍是消防队,最急最险处有消防队,只要哪里有需要,哪里就有消防官兵的身影,在市民的心目中,公安消防部队是名副其实的突击队和抢险队。

(八)

要求执行事项:

1. 熟悉想定内容,了解救援过程。

2. 以各级指挥员的身份理解任务,分析判断情况,回答问题。

(九)

力量编成:

支队机关、特勤大队:消防车 25 辆,官兵 180 人;

一中队:消防车 5 辆,官兵 30 人;

二中队:消防车 7 辆,官兵 35 人;

二中队:消防车 5 辆,官兵 28 人;

四中队:消防车 5 辆,官兵 35 人;

五中队:消防车 5 辆,官兵 25 人。

二、补充想定

请根据基本想定内容,结合补充想定材料,完成相应问题。

(一)

某月 9 日,第 14 号台风在 A 市登陆。这次台风风力强,最大风力达 14 级以上,降雨量达 200 mm 左右。这次台风造成 13 人死亡,727 人受伤,直接财产损失 20 亿元。台风使全市停电、停水、停气,机场关闭,铁路停运,部分交通中断,海上船只受困,国家和人民生命财产遭受重大损失,市民生活、生产秩序受到严重影响,救援任务繁重。

1. 台风灾害的特点有哪些?

2. 台风灾害应急救援的难点有哪些?

(二)

各大(中)队、支队直属单位接到台风预警通知后,认真落实支队要求,军政主官在岗在位,亲自带班,对 60 辆消防战斗车、1 676 台(套)应急救援设备进行了全面的清理、维护保养,备足了油料,把单位自身安全措施落到实处。在及时分析台风动向后,支队预测,一些急用器材可能出现短缺,于是立即向进口消防器材代理商联系,订购 10 台进口电动链锯和 20套进口切割机配件及其他一批进口器材的零配件,这批器材和零配件于台风当天下午就送到"抗台"第一线。

3. 台风灾害应急救援应做好哪些救援准备工作?

4. 作为指挥员,救援展开前应部署哪些行动要求?

(三)

7 时 06 分,位于人民南路的某大厦 20 m 高的裙楼上,一块近 300 m² 的广告牌,脱落横卧在湖滨南路主干道上,造成严重交通堵塞。对面楼上飞落一片铁皮,砸伤一骑三轮车的男子,当场昏倒在地,鲜血直流。据不完全统计,在这次灾害期间,支队共拆除危及行人安全的巨幅广告牌 77 幅。

5. 作为到场指挥员,应如何处置该起事故?

（四）

上午 9 时,凶猛的第 14 号台风在 A 市机场停机坪狂舞。7 架波音 737、757 飞机,在狂风中不停地上浮,机场告急。接到市政府指令,45 人组成的消防突击队赶到机场,这时风力高达 16 级,漫天铝皮、铁片、垃圾飞舞,飞机已被吹移 2 m 多。特勤中队一战士重感冒高烧未退,仍坚持参加抢险战斗。从其他险区抽调来的七中队,一人头部受伤,一人背部被铁皮刮伤,但他们没有后退。

6. 如何处置机场的这一灾情?

7. 结合上述补充想定,救援人员应重点做好哪些方面的安全防护工作?

（五）

中午 12 时左右,120 的一辆急救车从某村急救一名即将分娩的妇女,正值狂风大作,急救车被前后倒伏的行道树挡住。前行驶不了,后退退不得,情急之下,急救车上的医生立即拨打 119 求助。

8. 该调集哪些车辆器材装备第一时间展开救援?

9. 现场采用何种破拆工具和方法能尽快排除险情?

（六）

某重点单位向 119 指挥中心报警,因地下室进水,价值 2 000 万元的 5 台进口冷冻机组危在旦夕,如果水位超过底座进入设备,整台机组将报废,不仅造成重大经济损失,而且将影响次年一次重大会议的如期进行,情况十分危急。电信大楼向 119 指挥中心报警,该大楼自备柴油发电机柴油存量所剩无几,运油车被倒断的大树阻挡在途中,市电信长途机房维系着全市和国内外电信的畅通,担负着中央、省市领导对全市抗击第 14 号台风的指挥通信,如果柴油不能及时接应上,停电必将造成整个长途枢纽中心的瘫痪,后果不堪设想。

10. 消防部队可以利用哪些装备采取什么方法进行排水?

11. 除破拆树体外,消防部队还可以采用哪些方法对倒地大树进行转移?

（七）

11 日 22 时许,位于 A 市繁华商业街的中山路 70 号二楼发生火灾,火势迅速蔓延,危及毗邻住户的安全。119 指挥中心接到报警后,立即调动一中队 4 辆消防车赶到现场,当时二楼火势已蔓延至三楼,火势很猛。119 指挥中心调动 3 个中队增援,分别从火场的正面、后面、侧面灭火和照明,形成前后上下立体进攻态势,经过 10 分钟的奋力扑救,完全控制火势。从 9 日至 15 日,在抗台风抢险、恢复生产、重建家园过程中,全市共发生火灾 45 起,由于扑救及时,均未酿成大火,避免了造成双重灾害。

12. 分析为什么在台风天气容易引发火灾?

13. 台风天气发生火灾时,力量调度应注意哪些事项?

（八）

某社区是受台风影响停电、停水时间最长的生活区。社区群众从新闻媒体看到消防官兵抢险救灾的事迹后,试探着跑到消防中队找到指导员陈述面临情况,指导员二话没说,立即调水罐消防车向居民区送水,见到消防车送来清澈的水,村民非常感动。从 9 日至 15 日,消防官兵为学校居民送水 35 次,596 车次,使饱受台风之苦的市民及时用上了水。

14. 消防部队在灾后恢复重建过程中,常承担哪些任务?

（九）

后勤部门在这次台风救援行动中，共组织发放 1 000 多份面包、50 多箱矿泉水和 300 多箱水果到第一线官兵。支队宣传组在风雨中奔波于抗台风最急最险的第一线，及时拍摄下消防官兵奋勇抢险救灾的真实画面，每天在报刊、电视、电台刊登和播出一线消防官兵抗台风的事迹，及时向上级反馈信息和鼓舞了部队士气。

15. 如何做好台风救援的后勤保障工作？

16. 如何做好台风救援的战前动员和鼓舞工作？

第六章 社会救助想定作业

【学习目标】

1. 了解消防部队社会救助工作的内容。
2. 熟悉不同类型社会救助的特点。
3. 掌握事故处置的行动要求。
4. 掌握救援的处置程序与技战术措施。

社会救助是消防部队应急救援工作的重要组成。社会救助类型繁多、情况复杂、处置要求多样。本章针对性地分类研究了高空、水域、井下、山地、地下管道等群众遇险事件的应急处置，也对电梯事故、摘除蜂窝、玻璃门夹手、关闭水气阀门、取钥匙等常见的社会救助行动进行了重点研究。想定作业通过分析事件的特点、现场环境、作战力量配置等情况，让受训人员能够熟悉不同类型社会救助事件的特点，加深对应急救援程序和处置技战术措施掌握，并能够依据灾情灵活制订救援方案，合理部署战斗力量，全面协调应急救援行动。

第一节 高空遇险事件应急救援想定作业

想定作业一（索道遇险）

一、基本想定

认真阅读本材料，熟悉整个救援过程。

（一）

某日 16 时 28 分，M 市发生 6.8 级地震，A 山风景区观光索道机房被毁、塔架塔基移位，索道滑轮变轨，上山索道吊舱里的 20 多名游客命悬高空。119 指挥中心接到报警后，迅速调派特勤二中队 6 人，抢险救援消防车 1 辆；十二中队 12 人，抢险救援消防车 1 辆、水罐消防车 1 辆上山救援。

（二）

16 时 43 分，救援力量到达现场后，通过询问，了解到游客被困于 3 座塔架之间的 6 个上山索道吊厢内，每个索道塔架之间距离 150～180 m，吊舱距离地面 30～50 m 不等，3 座塔架高度也在 30～40 m 之间，情势严峻。现场指挥员立即向上级汇报请求支援。

（三）

18 时 58 分，消防总队参谋长和该市消防支队政委徒步赶到现场，听取了前期救援准备工作汇报,针对现场情况,结合相关索道抢险和国内外高空救援战例进行对比分析,提出了4 套施救方案:一是垂直救援,使用射绳枪使绳头飞越索道,以钢缆为承载受力点,将救援人员和器材提升至被困者轿厢处进行施救;二是水平救援,沿着运营线路将被困乘客救回站内或安全处;三是请求调派直升机垂直营救;四是攀上塔架顶,滑到吊箱处,救出被困人员后,将其缓降至地面。

(四)

经过缜密考虑,最终采取了第四套救援方案。一名特勤队员携带缓降器和救生吊带沿塔架爬至塔顶,坐上索道维修工人使用的简易滑轮车,身系一根 2 m 长的主保险绳将滑轮车和索道绕一圈,然后利用双手臂力抓住索道向吊舱方向移动。救援队员身上另外系一根1.5 m 长的副保险绳,待特勤人员到达吊舱上面,抱住吊舱柱滑到吊舱顶部后,先用副保险绳系在吊舱柱上,再取开主保险绳,将缓降器固定在吊舱柱上,然后,趴在吊舱顶部,用脚尖拨开吊舱门栓,主保险绳和副保险绳互用下滑进入吊厢舱内,为被困游客穿上救生吊带,利用缓降器安全降至地面。

(五)

要求执行事项:

1. 熟悉想定内容,了解救援过程。

2. 以各级指挥员的身份理解任务,分析判断情况,回答问题。

(六)

力量编成:

特勤二中队:抢险救援消防车 1 辆,官兵 6 人;

十二中队:抢险救援消防车 1 辆、水罐消防车 1 辆,官兵 12 人。

二、补充想定

请根据基本想定内容,结合补充想定材料,完成相应问题。

(一)

某日 16 时 28 分,M 市发生 6.8 级地震,导致 A 山风景区观光索道遭到严重破坏,上山索道吊舱里的 20 多名游客被困,119 指挥中心接到报警后,立即调派特勤中队前往救援。

A 山风景区离 M 市市区约 30 km,其中山路约有 10 km。景区道路为双车道,较为狭窄,地震发生后,由于山体落石、塌方等原因,部分道路损毁,车辆通行困难。

1. 根据灾情特点,消防部队赶赴事故地点途中应做好哪些方面的准备?

2. 结合补充想定,处置该起事故应重点携带哪些救援装备和器材?

(二)

16 时 43 分,到达现场后,指挥员发现观光索道机房被毁、塔架塔基移位,索道滑轮变轨,游客被困于 3 座塔架之间的 6 个上山索道吊厢内,每个索道塔架之间距离 150~180 m,吊舱距离地面 30~50 m 不等,3 座塔架高度也在 30~40 m 之间。索道下方山地道路险峻,植被茂密。由于余震频发,山上随时有碎石滚落。游客由于被困时间较长,情绪较为激动,现场一片哭喊求救声。

3. 第一救援力量到场后,作为指挥员,你如何判断现场形势?分析存在哪些危险源?应作出哪些决策?

4．地震灾害对指挥员制订救援方案带来何种影响？

（三）

18时58分，支队指挥员到场后，听取前期救援准备工作汇报，提出了4套救援方案。一是使用射绳枪连接固定索道吊舱，从垂直方向疏散被困人员；二是运营沿着索道线路攀爬至索道吊舱处，从水平方向疏散被困人员；三是请求调派直升机实施垂直疏散人员；四是沿着塔架顶攀爬至吊舱处，从垂直方向疏散被困人员。

5．针对现场情况，请对4套救援方案的可行性进行对比，指出不同方案的优缺点。

6．如果你是支队指挥员，会采取哪套方案？为什么？

（四）

经过缜密考虑，指挥部最终采取了第四套救援方案。即救援人员携带缓降器和救生吊带沿塔架爬至塔顶，坐上索道维修工人使用的简易滑轮车，待到达吊舱上方，抱住吊舱柱滑到吊舱顶部后，进入吊舱内，为被困游客穿上救生吊带，利用缓降器安全降至地面。因吊舱距离地面较高，救援过程中，部分游客不敢使用缓降器下降；被困人员中既有9个月大的婴儿，也有行动不便的老年人，整个疏散救援过程异常艰难。

7．利用绳索实施高空作业应注意哪些事项？

8．结合补充想定，对于无法主动配合救援行动的人员，该如何实施救援？

想定作业二（高空自杀）

一、基本想定

认真阅读本材料，熟悉整个救援过程。

（一）

某日8时30分，M市A区一名男子刘某（38岁），徒手爬到了高达50 m的移动发射塔上欲寻短见，轻生原因不明。该市消防一中队接警后，迅速出动。

（二）

8时40分，消防一中队到达现场后，迅速展开侦察，发现移动发射塔高达50 m，刘某爬到高塔顶部，情绪激动，再加上冬季气温较低，塔上风大，人员随时都有掉下来的危险，救援难度大。指挥员立即向上级汇报现场情况。

（三）

8时55分，市政府及公安分局的领导相继赶到现场组织救援工作。消防官兵一边配合政府领导对塔上刘某耐心说服，力争劝其放弃轻生念头，一边着手实施营救方案。

（四）

至中午12时，刘某在上面已经逗留了长达4个小时，再加上塔上风大，刘某行动显得较为迟钝，随时都有掉下来的危险。情急之下，现场救援总指挥当即命令一中队副中队长、班长带着救援绳索冒险爬到了50 m的塔顶进行解救。此时，刘某已经被冻得全身无法动弹，消防官兵只能用绳索将其全身绑住，用事先准备好的滑轮将其慢慢地送到地面。直到15时，刘某才被消防官兵成功营救。

（五）

要求执行事项：

1. 熟悉想定内容,了解救援过程。

2. 以中队指挥员的身份理解任务,分析判断情况,回答问题。

（六）

力量编成:

消防一中队:抢险救援消防车 2 辆,官兵 15 人。

二、补充想定

请根据基本想定内容,结合补充想定材料,完成相应问题。

（一）

某日 8 时 30 分,M 市 A 区一名男子刘某(38 岁),徒手爬到了高达 50 m 的移动发射塔上欲寻短见,该市消防一中队接警后,迅速出动。

事发当日临近过年,气温较低,为 5 ℃;事件发生时,风力较大,为 5 级风。

1. 根据上述补充想定信息,一中队指挥员应对现场情况有哪些方面的预判?

2. 高空自杀事件救援时,消防部队应重点携带哪些装备和器材?

（二）

8 点 40 分,一中队到达现场后,发现一名男子已爬至高达 50 m 的移动发射塔塔顶欲寻短见,该名男子情绪激动,正大声喊叫、谩骂。因天气寒冷,加之塔顶风力较大,该男子声音时断时续,不时紧裹衣服御寒。

发射塔塔底为一片不平整的空地,空地上聚集了大量围观群众,人声嘈杂,不时对着该男子起哄。指挥员立即向上级汇报现场情况。

3. 作为一中队指挥员,你如何判断现场形势? 应做出哪些决策部署?

4. 根据现场情况,应如何实施警戒工作,警戒的主要目的是什么?

（三）

8 点 55 分,市政府及公安分局的领导相继赶到现场组织救援工作,指派一名民警登塔接近自杀男子进行心理疏导,同时要求消防部队派出 2 名人员协助。3 人沿着移动发射塔塔架缓慢上爬接近刘某,刘某发现有人员接近后,情绪越来越激动,威胁立即跳塔,最终,3人在离刘某 10 m 左右停了下来,进行说服劝导,力争劝其放弃轻生念头。上塔的民警同志负责主要说服劝导工作,2 名消防队员不时配合民警同志进行劝说,但被困男子始终不愿让救援人员接近自己。

5. 对自杀人员进行心理疏导时,应注意哪些问题?

6. 有一种观念,"真想自杀的人,消防队没到场就自杀了,能等到消防队到场的,都不会自杀",请谈谈你对这种观念的看法。

（四）

至中午 12 时,刘某在塔上逗留时间已长达 4 个小时,再加上塔顶风大,随时都有掉下来的危险。情急之下,现场救援总指挥当即命令组织人员登塔实施强行救援。实施过程中,一名民警负责从正前方缓慢接近,吸引自杀男子注意力,2 名消防员从后方携带绳索慢慢靠近。此时,刘某已经被冻得全身动弹不得,消防员迅速将其控制住,并用绳索将其绑住,使用滑轮将其缓慢送至地面。

7. 请分析此次高空救援的危险源有哪些?

8. 在塔顶接近刘某过程中,应做好哪些安全措施?

第二节　水域遇险事件应急救援想定作业

想定作业一（孤岛遇险）

一、基本想定

认真阅读本材料,熟悉整个救援过程。

（一）

某日 11 时 15 分,B 县消防中队接到县公安局 110 指挥中心指令,称 3 名工人在该县 S 镇水果市场附近河道抢修挖掘机时,突遇大水,被困在河道中央的挖掘机内,需立即救援。接警后,县消防中队立即调派 1 辆抢险救援消防车、2 辆水罐消防车和 22 名消防官兵火速赶往事故现场。

（二）

11 时 22 分,消防官兵到达现场,现场险情远远超出了官兵的想象。由于近日连续降雨,河水位急剧上涨,已形成宽约 165 m 的河面,且混浊的水流异常湍急,水势很凶。被困人员位于河道中央,由于被困时间较长,3 名工人情绪已有些不稳定。

（三）

中队指挥员迅速展开救援行动。指挥员首先指派水性较好的战士身穿救生衣携带安全绳潜入河中,在岸上人员的保护下,向被困工人处游去。由于河水冰冷,水的冲击力和阻力较大,在尝试了几次后,下水救援人员体能下降明显,仅能到达在距工人被困河滩 80 m 的地方,救援工作被迫暂停。

5 分钟后,指挥员又派出 2 名水性较好的战士下水救援。2 名战士采取一人在前方摸索道路,一人在后方支撑的方式艰难的在水中前行。由于水流湍急,泥沙浑浊,并且河底很多是沙坑漩涡,2 名战士几次跌倒被淹没在水中,每挪动一步都付出很大的努力,但依然不能接近被困工人的河滩。

（四）

县政府有关领导了解现场情况后,迅速调派冲锋舟等救援器材赶赴现场,并立即召集县三防、公安、消防、武警等部门召开作战会议,现场成立救援指挥部,研究制订了 4 套营救方案:第一套方案,挑选熟悉水性的战士组成突击队,渡水救援;第二套方案,利用抛投器抛投大绳,横渡救援;第三套方案,调动冲锋舟直接驶向被困工人的河滩,直接进行营救;第四套方案,在河对岸的民房处,发射抛绳器至对岸,牵引绳索,横渡两岸之间,向被困工人牵引食物、救生装备以及通信工具等,并适时展开救援。

（五）

第一套方案由于被困人员在河道中央,水流太急太浑,又没有必要的渡水装备和支撑物而没有成功;第二套方案由于抛投缺乏稳定性,长度达不到营救地点而没有采用;第三套方案由于天气恶劣,河流湍急,冲锋舟无法到达被困者准确位置。

次日上午 7 时许,指挥部再次进行部署和安排,决定采用第四套救援方案实施营救。决定在河道较窄的地方,发射抛绳器至对岸,再牵引绳索,横渡两岸之间,逐步接近被困人员。任务下达后,救援工作迅速展开,抛绳器发射成功,救援人员利用绳索向被困工人牵引投送了水、食物、救生衣、救生圈以及移动电话等。

随后,3 名被困人员在岸边救援人员指引下,先后沿着救援绳索自救。虽然他们的动作比较迟缓,也显得比较吃力,但在现场官兵和群众的呐喊助威声中,他们纷纷成功"渡河"。

(六)

要求执行事项:

1. 熟悉想定内容,了解救援过程。

2. 以中队指挥员的身份理解任务,分析判断情况,回答问题。

(七)

力量编成:

B 县消防中队:抢险救援消防车 1 辆、水罐消防车 2 辆,官兵 22 人。

二、补充想定

请根据基本想定内容,结合补充想定材料,完成相应问题。

(一)

通过了解,发生事故的河流平时河道较窄、水流较小且平稳,周围居民经常在河道中采挖河沙。事发当日,挖掘机损坏,3 名被困人员见雨下得较小,且水流不大,决定抢修挖掘机,但是在抢修过程中,由于 3 人过于投入,未发觉河水已快速上涨,等他们反应过来,已无法撤离,只能站在挖掘机上躲避不断上涨的河水。

1. 人员被困孤岛有哪些特点?

2. 消防队进行孤岛救援时应做好哪些准备工作?

(二)

通过对现场观察,由于近日连续降雨,河水位急剧上涨,整个河面宽度约有 165 m,混浊的水流异常湍急,水势很凶。被困人员位于河中央,由于被困时间较长,3 名工人情绪已有些不稳定。

县政府有关领导了解现场情况后,迅速调派冲锋舟救援器材赶赴现场,成立救援指挥部,研究制订了 4 套营救方案:一是挑选熟悉水性的战士组成突击队,渡水救援;二是利用抛投器抛投大绳,横渡救援;三是调动冲锋舟直接驶向被困工人的河滩,直接进行营救;四是在河对岸的民房处,发射抛绳器至对岸,牵引绳索,横渡两岸之间,向被困工人牵引食物、救生装备以及通信工具等,并适时展开救援。

3. 结合基本想定,如何安慰被困人员的情绪?

4. 根据现场情况,请分析四种救援方案的实施可行性。

(三)

为快速将人员营救出,指挥部决定采取第一套方案实施营救,指派水性较好的战士身穿救生衣携带安全绳潜入河中,在岸上人员的保护下,向被困工人处游去。由于河水冰冷,水的冲击力和阻力较大,且河底水流湍急、沙坑旋涡较多,战士难以前行,经过 2 次尝试后,战士体能明显下降,无法抵达被困人员位置,救援工作被迫暂停。

5. 实施涉水强渡时,有哪些危险性?

6. 实施涉水强渡时,救援人员应做好哪些安全防护工作?

7. 水域事故救援现场,指挥员常喜欢挑选水性较好的人员担任涉水任务,请分析利弊。

(四)

次日 7 时许,指挥部实施第四套救援方案。先在河面较窄位置利用抛投器将引导绳抛至河对岸,再牵引主绳至人员被困位置进行固定。随后,利用绳索牵引水、食物、救生衣、救生圈及移动电话等救援物资至被困人员处,让其恢复体力、保持联系并指导被困人员将自己进行固定保护。

准备就绪后,3 名被困人员先后沿着绳索斜下,缓慢自行渡河成功。

8. 当人员长时间被困时,应首先解决哪些问题?

9. 若被困人员无力自行渡河,应如何开展救援行动?

10. 请归纳此次救援的重点和难点。

想定作业二(山洪遇险)

一、基本想定

认真阅读本材料,熟悉整个救援过程。

(一)

某日 18 时 35 分,M 县公安消防大队接到司机张某报警称,他驾驶车辆至 S 镇清水河漫水桥时,车身侧翻在洪水中,自己被困在车上,无法逃脱,请求救援。接到报警后,M 县消防大队立即出动 1 辆抢险救援消防车、1 辆水罐消防车和 13 名指战员赶赴现场。

S 镇位于 M 县境内山区,地质构造复杂,东、南、西三面环山,事故现场位于 S 镇附近,地势偏僻,距离县城约 40 km,且都是山路,交通条件差。

(二)

19 时 30 分,M 县消防大队到达现场,对现场展开初期侦察。发现由于山洪暴发,清水河河水浑浊、水流湍急。被困车辆位于河道正中央,距离河岸约 50 m,被困司机张某正站在倾覆车辆车轮上大声呼救,河水水位仅距司机约 40 cm,张某因天气较冷,看着河水上涨,又长期无法脱困,已表现出极度的恐惧。

(三)

19 时 40 分,公安局、派出所、120 急救等救援人员相继到达现场,迅速成立了抢险救援指挥部,由公安局局长任总指挥,消防大队大队长任副总指挥。指挥部看天色渐晚,决定由组织突击队强行救助。

大队长当即抽调 3 名身体素质较好的战斗员,亲自带队组成突击队抢救被困群众,同时,在救援现场设立 1 名安全观察员,随时观察洪水流势和流量。突击队员着战斗服、救生衣,系上安全绳涉水实施救援,由于水势较大,突击队员两次尝试向被困人员靠近,均因水流过急而宣告失败。指挥部决定待水势减弱时再实施救援,期间救援人员又尝试从下游两侧拉安全绳的方法实施救援,也因河道太宽且水中有障碍物未能成功。

(四)

20 时 30 分,降雨量大幅增加,洪水呈快速上涨趋势,随时可能大量倾泻而下,如果再不果断采取有效措施,被困人员随时都有被冲走的危险,同时恶劣的天气也将会给救援行动带来极大的安全隐患。面对实际情况,救援指挥部果断下令,由消防大队再次组织队伍迅速展开营救行动,必须确保被困人员的生命安全。

(五)

接到命令后,大队长再次带领战士刘某和赵某,着战斗服和救生衣,采取使用主绳牵引,强攻人员系上安全绳与主绳连接的方式,在湍急的河流中向被困人员靠拢。20 分钟后,救援人员到达距被困人员 3 m 处,将主绳末端系成绳套抛给被困人员,合力将被困人员拉到救援人员身边。考虑到要确保被困人员的绝对安全,大队长将自己的安全绳与被困人员身上的绳套相连接。

(六)

在回撤过程中,一个急流冲过来,4 人被洪水冲散,岸边官兵见状,迅速和周围群众将主绳往回拉。其中,被困司机张某和战士刘某在落水后 50 秒左右即被拉上岸,安然无恙;大队长被湍急的洪水冲走近 500 m 后被周边村民救起,身受重伤;战士赵某被激流冲到漫水桥下方漩涡,大约一分多钟后被拉上岸,由于口鼻吸入大量泥沙,经现场 120 医护人员急救后送往 M 县医院抢救,后经医院抢救无效牺牲。此次救援行动从 19 时 30 分开始,经过 M 县消防大队现场救援官兵近一个半小时的努力,终于将被困人员成功救出。

(七)

要求执行事项:

1. 熟悉想定内容,了解救援过程。

2. 以大队指挥员的身份理解任务,分析判断情况,回答问题。

(八)

力量编成:

M 县消防大队:抢险救援消防车 1 辆,水罐消防车 1 辆,官兵 13 人。

二、补充想定

请根据基本想定内容,结合补充想定材料,完成相应问题。

(一)

某日 18 时 35 分,司机张某在驾驶半挂车经由乡道行驶至 S 镇清水河漫水桥时,突遇山洪暴发,由于水流湍急、操作不当,车辆侧翻在洪水中,自己也被困在仅高出水面几十厘米的车轮上,张某立即请求 M 县公安消防大队前往救助。事发当日,S 镇附近山区降雨明显偏多,局部地区有暴雨,东风、风力 4~5 级,温度 10 ℃。

接到报警后,M 县消防大队大队长立即出动 1 辆抢险救援消防车、1 辆水罐消防车和 13 名指战员赶赴现场。

1. 山洪暴发时,有哪些灾害特点?

2. 消防队在洪水中进行救援时应重点携带哪些救援器材和装备?

3. 根据基本想定,消防部队出警赶赴事故现场途中应做好哪些准备?

(二)

消防部队到达现场时,由于山洪暴发,清水河河水浑浊、水流湍急,山洪经过漫水桥处,已形成宽约 100 m 的水面,桥面上水流已漫过桥面 50 cm 左右。当地居民长期在清水河采砂,上游下游均有规模较大的采砂场,由于采砂作业,河道内地势凹凸不平,水情复杂,河道上遍布漩涡和激流。漫水桥下游,经河水冲刷,河水深度达到 3 m,且水流极为湍急。

河水还在不断上涨,驾驶员张某站在侧翻车辆车轮上焦急的求救。

4. 请分析事故现场情况对救援工作造成的难点有哪些?

5. 如果你是大队指挥员,如何定下决心?

(三)

指挥部在天色渐晚,事故现场路况差,无法调动吊车等大型车辆,且消防部队救援器材较为匮乏,没有过多救援方案可供选择的情况下,决定由消防大队组织突击队强行救助。

6. 人员被困洪水救援时,一般有哪些可行的救援方案?

7. 现场照明工作如何开展?

(四)

大队长带领身体素质较好的战士刘某和赵某实施强行横渡救人,救人过程中,强攻人员以身上系安全绳与主绳连接的方式进行。在成功营救张某并回撤途中,一个急流冲散了4 人,并导致战士赵某溺亡。

8. 使用主绳牵引渡河过程中,应做好哪些安全防护工作?

9. 此次救援的重点和难点是什么?

10. 在现场无医疗急救人员的情况下,如何对溺水人员进行施救?

第三节　井下遇险事件应急救援想定作业

想定作业一(机井遇险)

一、基本想定

认真阅读本材料,熟悉整个救援过程。

(一)

某日 15 时 10 分左右,H 市 L 村一名幼童小凡(化名)在村子附近的麦地玩耍时,不慎落入麦地内机井。事发时,小凡的母亲带着他到麦地干农活,随手把他放在地边。无人照顾的小凡在麦地里的机井口边爬来爬去,正玩得起劲时,忽然掉进了机井里。刚掉下井口时,小凡的一双小手来回不断地在井口边摇晃着,他母亲迅速跑到井口边,用手死死抓住小凡的手拼命地往外拉,但最终还是没能将孩子拉起来,小凡眨眼间就下落到了10 多米深的井下。

(二)

小凡在机井里生死未卜,着急的母亲多次昏倒在地。正在此时,救火返回的消防一中队官兵路过此处,看到路边一个焦急的男子正在哭救,迅速下车询问。得知孩子落入机井内后,消防官兵立刻采取措施,迅速展开救援。听到喊声的村民也纷纷跑来,知道有孩子掉到机井里后,上百名村民焦急地在旁边出主意、想办法。

(三)

由于机井井口内直径仅 20 cm 左右,大人无法下去,只能听见小孩的哭声。消防官兵决定用绳子拉小凡上来。15 时 14 分,消防官兵开始向井里放绳子,并让孩子的母亲向里面喊:"孩子呀,抓好绳子,我们拉你上来。"但是由于孩子的年龄小,根本无法配合营救,首次救援以失败而告终。

（四）

15 时 15 分，看到小凡呈双手竖直状站在桩井内时，消防官兵立刻改变救援方案，将机井附近的土全部挖掉，利用人工将机井的水泥井口扒掉，然后采用战士垂直倒立下降的办法救援。

机井的裸露部分被消防官兵用双手一点点扒开后，下面的井壁口径约 30 cm，中队指挥员迅速挑选一名身体瘦小的战士，用绳索将战士的双腿固定住，采用垂直倒立下降的办法下至井内救援，孩子终于成功得救！

（五）

要求执行事项：

1. 熟悉想定内容，了解救援过程。

2. 以中队指挥员的身份理解任务，分析判断情况，回答问题。

（六）

力量编成：

一中队：水罐消防车 2 辆，官兵 14 人。

二、补充想定

请根据基本想定内容，结合补充想定材料，完成相应问题。

（一）

某日 15 时 10 分左右，H 市 L 村一幼童小凡在村子附近的麦地玩耍时，不慎落入麦地内机井。落入井内小孩年龄仅 2 岁左右。救火返回的消防一中队官兵路过此处，得知孩子落入机井内后，立刻采取措施，迅速展开救援。通过询问了解和现场侦察，发现该机井井口直径仅 20 cm 左右，井深 10 多米。机井主要用于麦地浇灌，已长期废弃，底部可能有少量储水。

1. 机井救援有什么特点？

2. 幼童落入井中可能造成哪些伤害？

3. 长期废弃的机井可能存在哪些危险源？

4. 结合补充想定，消防官兵救援时应首先采取哪些措施？

（二）

由于井口较小，消防官兵决定向井里放绳子，想用绳子拉小凡上来，消防官兵的首次救援以失败而告终。随着时间的推移，小凡的哭声越来越小。指挥员决定调集工程车辆采用在机井外壁挖掘机井方式进行救援，但随即也否决了。

5. 井下救援需要哪些救援器材和装备？

6. 分析用绳子提拉小孩为什么没有成功？

7. 根据上述补充想定，指挥员应对小凡的情况做如何判定？

8. 调集工程车辆从机井外壁挖掘机井的方案有何优缺点？

（三）

经过进一步细致的观察，消防官兵发现机井内部直径约 30 cm，要比井口直径要大一些，指挥员立刻决定改变救援方案，采取利用破拆工具将机井的水泥井口扒掉，再挑选一名身体瘦小的战士采用垂直倒立下降至井内进行救援。

9. 对水泥井口进行破拆时应注意哪些问题？

10. 选派战士倒立下井救人应注意哪些问题？

11. 此次救援的重点和难点是什么？

想定作业二（窨井遇险）

一、基本想定

认真阅读本材料，熟悉整个救援过程。

（一）

某日上午，H市发生一起工人在窨井内作业时中毒昏迷被困事故。上午8时57分，H市公安消防局接到报警后，迅速出动消防一中队、二中队和特勤一中队、5辆消防车赶赴现场救援。

（二）

事故发生在人民路与五一路交汇处。9时03分，第一时间赶到现场的消防一中队经过现场侦察，了解到有2名工人在内径约70 cm，深约6 m的窨井下，因吸入管道内有毒气体晕倒在窨井里。

事故现场，井口可以闻到浓重的腐臭气味。从井口向下看去，依稀可以看到2名工人倒在井底，浸泡在污水中，1名工人下窨井用的竹梯还靠在井口。

（三）

为顺利开展救援工作，防止有毒气体危害到现场群众，中队官兵立即设立范围达20 m的安全警戒区，使用向导绳悬吊空气钢瓶，垂入窨井内为井下人员提供空气，稀释和排出窨井内有毒气体，同时，并架排烟机加强井口周围空气流动使毒气快速散去。

9时10分，增援的消防二中队到达现场后，用有毒气体探测仪对井下环境进行检测，发现井下聚有大量有毒气体。如果下井救援，救援人员的生命也会受到危及，仍然需要进一步稀释窨井内的毒气。消防官兵立即调来30余只空气钢瓶，为井下昏迷人员不间断提供空气。

9时15分，特勤一中队的化学洗消消防车、抢险救援消防车，13名消防官兵也赶到事故现场。

为了更精确地检测井内不明气体，消防官兵用绳索将有毒气体和可燃气体探测仪吊下，短短几分钟后，检测结果表明，井底不明气体主要成分是一氧化碳，浓度很高，足以致人死亡。

（四）

时间一分一秒过去，井下2人的生命危在旦夕。此时，2名下井的战士已经做好准备，顺着梯子慢慢下到井底。井底很小，小得让救援人员无法蹲下，2名工人在井底相互叠在一起，救援人员想转个身都很困难。救援人员身体紧贴着井壁，一条腿勾在梯子上，艰难地给第一个工人系上了消防腰带，用力地晃动着绳索，给井上发出信号。收到信号的井上人员合力将第一个工人救了出来，久候的救护车立即将人送走。

5分钟后，第二名被困人员也被救出。

（五）

要求执行事项：

1. 熟悉想定内容，了解救援过程。

2. 以中队指挥员的身份理解任务，分析判断情况，回答问题。

（六）

力量编成：

消防一中队：水罐消防车2辆，官兵10人；

消防二中队：水罐消防车1辆，官兵5人；

特勤一中队：化学洗消消防车1辆、抢险救援消防车1辆，官兵13人。

二、补充想定

请根据基本想定内容，结合补充想定材料，完成相应问题。

（一）

某日上午，H市发生一起工人在窨井内作业时中毒昏迷被困的事故。消防部队接到报警后，迅速出动3个中队、5辆消防车赶赴现场救援。

通过初期侦检，窨井深约6 m，井口内径约70 cm，井口架设有2名工人下井使用的梯子。井内光线很差，依稀可以看见2名工人倒在井底，浸泡在污水中。井口可以闻到浓重的腐臭气味。

1. 窨井事故有哪些特点？

2. 窨井事故救援，消防队应重点携带哪些救援器材和装备？

3. 窨井内可能存在哪些危险源？

（二）

消防一中队到达现场后，使用向导绳悬吊空气钢瓶，稀释和排出窨井内有毒气体，垂入窨井内为井下人员提供空气，并架设排烟机加强井口周围空气流动使毒气快速散去。二中队增援到达现场后，用有毒气体探测仪对井下环境进行检测，并立即调来30余只空气钢瓶，进一步稀释窨井内的有毒气体。特勤一中队到场后，使用有毒气体和可燃气体探测仪进一步检测，结果表明，井底不明气体主要成分是一氧化碳，浓度很高，足以致人死亡。

4. 可燃气体探测仪、有毒气体探测仪、多种气体探测仪等常见的侦检仪器有什么优缺点？

5. 降低窨井内有毒气体浓度可采用哪些方法？

6. 请阐述沼气和一氧化碳的理化性质。

（三）

经过长时间通风稀释后，经检测，井内一氧化碳浓度已明显下降，指挥员立即组织2名战士下井救人，因窨井井口较小，进入人员未佩戴空气呼吸器，进入窨井后，立即感觉到头晕恶心，人员立即撤出。

7. 上述补充想定中，指挥员组织指挥存在哪些问题？

8. 进入窨井实施救援，应做好哪些准备工作？

（四）

窨井很深，横向污水管道的口径又小，污水不断涌出，危险可能随时再次发生。井底面积很小，2名工人在井底相互叠在一起，救援人员想转个身都很困难。救援人员身体紧贴着井壁，救援人员倾斜着身体，艰难地和井上官兵合力将2名被困人员救出。

9. 此次救援的重点和难点是什么？

想定作业三（投井自杀）

一、基本想定

认真阅读本材料，熟悉整个救援过程。

（一）

某日 16 时 29 分，A 市消防大队突然接到报警，该市 G 村有一村民落入井中，现村民正在组织救助，但由于现场环境恶劣，救生工具不足，人员无法救起，至今生死不明，请求消防队支援。消防一中队接到报警后，立即出动 2 辆消防车、8 名指战员，携带救生工具和绳索迅速赶往现场。

（二）

一中队于 16 时 40 分到达现场，到场后见围观人员、救助人员、家属混作一团，现场秩序非常混乱。通过现场侦察和仔细询问得知一村民晚上挑水做饭时发现有人员落入井水中，并马上喊来村民及家属过来救助，未能救起。此时，村民落入井中时间已长达 2 个多小时。经了解得知，此井深 10 m，直径 0.6 m。落井村民张某，女，38 岁，由于婆媳关系长期不和，造成精神压力过大，遇事想不开，一时产生轻生念头，故背着家属和孩子投入井中，生死不明。投井人员已困在冰冷的井水中长达数小时，救援人员对她喊话也没反应。

（三）

一中队中队长根据投井人员已在井下长达数小时，喊话没反应，初步判断井下可能缺氧，即使人员存活也处于半昏迷状态，而且长时间缺氧也可能导致人员窒息死亡的。中队长决定首先向井下输送新鲜空气，然后再制订具体的营救方案。

（四）

消防队员迅速取来空气呼吸器挂上绳索，打开瓶阀，将空气呼吸器放到井底，保持井下抢救现场空气畅通，并安排井上人员不间断对井下人员喊话。同时现场中队长立即命令一班成立抢险小组深入井内实施救援。战斗班长系好安全绳和安全带沿救生软梯下到井中救人，井上人员做好安全防护。下到井底后，救援人员冒着冰冷刺骨的井水慢慢地摸索，发现坠井者身体并无大碍，没有明显伤痕，但是由于被困者长时间落入水中，身体体能已达到极限，精神恍惚，心情低落，拒绝施救。通过救援人员耐心细致地与被困者进行长时间的真情交谈沟通，被困者情绪逐渐稳定，最终放弃轻生的念头，开始配合救援。救援人员慢慢地将安全带系在被救者的腰上，然后将安全绳系在安全带上，由井上官兵慢慢将其提上来，并送往当地医院进行观察治疗。在参战官兵及当地村民的共同努力下，最后成功地完成了这次救援行动。

（五）

要求执行事项：

1. 熟悉想定内容，了解救援过程。
2. 以中队指挥员的身份理解任务，分析判断情况，回答问题。

（六）

力量编成：

消防一中队：水罐消防车 2 辆，官兵 10 人。

二、补充想定

请根据基本想定内容,结合补充想定材料,完成相应问题。

（一）

某日 16 时 29 分,A 市消防大队突然接到报警,该市 G 村有一村民落入井中,现村民正在组织救助,但由于现场环境恶劣,救生工具不足,人员无法救起,至今生死不明,请求消防队支援。

1. 人员落井事故救援有什么特点?

2. 人员落井救援,消防队应重点携带哪些救援器材和装备?

（二）

一中队于 16 时 40 分到达现场,到场后见现场各类人员众多,现场秩序非常混乱。通过现场侦察和仔细询问,掌握了水井情况和落井人员情况。投井人员已困在井下长达数小时,对她喊话也没反应,生死不明。该井为深 10 m,内径 0.6 m,井壁由石块堆砌而成,为传统人工挖掘生活用水井。

3. 现场侦察要查明哪些情况?

4. 落井人员可能会造成哪些伤害?

5. 当对落井人员喊话没有反应,指挥员应如何定下决心?

（三）

指挥员根据投井人员已困在井下长达数小时,喊话没反应。立即作出判断,制订营救方案。首先,用绳索将空气呼吸器放到井底,保持井内空气畅通;其次,安排井上人员不间断对井下人员喊话。

6. 保持井内空气充足有哪些方法?

7. 可以采取哪些形式安抚被困人员情绪?

8. 救援自杀者可能会出现哪些险情?

（四）

中队长命令一名战斗班长系好安全绳和安全带沿救生软梯下到井中救人,井上人员做好安全防护。救援过程中,被困人员拒绝施救。经过救援人员耐心细致地与被困者进行沟通,其情绪逐渐稳定,终于放弃轻生的念头,配合救援。

9. 如何确保深入井内救援人员的安全?

10. 若井口狭小,救援人员无法进入井内施救,可以采取哪些方法救援?

11. 此次救援的重点和难点是什么?

第四节　山地遇险事件应急救援想定作业

想定作业一（攀岩被困）

一、基本想定

（一）

某日上午,Y 县独峰山上发生一起攀岩者被困事件,被困的攀岩者是一对外籍情侣。

独峰山位于 Y 县城 5 km 处,山高约 400 m,是 Y 县攀岩俱乐部的一个免费攀岩点。独峰山下不远处就是 L 江,坐竹排漂流的游客必经过此山下。在独峰山上,更是可以一览 Y 县山水的绝佳点。加拿大人 M 和美国人 S 是一对情侣,均是攀岩爱好者。今年 6 月,两人来到 Y 县旅游,得知此处有免费的攀岩点,两人准备带齐攀登装备,到独峰山攀岩。事发当日上午 9 时许,两人开始攀登,并利用攀岩俱乐部留下的绳索和线路,艰难地爬到了山顶,并在山顶休息了数小时。中午 12 时许,两人开始下山,当从山顶向下滑行约 100 m,因为顶部滑轮绳索打结被卡,滑轮无法动弹,最终被困在岩壁上一平台处。此时正值中午时分,气温 35 ℃。

(二)

被困后,两人都非常着急,见到有游客坐竹排漂流经过时,就不停地大声呼救,但是由于语言沟通不畅,再加上离崖底河流较远,3 个多小时过去了,仍然没有人发现他们。

15 时 50 分许,两人的呼救引起了一名长期在 L 江边上给游客拍照的摄影师张某的注意并报警。16 时许,Y 县消防中队接到报警后,迅速出动抢险救援消防车 1 辆、指战员 10 名,赶赴现场开展营救工作。

(三)

由于被困者地处偏远,道路狭窄,地形复杂,大约 30 分钟后,消防队员才找到确切位置。

在山峰下方,消防队员找到了报警人张某,并请他帮忙翻译,使用扩音器用英语向山顶喊话。喊话后,被困者立即进行了回应,并不断地摇动周围树枝,试图引起消防队员的注意。

进一步确定了被困者的具体位置后,16 时 50 分许,4 名消防队员携带保险绳、安全绳等救援工具,沿着村民指引的小径向被困者接近。独峰山山势陡峭,荆棘丛生,消防队员只能一点点的摸索前进。

(四)

17 时 15 分,消防队员攀爬到距事发地点 8 m 处时,看到 M 因长期被困,正想解开身上的安全钩,放弃绳索试图往下跳到距脚下约 2 m 的岩石面上时,消防队员立即大声喊叫制止,但由于语言不通,急忙中,救援人员做手势跟对方交流,M 领会了消防队员的意思,放弃往下跳的念头。

17 时 20 分许,2 名消防队员先到达被困者的被困地点。在稍做沟通并稳定被困者的情绪后,消防队员迅速找到支撑点,利用保险绳固定连接物,让被困者系上安全绳,沿着保险绳缓缓下山。

由于地形险阻,救援工作十分缓慢,有时几分钟只能向下挪移 1 m 左右。

17 时 50 分许,经过 2 个小时的营救,2 名外籍被困者安全抵达山下。

(五)

要求执行事项:

1. 熟悉想定内容,了解救援过程。

2. 以中队指挥员的身份理解任务,分析判断情况,回答问题。

(六)

力量编成:

Y 县消防中队:抢险救援消防车 1 辆,官兵 10 人。

二、补充想定

请根据基本想定内容,结合补充想定材料,完成相应问题。

(一)

某日上午,Y县独峰山上发生一起攀岩者被困事件,被困的攀岩者是一对外籍情侣。被困者攀登的悬崖地势异常险峻,上山路线极其复杂,悬崖高约 400 m,崖壁几乎垂直于地面,岩壁上有许多山洞和突出的岩石,悬崖底部有一条观光河流,常有游客乘船经过。中午 12 时许,两名被困人员从悬崖下降过程中,因顶部滑轮绳索打结,被困在距离山顶 100 m 左右的突出岩石上,两人大声呼救无果。

接警后,消防队立即前往营救。

1. 悬崖救援有什么特点?
2. 攀岩者被困位置对救援工作造成的影响有哪些?
3. 山岳救援应重点携带哪些救援器材和装备?

(二)

由于被困者地处偏远,道路狭窄,地形复杂,大约 30 分钟后,消防队才找到确切位置。找到被困人员后,因语言交流不畅,救援工作无法顺利进行。

4. 当事故地点离市区较远,消防部队不熟悉时,该如何应对?
5. 当救援对象语言沟通不畅时,应如何解决?

(三)

确定了被困者的具体位置后,16 时 50 分许,4 名消防队员携带保险绳、安全绳等救援工具,沿着村民指引的小径向被困者接近。

17 时 20 分许,2 名消防队员先到达被困者的被困地点。在稍做沟通并稳定被困者的情绪后,消防队员通过绳索救援方式将被困人员成功救出。

6. 救援人员徒步翻山越岭时应注意哪些问题?
7. 救援人员从山顶下降时要做好哪些防护措施?
8. 被困者因伤不能行动时应如何救援?

想定作业二(溶洞遇险)

一、基本想定

认真阅读本材料,熟悉整个救援过程。

(一)

草崖地穴是某县一个地下溶洞,洞内地势险峻,景观奇特,是地下旅游探险采取奇石的胜地,不乏喜欢冒险的青年进入溶洞猎奇。该溶洞天然而成,共分 8 层,每层可容纳百余人,层与层之间仅有一狭窄通道相连,洞深有 1 000 多米。人在通道内只能匍匐前进,且地势复杂,时高时低。若洞外下雨,雨水沿通道灌入,极易造成地下水位上升,人员被困。如图 6-1 所示。

某日上午 11 时,6 名当地青年进入洞内采石。当天下午突降暴雨,造成地下水位上升,封锁通道出口,6 人被困洞内,生死不明。其亲属见其不归,于当晚报警求助。

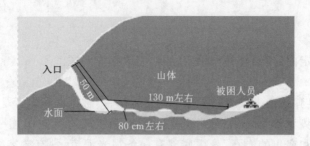

图 6-1　现场剖面图

（二）

事故发生后，县公安消防大队于当晚 22 时接到公安局出警电话，大队长带领 3 辆抢险救援消防车、17 名消防官兵奔赴现场展开救援。23 时 10 分到达事故现场，通过现场侦察，发现溶洞内情况复杂，人员被困情况不明，遂向支队请求增援。接到大队报告后，市政府、公安局和消防支队领导一起赶赴现场。支队长在赶赴现场途中，命令支队参谋长迅速调派市特勤中队一起赶赴现场增援。参谋长立即调集特勤中队 2 辆抢险救援消防车、1 辆水罐消防车和 14 名官兵，于次日 0 时 20 分到达现场。

（三）

到场后，现场立即成立了以支队长为总指挥的消防救援指挥部，对参战消防力量进行组织指挥。指挥部成立后，立即命令县消防大队大队长带领 6 名战士组成侦察小组，深入溶洞侦察。侦察小组在当地村民的帮助下，克服种种困难，深入洞内 100 多米，直达被水封闭的第三层与第四层的交接处，对洞内的通道、空气状况、通道浸水量等进行详细的侦察。根据侦察结果，指挥部组织官兵利用软梯在第二个洞口处架设了一条通道，设置了数条安全绳，为下一步实施救援行动做准备。

（四）

经过近 1 个小时的反复侦察，指挥部基本掌握现场情况，决定采用手台机动泵和浮艇泵抽水排险，但因器材和场地受限无法实施。大队长结合溶洞内情况建议指挥部采用潜水泵进行抽水作业，指挥部认为方案可行，并迅速同市有关领导协调，请求提供电缆、潜水泵、绳索及相关技术人员。市领导迅速调集了县农机公司的所有潜水泵到场，并同时调集了市供电局 2 000 多米电缆。次日凌晨 1 时许，潜水泵、盛水的铁罐等器材到位后，支队长协调现场所有救援力量全面实施救援。

（五）

由于通道过于狭窄，救援人员用吊、推、拉、抬等方法，历经 45 分钟终于将第一个潜水泵放到第三层与第四层交接处的积水中。抽水过程中发现由于路程过远，潜水泵扬程无法满足要求，大队长又提出接力抽水的方法。救援人员迅速在第二层洞口设置一个大的旧铁罐作为中转站，再从铁罐内抽水向外排水。由于洞内积水过多，抽水速度过慢，凌晨 6 时左右，支队长决定在现有基础上，再增加一台潜水泵抽水。由于第二层与第三层的通道太窄，很难通过，参谋长仔细考察了通道情况后，命令消防官兵拿着铁铲、腰斧等工具，将原来的通道开凿扩大了 10 多厘米，顺利地设置了第二台潜水泵。两台潜水泵同时运行，大大加快了排水速度。次日中午 12 时许，在前线侦察的一名战士突然听到里面传来呼救声，救援组立即向指挥部报告情况。指挥部决定派大队长及中队长带领 4 名战士再次深入洞内救人，经过一番努力,受困群众终于全部被救出。

(六)

要求执行事项:

1. 熟悉想定内容,了解救援过程。

2. 以各级指挥员的身份理解任务,分析判断情况,回答问题。

(七)

力量编成:

辖区消防大队:抢险救援消防车 3 辆,官兵 18 人;

支队特勤中队:抢险救援消防车 2 辆、水罐消防车 1 辆,官兵 14 人。

二、补充想定

请根据基本想定内容,结合补充想定材料,完成相应问题。

(一)

某日上午 11 时,6 名当地青年进入溶洞内采石。该溶洞共分 8 层,每层可容纳百余人,层与层之间仅有一狭窄通道相连,洞深有 1 000 多米,且地势复杂,时高时低。人在通道内只能匍匐前进,行动极为不便。

当天下午,溶洞附近山区,突降暴雨,造成地下水位上升,封锁了洞穴进出通道,6 人被困洞内,生死不明。亲属见其不归,于当晚报警求助。

1. 归纳此次事故的特点。

2. 此类事故救援,一般有哪些社会联动部门共同参与救援工作?

3. 被困人员可能存在哪些危险?

(二)

该县公安消防大队于当晚 22 时接到县公安局出警电话,大队长带领 17 名官兵和 3 辆抢险救援消防车奔赴现场展开救援。23 时 10 分到达事故现场,展开现场侦察,由于现场情况复杂,人员被困情况不明,遂向支队请求增援。

4. 作为第一到场的指挥员,你该如判断现场形势,做出哪些处置决策?

5. 简述到场后的现场侦察方法及内容,难点有哪些?

6. 当现场情况复杂时,消防人员是否可深入洞穴搜寻? 为什么?

(三)

现场指挥部成立后,大队长带领 6 名战士组成现场侦察小组,深入洞内侦察。侦察小组在当地村民的帮助下,克服种种困难,深入洞内 100 多米,直达被水封闭的第三层与第四层的交接处,发现第三、四层之间连接通道有大量积水。

7. 面对洞内有积水的情况,应及时采取哪些救援措施?

8. 假设你作为现场总指挥,你应如何部署整个作战任务?

(四)

指挥部决定立即采取抽水救人,鉴于通道内水量较大,指挥部决定使用潜水泵进行抽水作业,并在二层使用盛水铁罐作为中间站进行接力抽水。凌晨 6 时左右,指挥部要求开凿通道,增设第二台潜水泵,加快了排水速度。

9. 根据基本想定中救援现场基本条件,使用手台机动泵、浮艇泵和潜水泵各有什么优缺点?

10. 抽水过程中,为何设置盛水铁罐?

11. 整个救援过程历时相对较长,大部分时间又是在夜间,如何做好保障工作?

想定作业三(山地遇险)

一、基本想定

认真阅读本材料,熟悉整个救援过程。

(一)

某月 22 日,某市初中生小华和同学小明、小红共同商量决定去体验户外探险生活,3 人约定后,携带帐篷、睡袋、零食等简易物品,在未经家长同意的情况下,私自搭车前往该市附近的东山进行徒步户外探险。在山中行进了大半天后,天空中突然下起了大雨,3 人在慌乱中寻找躲雨地方时,因下雨路滑、视线不清,小华不慎从一山洞口坠入了数十米深的溶洞内。发现小华坠落后,小明和小红急忙朝洞内呼叫,但没有得到回应,于是急忙使用手机打 119 进行报警,称自己同伴在东山 H 村登山过程中坠落山洞,请求救援。

(二)

市公安消防支队 119 指挥中心接警后,立即向支队值班首长汇报有关情况,同时立即调派市直属四中队前往救援。16 时 52 分,四中队接到 119 指挥中心的调度命令,立即出动 1 辆抢险救援消防车、7 名消防官兵于 16 时 56 分赶到东山 H 村。在出警过程中,指挥中心和四中队指挥员始终不停止向报警电话进行联系,但是报警电话始终处于关机状态,无法取得联系。在此过程中,市消防支队也将报警情况报告公安局。

(三)

到达 H 村后,由于进山路线较多,山路较陡,再加上报警信息不完整,四中队指挥员一时无法确定搜救路线。在市公安局分局 A 派出所民警到达 H 村后,通过询问,立即寻找了村里对东山情况较为熟悉的村民。村民表示,东山较大的山洞有 2 个,自己愿意带救援人员前往。此时天色渐晚,且始终飘着零星小雨,消防人员、派出所民警和几十名志愿搜救的村民立即加快脚步进山搜寻。

(四)

大约经过 40 分钟的徒步后,搜救人员终于在第 2 个山洞口发现了正因恐惧和低温而挤在一起的小明和小红。搜救人员立即对其采取了采暖和饮食保障,同时对小华坠落的山洞进行侦察。

该山洞洞口较小且深,中队指挥员对着洞口连续呼喊数声,均无应答。山洞洞壁岩石裸露,洞内弯曲狭窄,洞内深处情况不明,洞口地表岩土松动,如刨开洞口,加大作业面,容易造成石头、泥块坠落,对被困人员造成伤害。同时,中队指挥员观察到洞口周围有大量小的透气孔,判断被困人员窒息死亡的可能性不大。

(五)

根据侦察情况,中队指挥员决定先派一名战斗员深入洞穴进行侦察。在其他战斗员的协助下,一班班长利用绳索采取三套腰结身体结绳法,沿着穴壁小心下滑,约下滑至 13 m 处时,洞穴更加狭小,最狭窄处直径只有 45 cm 左右,只好将双手紧紧地握住安全绳,几乎平卧在地上,沿着斜坡一步步向下探。又滑了 10 多米,终于到了一个可以直起腰的地方,再往下,洞内更加狭窄。一班长朝下进行呼喊,深处传来了模糊的应答,但用强光照明灯照射,仍未发现被困人员,便决定返回。5 分钟后返回洞口,将洞内情况向中队指挥员作了汇报。

(六)

"两人同时进入,利用安全绳作保护实施救人,用拉绳方式作为与地面联络的信号,利用救生绳,救人自救。"中队指挥员果断地下达了救援命令。一班长带领一名战士在安全绳的保护下,戴好头盔、系好安全带,带好照明工具、导向绳,深入洞穴实施救援行动。滑完斜坡段,两人用强光照明灯仔细观察了垂直段的情况:四壁全是石块、黄泥,稍有不慎,万一掉下一块,都有砸伤小华的危险!两名战斗员在强光灯的照明下,发现了小华躺在 10 m 处稍平的洞壁上。随即对小华进行呼喊,以稳定其情绪。一班长将事先准备好的救生绳缓缓地放了下去,大声嘱咐道:"等会儿有什么东西碰到了你,这是叔叔放下来的绳子,你把它捆在腰上,绑结实后,告诉叔叔,叔叔就把你救上来……"

绳子缓慢地拉动着把小华拉到了身旁。为了使小华在出洞过程中头部免受洞壁的碰撞,一班长解下自己的头盔、安全带,给小华穿戴好,系好救生绳,在地面战友的配合下,稳稳地将他送上了斜坡,一步一步往上挪。19 点 40 分,小华终于从洞穴中营救出来。

(七)

要求执行事项:

1. 熟悉想定内容,了解救援过程。

2. 以各级指挥员的身份理解任务,分析判断情况,回答问题。

(八)

力量编成:

消防四中队:抢险救援消防车 1 辆,官兵 7 人。

二、补充想定

请根据基本想定内容,结合补充想定材料,完成相应问题。

(一)

某月 22 日,某市初中生小华和同学小明、小红三人在未经家长同意的情况下,私自前往东山进行徒步户外探险。因下雨路滑,小华不慎坠入了溶洞内。小明和小红发现小华坠落后,急忙使用手机打 119 进行报警。

1. 山地救援有哪些特点?

2. 接到山地救援接警出动命令时,消防中队应做好哪些准备工作?

(二)

在出警过程中,指挥中心和四中队指挥员始终不停止向报警电话进行联系,但是报警电话始终处于关机状态,无法取得联系。到达现场后,因报警信息不完整,消防队在派出所民警协助下,寻找当地对山里情况较为熟悉的村民带路前往救援。从 H 村进山路线较多,山路较陡,由于天色渐晚,且始终飘着零星小雨,搜寻工作开展异常困难。

3. 山地救援过程中,被困人员定位有哪些方法?

4. 当人员可能被困于多个方向时,指挥员应如何作战斗部署?

5. 进山搜寻过程中应注意哪些安全问题?

6. 应重点携带哪些器材和装备？

（三）

人员被困山洞的洞口较小，直径不足 60 cm，洞内很深，且弯曲狭窄，人员进入无法佩戴空气呼吸器。洞口地表岩土松动，如刨开洞口，加大作业面，容易造成石头、泥块坠落，对被困人员造成伤害。同时，中队指挥员观察到洞口周围有大量小的透气孔，被困人员窒息死亡的可能性不大。中队指挥员对着洞口连续呼喊数声，均无应答。

7. 根据上述基本想定，指挥员应如何定下决心？

8. 在此情况下，人员进入洞内应做好哪些安全防护？

（四）

营救过程中，一班长带领一名战士在安全绳的保护下，戴好头盔、系好安全带，带好照明工具、导向绳，深入洞穴。滑完斜坡段，两人用强光照明灯仔细观察了垂直段的情况：四壁全是松软的石块和黄泥。接近小华后，一班长发现小华大腿骨折，上肢小臂有大量出血症状。

9. 救援过程中，应如何做好对被困者的安全防护？

10. 针对被困者伤情，应有哪些针对性急救措施？

第五节　地下管道遇险事件应急救援想定作业

想定作业一（供水管道遇险）

一、基本想定

认真阅读本材料，熟悉整个救援过程。

（一）

M 市对位于北京路护城河旁的 DN1200 供水管进行修复施工，由某装饰工程有限公司负责施工。该管道埋于地下 1.7 m，直径 1 200 mm（内径 1 000 mm），先为南北走向，呈"马鞍"形下降穿越护城河河底上升为东西走向，前 100 m 为无缝钢管，其余为钢筋混凝土管；管道内既有弯道斜坡，又有 40 多厘米的积水。当日天气情况为：小雨转多云，气温为 13～21 ℃，偏南风 2 级。

某日 10 时 15 分，5 名工人将汽油机动泵抬进直径为 1 200 mm 的供水管内抽取管道内积水后，在对管道内部进行一次性补漏和做防腐处理的过程中被困于管道内，最远一名工人在距离入口 329 m 处。第一名被困人员距离入口 150 m，第二名被困人员距离入口 200 m，第三名被困人员距离入口 210 m，第四名被困人员距离入口 250 m，第五名被困人员距离入口 329 m。如图 6-2 所示。

（二）

10 时 15 分 05 秒，市支队 119 指挥中心接到报警，立即调动特勤一中队 2 车（抢险救援消防车 1 辆、充气车 1 辆）12 人，搜救犬分队 1 车 5 人赶赴现场。10 时 24 分特勤一中队到达 7.1 km 外的事故现场，经过现场询情得知有 5 名工人被困在地下自来水管道内生死未卜、情况危急。中队指挥员立即将侦察情况报告 119 指挥中心，并组织 2 个搜救小组（每组 4 人）交替进入地下自来水管道内进行搜救。119 指挥中心接到报告后，立即又调派特勤一

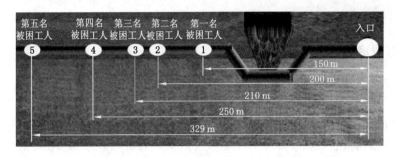

图 6-2 现场平面图

中队备勤人员前往现场增援,根据事故等级启动支队一级全勤指挥机制,并向一级全勤指挥长支队政委和支队长报告了事故情况。同时,市人民政府也启动了《突发公共事件总体应急预案》,调集公安、城建、卫生、安监、环保等相关联动单位到场协助警戒救援。

（三）

10 时 55 分,特勤一中队救援人员救出第一名被困人员,并向到场大队指挥员报告了该地下自来水管道内的情况:一是管道内能见度低,救人行动展开困难,体能消耗大;二是管道不呈直线延伸,内有斜坡弯道,积水较深处超过 40 cm,其余 4 名被困人员位置不详。

（四）

10 时 58 分,相关领导到达事故现场,成立现场指挥部。根据现场指挥部的指示,119 指挥中心又增派一中队 1 车 8 人、二中队 1 车 5 人、三中队 1 车 7 人、四中队 2 车 13 人、特勤二中队 3 车 17 人及大量救援器材装备到现场进行增援。12 时 25 分,第 2 名被困工人被成功救出;12 时 33 分,第 3 名被困工人也被成功救出。13 时 05 分,现场指挥部接到救援人员报告:在距离入口约 250 m 处发现第四名被困者,在距离入口约 320 m 处发现第五名被困者。第四名被困者于 13 时 57 分被成功救出;13 时 58 分,3 名战士因体力透支等原因晕倒在下水管道中;14 时 28 分,前来增援的特勤二中队官兵也成功将第 5 名被困工人从第二个救生通道中救出。

至此,经过全体参战官兵近 5 个小时的艰苦救援,5 名被困工人全部被成功救出,4 名生还,1 名因窒息时间过长、抢救无效身亡。

（五）

要求执行事项:

1. 熟悉想定内容,了解救援过程。

2. 以各级指挥员的身份理解任务,分析判断情况,回答问题。

（六）

力量编成:

特勤一中队:抢险救援消防车 1 辆、充气车 1 辆、搜救犬运输车 1 辆、备勤车 2 辆,官兵 25 人,搜救犬 2 条;

特勤二中队:抢险救援消防车 3 辆,官兵 17 人;

一中队:抢险救援消防车 1 辆,官兵 8 人;

二中队:抢险救援消防车 1 辆,官兵 5 人;

三中队:抢险救援消防车 1 辆,官兵 7 人;

四中队：抢险救援消防车 1 辆、水罐消防车 1 辆,官兵 13 人。

二、补充想定

请根据基本想定内容,结合补充想定材料,完成相应问题。

（一）

某日 10 时 15 分,M 市对位于北京路护城河旁的 DN1200 供水管进行修复施工,5 名工人将汽油机动泵抬进直径为 1 200 mm 的水管内抽取管道内积水后,对管道内部进行一次性补漏和做防腐处理的过程中被困于管道内。10 时 15 分 05 秒,市支队 119 指挥中心接到报警,先后调集 6 个中队 13 辆车前往事故现场进行救援。

1. 针对此类地下管道人员被困事故应重点调集哪些救援装备？

2. 分析管道救援过程中可能存在的危险源有哪些？

3. 第一救援力量到场后,作为指挥员,你如何判断现场形势？应做出哪些决策？

（二）

10 时 24 分特勤一中队到达 7.1 km 外的事故现场,立即进行了侦察检测,确定有 5 名工人被困在地下自来水管道内生死未卜、情况危急。

4. 第一救援力量到场后,进行侦察检测的方法和内容有哪些？

5. 第一救援力量到场后,设置警戒的范围和方法如何确定？

（三）

10 时 55 分特勤一中队救援人员救出第一名被困人员,并向到场大队指挥员报告了该地下自来水管道内的情况:一是管道内能见度低,救人行动展开困难,体能消耗大;二是管道不呈直线延伸,内有斜坡弯道,积水较深处超过 40 cm,其余 4 名被困人员位置不详。

6. 救人过程中应采取哪些安全防护措施？

7. 按该想定情况,分析可采用何种措施确定被困人员位置及运用何种方法进行施救最为科学合理？

8. 如采用地面挖掘方式实施救援,有何优缺点？

（四）

13 时 58 分,3 名战士因体力透支等原因晕倒于下水管道中,救援人员立即组织力量进行营救。

9. 救援过程中,应采取哪些方法避免救援人员发生危险？

10. 人员营救出后,应采取哪些方法进行现场医疗急救？

想定作业二（供暖管道遇险）

一、基本想定

认真阅读本材料,熟悉整个救援过程。

（一）

某月 20 日晚,M 小区 27 号楼地下供暖管道破裂,热水注入地下隧道内,泄漏的大量热水将一名寄居在内的流浪人员困于其中,生死未卜,急需营救。22 时 32 分,市消防支队接到调度室命令,立即调派特勤一中队 1 辆抢险救援消防车、1 辆照明消防车、1 辆排烟消防车、18 名官兵赶赴现场救援。

（二）

小区内通道狭窄，消防车无法靠近。通过侦察，发现地下隧道空间狭小，已被泄漏的供暖高温热水注满，水温高达 70 ℃左右，大量的水蒸气使救援现场的能见度不足 1 m，进入管道间的唯一出口已被滚烫的热水封死，其余出口也均由铁板焊封。据报警人称，管道破裂时曾听到有人呼喊救命，过后再也没有听到声音了。

（三）

中队指挥员当机立断，命令使用车载防爆导油泵排除管道内的积水，经过 1 个多小时排水后，管道阀门渐渐露出水面，特勤队员立即关闭了阀门制止了管道泄漏，但此时大量的水蒸气充斥着管道内部，根本无法搜寻被困人员。指挥员根据现场情况，命令排烟消防车铺设排烟风管至隧道入口处采取负压排气，同时在住宅区中利用破拆工具开辟另一通风口实行正压送风。

（四）

待隧道内蒸汽浓度降低后，由中队指导员带领 4 名战斗员采取匍匐姿态深入内部寻找被困人员。由于管道内部狭小拥挤、各种管线错综复杂，根本无法佩戴空气呼吸器进入，特勤队员只有在高温、缺氧、充满异味和积水的管道内一点一点地搜索，20 分钟后，救援人员发现了躲藏在侧洞中已经奄奄一息的被困者，并将其成功救出，送上已在现场等候的 120 急救车。

（五）

要求执行事项：

1. 熟悉想定内容，了解救援过程。

2. 以各级指挥员的身份理解任务，分析判断情况，回答问题。

（六）

力量编成：

特勤一中队：抢险救援消防车 1 辆、照明消防车 1 辆、排烟消防车 1 辆、官兵 18 人。

二、补充想定

请根据基本想定内容，结合补充想定材料，完成相应问题。

（一）

2009 年 12 月 20 日晚，M 小区 27 号楼地下供暖管道破裂，热水注入地下隧道内，有人员被困。22 时 32 分，市消防支队接到报警后，立即调派特勤一中队出动一辆照明消防车、一辆排烟车、18 名官兵赶赴现场救援。

1. 地下供暖管道破裂有什么特点？

2. 参加供暖管道破裂救援应调集哪些器材装备？

3. 供暖管道破裂事件救援消防队的主要任务是什么？需要哪些部门的联动救援？

（二）

小区内通道狭窄，消防车无法靠近。中队指挥员通过外部观察和询问知情人，发现管道隧道已被高温热水注满，大量水蒸气从洞口涌出，进入管道间的唯一的出口已被滚烫的热水封死，其余出口也均由铁板焊封。据报警人称，管道破裂时曾听到有人呼喊救命，过后再也没有听到声音了。

    4. 现场侦察的内容主要有哪些?

    5. 请判断现场情况并确定救援方案。

（三）

    中队指挥员利用防爆导油泵,经过 1 个多小时排水后,管道阀门渐渐露出水面,特勤队员立即关闭了阀门制止了管道泄漏,但此时大量的水蒸气充斥着管道内部,根本无法搜寻被困人员。

    6. 消防车配备的手抬机动泵能否抽取高温热水,为什么?

    7. 高温水蒸气对救援行动会造成哪些危害?

（四）

    指挥员命令排烟消防车铺设排烟风管至隧道入口处,同时在住宅区中破拆出口,排除隧道内蒸汽,待隧道内蒸汽浓度降低后,中队指导员带领 4 名战斗员,匍匐进入狭小的隧道内搜寻人员,因无法佩戴空气呼吸器进入,特勤队员只有在高温、缺氧、充满异味和积水的隧道内搜索,20 分钟后,终于将奄奄一息的被困者救出。

    8. 管道隧道排除蒸汽的方法有哪些?

    9. 在无法佩戴空气呼吸器的场所救援,如何保证救援人员的安全?

第六节　其他常见社会救助想定作业

想定作业一(摘除蜂窝)

一、基本想定

认真阅读本材料,熟悉整个救援过程。

（一）

    位于 M 市的某小区为一新建小区,共有 20 多栋 18 层的小高层,小区内道路通畅,绿化环境好,住户较多。4 月份,一群马蜂在 5 栋六楼厨房飘窗隔板下开始筑巢,户主见其危险,在马蜂筑巢时就对蜂巢进行了破坏,但是,无论如何破坏蜂巢,蜂群坚持筑巢,户主只有任其发展壮大。随着时间推移,蜂巢越来越大,马蜂数量越来越多,成群的马蜂在建筑旁飞来飞去,导致周围居民都不敢靠近蜂巢,严重扰乱了正常生活,但是,此时居民已不敢自行摘除蜂巢。

    5 月 17 日 18 时,该户主女儿在家玩耍的时,不慎被飞入的马蜂叮咬,伤情较严重。见到小孩被马蜂蜇伤,户主无奈之下向"119"求助。

（二）

    18 时 35 分,辖区消防一中队接到报警后,迅速出动 1 辆水罐消防车、1 辆登高平台消防车、7 名官兵赶往现场。20 分钟后,消防官兵到达现场,经过实地勘查,只见蜂巢体型足有一个篮球那么大,悬挂在厨房外的飘窗下,里面马蜂数量非常多,让人胆寒。蜂巢距地面高度有 17 m 左右,并且筑巢位置不便于救援人员操作。马蜂飞来飞去,如果不能将其摘除,将会给周围居民的正常生活带来诸多不便。

（三）

由于马蜂窝所处位置楼下停有许多车辆，所以平时经常采用的火攻方法被否决，经过再三考虑，中队指导员决定利用登高平台消防车的起重臂将处置人员吊起进行高空作业，考虑到受惊的马蜂有可能会进攻周围的居民，消防官兵立即对围观的群众进行了疏散，并通知周围的住户紧闭门窗。随后，指挥员安排个头不大，手脚非常灵活的一名战士穿好防蜂服，扎好腰带，系好安全绳，并将腰上的腰带用保护绳与登高平台上的挂钩挂好。一切准备就绪后，起重臂慢慢升起，处置人员带着杀虫剂、蛇皮袋轻轻吊到厨房飘窗下，马蜂似乎已经有所察觉，四处乱飞，有的开始袭击处置人员。在登高平台上的处置人员沉着冷静的先用杀虫剂对周围的马蜂和蜂巢进行了一阵扫射，发现马蜂渐渐地回到窝里，于是拿起一个编织袋，一下了把整个蜂巢给罩住后，用力在蜂巢顶部一拽，整个蜂窝很快被收进了袋子，为防止马蜂再重新回来筑巢，中队指导员命令水罐消防车单干线出水，对蜂窝进行喷射，用杀虫剂对厨房飘窗周围进行了喷洒，并除去地上残余的蜂巢部分，以绝后患。经过近2个小时的努力，终于将整个蜂窝成功端掉，消除了马蜂对群众的威胁。

（四）

要求执行事项：

1. 熟悉想定内容，了解救援过程。

2. 以各级指挥员的身份理解任务，分析判断情况，回答问题。

（五）

力量编成：

消防一中队：水罐消防车1辆、登高平台消防车1辆，官兵7人。

二、补充想定

请根据基本想定内容，结合补充想定材料，完成相应问题。

（一）

5月17日18时，位于M市某小区5栋六楼厨房飘窗隔板下有一马蜂窝，并有大量的马蜂正在筑巢，严重影响了该小区部分住户的生活，该户户主女儿在家玩耍时不慎被飞入的马蜂叮咬，伤情比较严重，已送医救治。

1. 简述马蜂的生物特性。其具有哪些危害性？毒液危害人体的机理是什么？

2. 被马蜂蜇伤后应如何进行现场医疗急救？

（二）

18时35分，辖区消防一中队接到报警后，迅速出动1辆水罐消防车、1辆登高平台消防车、7名官兵赶往现场。20分钟后，消防官兵到达现场，经过实地勘查，只见蜂巢体型足有一个篮球那么大，悬挂在厨房外的飘窗下，里面马蜂数量非常多，让人胆寒。蜂巢距地面高度有17 m左右，并且筑巢位置不便于救援人员操作。

3. 接警后，应携带哪些救援装备出警救援？

4. 到场后应侦察哪些内容？

（三）

由于蜂窝所处位置楼下停有许多车辆，所以平时经常采用的火攻方法被否决，经过再三考虑，中队指导员决定利用登高平台消防车的起重臂将处置人员吊起进行高空作业，采用袋装法对马蜂窝进行摘除。

　　5. 高过敏体质人员是否适合参与救援行动，为什么？

　　6. 摘除马蜂窝常用方法有哪些？各有什么利弊？

　　7. 采用登高平台消防车救援时，应做好哪些准备工作？

（四）

　　摘除蜂窝前，指挥员立即对周围居民进行了疏散，并安排一名处置人员穿好防蜂服，扎好腰带，系好安全绳，并将腰上的腰带用保护绳与登高平台上的挂钩挂好。一切准备就绪后，起重臂慢慢升起，处置人员带着杀虫剂、蛇皮袋轻轻升到蜂窝下，清理了蜂窝周围马蜂后，将整个蜂窝很快收进了袋子。

　　8. 摘除马蜂窝时，救援人员如何做好个人安全防护？对周围居民的安全应采取哪些措施？

　　9. 是否能穿着二级防化服摘取马蜂窝，为什么？

　　10. 袋装法摘除马蜂窝后，还应对现场做哪些处理工作？

想定作业二（电梯遇险）

一、基本想定

认真阅读本材料，熟悉整个救援过程。

（一）

　　2008 年 2 月 10 日，E 市大型超市内，一名工人在修理货用电梯时，因电梯出现突发性故障，工人头部朝下、双脚朝上，被挤在铁架和对重之间，右脚骨折。被困人员悬空倒挂了十多分钟，导致头部充血，腰和腿部承受重压，时间一长会对大脑造成严重伤害，并已出现昏迷，情况万分危机。

（二）

　　E 市特勤二中队接到支队调度指挥中心命令后，迅速出动 2 辆抢险救援消防车、指战员10 人赶赴现场，并通知电梯厂技术人员、医疗救护人员赶往现场。

（三）

　　经侦察，电梯三面墙壁都没有更多的附着物，能立足的钢架较窄，开展救援比较困难。消防队员身着安全吊带，系紧安全绳，用绳索将被困工人固定在滑道上以避免摔伤。首先，消防队员采用无齿锯对固定滑道的角铁进行切割，同时浇水以降温，并防止切割时产生的火花溅到被困人员身上引起二次伤害。因角铁较厚，超出了切割器最大切割范围，指挥员急中生智，采用扩张器将卡住工人的横梁慢慢扩开，经过近 20 分钟的紧张救援，被困人员被消防官兵成功救下。

（四）

要求执行事项：

1. 熟悉想定内容，了解救援过程。

2. 以各级指挥员的身份理解任务，分析判断情况，回答问题。

（五）

力量编成：

特勤二中队:抢险救援消防车 2 辆,官兵 10 人。

二、补充想定

请根据基本想定内容,结合补充想定材料,完成相应问题。

（一）

2008 年 2 月 10 日,E 市大型超市内,一名工人轿厢顶部修理电梯时,因电梯出现突然移动,工人头部朝下坠落,被挤在铁架和对重之间,出现昏迷,情况万分危机。

1. 电梯由哪几个部分组成?

2. 被困工人可能会受到哪些伤害?

（二）

特勤二中队接到救援命令后,出动 2 辆抢险救援消防车、指战员 10 人赶赴现场,并通知电梯厂技术人员、医疗救护人员赶往现场前往协助救援。

3. 电梯内人员被困救援应重点携带哪些器材和装备?

4. 电梯救援应先查明哪些情况?

（三）

消防救援人员使用绳索将被困工人固定在滑道上以避免摔伤,然后,采用无齿锯对固定滑道的角铁进行切割,同时浇水以降温,并防止切割时产生的火花溅到被困人员身上引起二次伤害。因角铁较厚,超出了切割器最大切割范围,指挥员急中生智,采用扩张器将卡住工人的横梁慢慢扩开,经过近 20 分钟的紧张救援,被困人员被消防官兵成功救下。

5. 工人被挤在铁架和对重之间,救援的重点和难点有哪些?

6. 如何安抚遇险人员?

7. 怎样做好救援人员与被困人员的安全防护?

8. 当被困人员受伤较为严重,又无法快速救出时,应如何处置?

想定作业三(玻璃门夹手)

一、基本想定

认真阅读本材料,熟悉整个救援过程。

（一）

2009 年 8 月 17 日 18 时 43 分,D 市 X 县消防大队接到报警,职工体育中心有一名小女孩手臂被卡在大厅玻璃门内。接警后,大队迅速出动抢险救援消防车 1 辆、指战员 7 名,携带抢险救援器材前往处置。

（二）

18 时 48 分,救援官兵到达现场,只见职工体育中心大门前已经被围观群众围得水泄不通,官兵们一边疏散人群,一边了解现场情况。根据报警的大堂工作人员叙述,18 时 30 分,她听到大厅内有孩子的哭声,随即过来查看,只见一名小女孩手臂被卡在大厅玻璃门内。

经救援官兵侦察发现,女孩的手臂已经有些肿胀,该旋转门安装的是钢化玻璃,只有前后 2 个出口,顶部是密封的,小女孩的手臂正是被卡在旋转门与钢化玻璃的一个承接处,孩子不停地哭喊叫疼,围观群众十分揪心。战士们一边安慰孩子,分散她的注意力,一边积极想解救办法。

（三）

救援人员打算对旋转门进行破拆,又怕破碎的玻璃伤到孩子。最终,救援人员决定利用开门器配合起重气垫对夹住孩子的缝隙进行扩张,同时把透明胶布贴到旋转门上防止碎裂的玻璃伤到孩子,再由一名战士稳住旋转门避免扩张过程中门的移动给孩子带来更大的痛苦。

救援行动按计划紧张地进行着,周围的群众都屏住呼吸,18时50分,只听"砰"的一声,玻璃碎裂,孩子吓了一跳,救援人员冷静地安慰孩子不要惊慌,碎裂的玻璃呈网状稳稳地留在原地并没有掉落,紧接着,救援官兵迅速将女孩手臂从门中抽了出来。

（四）

要求执行事项:

1. 熟悉想定内容,了解救援过程。

2. 以各级指挥员的身份理解任务,分析判断情况,回答问题。

（五）

力量编成:

X县消防中队:抢险救援消防车1辆,官兵7人。

二、补充想定

请根据基本想定内容,结合补充想定材料,完成相应问题。

（一）

2009年8月17日18时43分,D市X县消防大队接到报警,职工体育中心有一名小女孩手臂被卡在大厅玻璃门内。接警后,大队迅速出动抢险救援消防车1辆、指战员7名,携带抢险救援器材前往处置。

1. 玻璃门卡住手臂有什么特点?

2. 消防队救援时应携带哪些器材和装备?

（二）

18时48分,救援官兵到达现场。经救援官兵侦察发现,女孩的手臂已经有些肿胀,该旋转门安装的是钢化玻璃,只有前后2个出口,顶部是密封的,小女孩的手臂正是被卡在旋转门与钢化玻璃的一个承接处,孩子不停地哭喊叫疼,围观群众十分揪心。战士们一边安慰孩子,分散她的注意力,一边积极想解救办法。

3. 小女孩手臂被玻璃门长时间卡住会造成什么危害?

（三）

救援人员决定利用开门器配合起重气垫对夹住孩子的缝隙进行扩张,同时把透明胶布贴到旋转门上防止碎裂的玻璃伤到孩子,再由一名战士稳住旋转门避免扩张过程中门的移动给孩子带来更大的痛苦。18时50分,只听"砰"的一声,碎裂的玻璃呈网状稳稳地留在原地并没有掉落,紧接着,救援官兵迅速将女孩手臂从门中抽了出来。

4. 解救被困小女孩可采用哪些方法?

5. 破拆玻璃门时应做好哪些安全防护措施?

6. 此次救援的重点和难点是什么?

想定作业四（关闭气阀）

一、基本想定

认真阅读本材料，熟悉整个救援过程。

（一）

2007年2月11日14时15分，支队调度指挥中心接到报警：位于 M 区 A 小区 28 号楼 3 单元 4 楼有一名少女将自己锁在屋内，准备引爆液化气罐自杀，情况万分危急。接到报警后，调度指挥中心立即命令二中队 1 辆抢险救援消防车前往现场实施救援。

（二）

14 时 18 分，二中队到达现场，通过对现场初步侦察，了解到该女子 20 岁，美国人，因失恋情绪低落，在 4 楼的家中将门反锁，并打开液化气罐开关欲寻短见。了解具体情况后，中队指挥员命令立即组成疏散小组，将该单元居民全部疏散。同时，向支队调度指挥中心请示将特勤一中队云梯消防车调出，欲从阳台窗户进入实施营救，并向支队首长汇报。

（三）

14 时 35 分，特勤一中队云梯消防车到达现场。

14 时 38 分，支队副支队长、参谋长等领导来到现场，立即成立了救援指挥部，下令组成 2 人救援小组，利用云梯消防车进入室内实施救人。

救援人员乘云梯消防车从厨房窗户进入室内，此时屋内已经充满刺鼻的液化气味，救援人员立即将门窗全部打开排放液化气，但没有发现液化气罐。原来轻生女子将自己锁在卫生间内，液化气罐也在里面。由于该名女子情绪非常激动，如果强行进入，怕引发轻生者情绪激动，出现事故。现场消防官兵与该女子由于语言问题，不能进行正常的心理疏导，所以消防官兵只好让其母亲在门外与之对话，稳定其情绪。在对话过程中，突然该女子将液化气罐开关再次打开，液化气从罐内喷出，发出刺耳声音，情况万分危机。在这千钧一发之际，参谋长果断下令，命令战士冲进屋内，将少女强行抱出，并将液化气罐关闭。15 时 10 分，救援行动圆满结束。

（四）

要求执行事项：

1. 熟悉想定内容，了解救援过程。

2. 以各级指挥员的身份理解任务，分析判断情况，回答问题。

（五）

力量编成：

特勤一中队：云梯消防车 1 辆，官兵 6 人；

二中队：抢险救援消防车 1 辆，官兵 6 人。

二、补充想定

请根据基本想定内容，结合补充想定材料，完成相应问题。

（一）

14 时 15 分，某支队调度指挥中心接到报警：位于 M 区 A 小区 28 号楼 3 单元 4 楼有一名少女将自己锁在屋内,准备引爆液化气罐自杀,情况万分危急。

14时18分,二中队到达现场,通过对现场初步侦察,了解到该女子20岁,美国人,因失恋情绪低落,在4楼的家中将门反锁,并打开液化气罐开关欲寻短见。

1. 接到报警后,二中队应该携带哪些救援器材和装备?

2. 第一救援力量到场后,作为指挥员,你如何判断现场形势?分析存在哪些危险源?应做出哪些决策?

(二)

了解具体情况后,中队指挥员命令立即组成疏散小组,将该单元居民全部疏散。同时,向支队调度室请示将特勤一中队云梯消防车调出,欲从阳台窗户进入实施营救,并向支队首长汇报。

3. 在救援过程中是否需要云梯消防车救援?若没有云梯消防车条件下,应如何开展救援行动?

(三)

救援人员乘云梯消防车从厨房窗户进入室内,此时屋内已经充满刺鼻的液化气味,救援人员立即将门窗全部打开排放液化气,但没有发现液化气罐。

现场消防官兵与该女子由于语言问题,不能进行正常的心理疏导,所以消防官兵只好让其母亲在门外与之对话,稳定其情绪。

4. 若在没有云梯消防车的情况下,是否还有其他方法进入房间?进入房间之前应携带何种装备?进入房间的同时如何避免开门引发液化气爆炸?

5. 通风过程要注意哪些问题?

6. 在救援现场遇到语言沟通问题,指挥员应该如何解决?

想定作业五(取钥匙)

一、基本想定

认真阅读本材料,熟悉整个救援过程。

(一)

某月24日20时20分,M消防中队接警员接到市民王某的求助电话,称自己无法打开房门,无法进入,请求中队予以帮助。因正值该市发生重大疫情期间,接警员接警后回答:"因在重大疫情期间,接到上级命令,除灭火执勤和重大社会救助外,其他普通社会救助活动全部暂时停止。"

(二)

当日20时50分,天色已晚,求助市民王某来到消防中队值班室称:自己家离消防中队约2 km左右,住在3楼,自己已经尝试多种方法试图进入室内未果,也去联系过开锁人员帮忙,但是因是重大疫情期间,开锁人员不愿意上门帮忙,所以只能到消防部队请求帮助。

(三)

了解情况后,值班中队指挥员对王某反复解说了消防部队重大疫情期间执勤战备纪律和上级要求,劝导王某自行解决困难,但是王某不听解说和劝导,坚持要求消防部队给予帮助。考虑到王某的实际困难,中队指挥员决定派员协助其开锁。考虑到正值重大疫情期间,且王某家住址离消防中队较近,中队指挥员决定减少外出救援车辆装备及人员数量,遂命令1名班长和2名战士携带安全腰带、安全绳等基本防护装备,与王某前往实施救助。

（四）

3人随王某一起乘坐出租车到达王某居住的某家属院303室(处警地点距消防中队不足2 km),在多次尝试使用钥匙开门不成功的情况下,三人决定从王某楼上住户的阳台窗户上系安全带、沿安全绳下滑进入303室阳台入室开门。但是,403室和503室家中无人,603室家中虽有人但是拒绝救助人员入内。随后,3人来到703室,征得住户同意后,3人决定从703室厨房阳台实施救助行动。

（五）

战士李某担任下降入室开门任务,班长和另一名战士在703室厨房阳台进行保护。战士李某在身上穿戴了安全腰带,同时,在腰带上系牢了两根安全绳。保护措施完毕后,班长和另一名战士将安全绳拴在阳台窗户上,因找不到合适物品,3人使用报纸对安全绳和窗户外沿接触部位进行了垫衬。

（六）

准备工作完毕后,战士李某双手攀住703室窗台外沿缓缓下降。就在他被吊出距离七楼窗台1 m多时,两股安全绳在距离安全腰带不到1 m处突然同时断裂。李某大喊了一声从七楼坠落到一楼地面的柴堆上,此时为22时05分。户主王某立即用移动电话拨打120求救,22时10分,市急救中心救护车迅速将战士李某送到医院进行抢救,但李某终因伤势过重,救治无效,于2003年5月24日22时30分牺牲,年仅20岁。

（七）

要求执行事项:

1. 熟悉想定内容,了解救援过程。

2. 以各级指挥员的身份理解任务,分析判断情况,回答问题。

（八）

力量编成:

M消防中队:战士3人。

二、补充想定

请根据基本想定内容,结合补充想定材料,完成相应问题。

（一）

某月24日20时20分,M消防中队接警员接到市民王某的求助电话,接警员接警后回答:"因在重大疫情期间,接到上级命令,除灭火执勤和重大社会救助外,其他普通社会救助活动全部暂时停止。"

1. 辖区发生重大疫情期间,消防部队执勤战备应做好哪些针对性预防工作?

2. 辖区发生重大疫情期间,对出警归队人员和车辆装备应采取哪些措施?

（二）

考虑到正值重大疫情期间,且王某家住址离消防中队较近,中队指挥员决定减少外出救援车辆装备及人员数量,遂命令1名班长和2名战士携带安全腰带、安全绳等基本防护装备,着战斗服与王某前往实施救助。

3. 该中队出警存在哪些方面的不足？

4. 中队指挥员应该如何调集车辆、装备器材和人员？

5. 消防人员到场后，发现求助地址位于重大疫情疑似感染人员隔离区时，该如何应对？

（三）

在多次尝试使用钥匙开门不成功的情况下，3 人决定从王某楼上住户的阳台窗户上系安全带、安全绳下滑进入 303 室阳台入室开门。但是，403 室和 503 室家中无人，603 室家中虽有人但是拒绝救助人员入内。随后，3 人来到 703 室，征得住户同意后，3 人决定从 703 室厨房阳台实施救助行动。

6. 根据王某家住 3 楼这一基本想定，入室取钥匙一般可采用哪些方法？

7. 从较高楼层使用绳索进行下降作业时，应做好哪些准备工作？

（四）

3 人决定由战士李某担任下降入室开门任务，班长和另一名战士在 703 室厨房阳台进行保护。战士李某在身上穿戴了安全腰带，同时，在腰带上系牢了两根安全绳。保护措施完毕后，班长和另一名战士将安全绳拴在阳台窗户上，因找不到合适物品，三人使用报纸对安全绳和窗户外沿接触部位进行了垫衬。准备工作完毕后，战士李某双手攀住 703 室窗台外沿缓缓下降。就在他被吊出距离七楼窗台 1 m 多时，两股安全绳在距离安全腰带不到 1 m 处突然同时断裂。李某大喊了一声从七楼坠落到一楼地面的劈柴上。

8. 分析此次救助行动中存在哪些问题？

9. 进行绳索下降作业时，可否由群众担任上方保护人员？

参 考 文 献

[1] ［美］小劳伦斯·E·林恩(Laurence E. Lynn).案例教学指南[M].郄少健,岳修龙,张建川,等,译.北京:中国人民大学出版社,2016.

[2] 北京市公安消防总队.道路交通事故救援技术[M].北京:中国人民公安大学出版社,2012.

[3] 北京消防教育训练中心.山岳救助技术[M].北京:中国人民公安大学出版社,2004.

[4] 丁浩,刘帅,陈建忠,等.高速公路隧道交通事故应急救援速度影响因素分析[J].公路交通技术,2015(6):103-108.

[5] 杜红晋.在建工地坍塌事故救援的思考[J].中国应急救援,2016(5):49-51.

[6] 葛玉,杨云飞,高婕,等.想定作业教学方法在军队任职教育中的研究[J].科技创新导报,2014(20):65-70.

[7] 国家安全生产应急救援指挥中心,国家安全生产监督管理总局化学品登记中心.危险化学品应急处置手册[M].北京:中国石化出版社,2010.

[8] 国家减灾委员会办公室.地震灾害紧急救援手册[M].北京:中国社会出版社,2010.

[9] 国家减灾委员会办公室.交通运输事故紧急救援手册[M].北京:中国社会出版社,2010.

[10] 韩文东.道路交通事故救援处置程序和常规破拆方法[J].中国应急救援,2017(3):30-32.

[11] 康青春,姜自清,等.灭火救援行动安全[M].北京:化学工业出版社,2015.

[12] 康青春,马宝磊,张松.构建我国消防应急救援指挥体系的探讨[J].中国安全科学学报,2010,20(2):64-68.

[13] 康青春,杨永强,等.灭火与抢险救援技术[M].北京:化学工业出版社,2015.

[14] 康青春.消防灭火救援工作实务指南[M].北京:中国人民公安大学出版社,2011.

[15] 李树.消防应急救援[M].北京:高等教育出版社,2011.

[16] 陆金华.危化品事故应急救援技术装备现状分析及对策[J].中国应急救援,2009(2):8-10.

[17] 马社强,韩凤春,郑英力.道路交通事故紧急救援体系研究[J].中国人民公安大学学报(自然科学版),2004,10(3):87-91.

[18] 慕凤丽,［加］金汉弛(James E. Hatch).走进经典案例教学[M].北京:北京大学出版社,2016.

[19] 潘岐京,黄波,等.核生化武器与防护[M].北京:国防工业出版社,2004.

[20] 潘自强.核与辐射恐怖事件管理[M].北京:科学出版社,2005.

[21] 曲京璞,李敏蓉.想定作业在警务指挥能力训练中的应用[J].江西公安专科学校学报,2004(1):90-93.

[22] 商靠定.灭火救援典型战例研究[M].北京:中国人民公安大学出版社,2012.

[23] 宋瑞明.火灾中钢筋混凝土建筑坍塌的原因分析及扑救战术运用[J].消防技术与产品信息,2016(1):35-37.

[24] 唐世纲.案例教学论[M].成都:西南交通大学出版社,2016.

[25] 武麟.道路交通事故应急救援体系建设的思考[J].中国应急救援,2012(1):22-24.

[26] 杨健.危险化学品消防救援与处置[M].北京:中国石化出版社,2010.

[27] 张智.危化品事故抢险救援伤亡分析与对策研究[J].中国应急救援,2011(2):23-25.

[28] 赵庆平.消防特勤手册[M].杭州:浙江人民出版社,2000.

[29] 郑春生.地震救援行动中实用技术的应用探讨[J].消防科学与技术,2010,29(9):823-826.

[30] 中华人民共和国公安部消防局,郭铁男.中国消防手册 第七卷:危险化学品·特殊毒剂·粉尘[M].上海:上海科学技术出版社,2006.

[31] 中华人民共和国公安部消防局,郭铁男.中国消防手册 第九卷:灭火救援基础[M].上海:上海科学技术出版社,2006.

[32] 中华人民共和国公安部消防局,郭铁男.中国消防手册 第十卷:火灾扑救[M].上海:上海科学技术出版社,2006.

[33] 中华人民共和国公安部消防局,郭铁男.中国消防手册 第十一卷:抢险救援[M].上海:上海科学技术出版社,2007.

[34] 中华人民共和国公安部消防局.中国消防年鉴 2015[M].昆明:云南人民出版社,2015.

[35] 中华人民共和国公安部消防局.中国消防年鉴 2016[M].昆明:云南人民出版社,2016.

[36] 周雪昂,杨健宇,康青春.地震埋压现场人员的搜索和救援[J].消防技术与产品信息,2009(4):63-65.

[37] 邹红霞,高永明.想定作业教学法在非指挥类专业教学中的研究与应用[J].继续教育,2012,26(9):55-58.

[38] 佐玉和.木质支撑实用技术探讨[J].消防技术与产品信息,2015(8):39-42.